面向未来的科技

——2020重大科学问题和工程技术难题解读

中国科学技术协会　主编

中国科学技术出版社
·北　京·

图书在版编目（CIP）数据

面向未来的科技——2020重大科学问题和工程技术难题解读 / 中国科学技术协会主编 . -- 北京：中国科学技术出版社，2020.8

ISBN 978-7-5046-8656-5

Ⅰ. ①面… Ⅱ. ①中… Ⅲ. ①科学研究工作 – 研究 – 中国 Ⅳ. ① G322

中国版本图书馆 CIP 数据核字（2020）第 144242 号

责任编辑	高立波　韩　颖　夏风金
封面设计	裴艳杰
正文设计	中文天地
责任校对	焦　宁　张晓莉
责任印制	李晓霖

出　　版	中国科学技术出版社
发　　行	中国科学技术出版社有限公司发行部
地　　址	北京市海淀区中关村南大街 16 号
邮　　编	100081
发行电话	010-62173865
传　　真	010-62173081
网　　址	http://www.cspbooks.com.cn

开　　本	787mm × 1092mm　1/16
字　　数	280 千字
印　　张	20.25
版　　次	2020 年 8 月第 1 版
印　　次	2020 年 8 月第 1 次印刷
印　　刷	北京博海升彩色印刷有限公司
书　　号	ISBN 978-7-5046-8656-5 / G · 867
定　　价	98.00 元

《面向未来的科技
——2020 重大科学问题和工程技术难题解读》

编 委 会

前言
PREFACE

习近平总书记在今年5月29日给科技工作者代表的回信中强调，坚定创新自信，着力攻克关键核心技术，促进产学研深度融合，勇于攀登科技高峰。科学问题和技术难题是科学发现与技术创新的起点与动力。在推进建设世界科技强国进程中，不断提出、判别科技重大问题及其优先级具有重要的战略意义。

中国科协自2018年开始组织开展重大科学问题和工程技术难题的征集发布活动，充分尊重科学家对科学前沿的敏感性和探索精神，发挥科学共同体组织优势，引导科技工作者面向世界前沿、面向国家重大需求，研判趋势识别问题，汇聚科学共同体战略共识，探索出“全国学会主导、知名科学家领衔、科技工作者广泛参与、国际科技组织联合支持”的重大问题难题凝练机制，在科技界引起强烈反响。

2020年重大科学问题和工程技术难题征集发布自3月启动，共有103家全国学会、5个国际组织参与，提交了490个问题难题。后经科技工作者网络投票初评以及院士、学科领军专家复审终评，最终遴选出10个对科学发展具有导向作用的前沿科学问题及10个对技术和产业创新具有关键作用的工程技术难题。在此基础上，中国科协牵头组织问题难题推荐学会和相关专家学者，撰写解读问题难题并结集成《面向未来的科技——2020 重大科学问题和工程技术难题解读》一书。目的是让广大科技工作者更好地把握世界科技前沿和发展趋势，激发青少年科学兴趣，促进公众理解科学，提升公民科学素质，为自主创新营造良好环境。还希望借此引领全国学会拓展重大科学问题和工程技术难题发布活动服务链条，打造成为学术、智库、科普相融互促的科学共同体服务新范式。

该书将在第二十二届中国科协年会上与 2020 重大科学问题和工程技术难题同步向社会发布。希望广大科技工作者、管理者和社会公众为本书的优化迭代提供宝贵意见。

中国科学技术协会

2020 年 8 月

导 语

2020年是中国历史和世界现代史上极不平凡的一年，世界格局正在迎来新一轮重塑，“百年未有之大变局”，我们有幸成为这个时代的亲历者、见证者和创造者。

五百年前的地理大发现，拉开全球对话的历史大幕，由此，科技创新开始了全球化竞争，改变了人类命运。五百年来，在现代化征程的舞台上，一个个世界大国相继领导创新。兴衰更替，各具特色，但最重要的一点经验，就是国运国势系于科技创新。

科学探索颠覆传统，技术研发决定未来。国之大事，首重科技，创新的车轮滚滚向前，落后者有被碾碎的危险。2020年的抗击疫情，不仅展现了科技在抢救生命中的巨大作用，也让我们真切感受到：解读科学在提升社会文明的进程中是如此不可或缺！不可能人人从事科技，但关心科技、了解科技的人越多，国家就越有前途；一个民族热爱科学的程度，决定了其发展的上限。

本书以2020年度发布的20个对科学发展具有导向作用、对技术和产业创新具有关键作用的重大科学问题和工程技术难题作为蓝本，为读者展现可能深刻改变中国和世界的面向未来的科技，以及科技带给未来的无限可能。

直面 COVID-19

2020 年，新冠病毒肆虐全球。本书专辟一章《冠状病毒跨种传播的生态学机制》，向读者解释，病毒何以如此狡猾，野外科学研究又如何帮助抗疫。

正如捕食者有特别中意的猎物，病原体也有自己常规的宿主。但病原体会变异，环境也在改变，病毒因为变异迅速，所以格外难以被控制。已知可感染人类的冠状病毒共有 7 种，COVID-19 肆虐后，大家更想知道：这瘟神来自何方？

冠状病毒传播的生态学研究难在：一是难以长期监测蝙蝠，因为蝙蝠躲在人迹罕至的地方，给不到 50 克重的蝙蝠标记也不好实现；二是蝙蝠有 1400 多种，只有少数种类携带冠状病毒；三是在实验室里研究病毒的专家和在野外观察蝙蝠、穿山甲的专家尚缺少足够的交流；四是动物疫病研究需要长期人力和资金投入，也有可能经历长期一无所获的“黑窗期”。

在本次疫情中，中药的角色是很多媒体热议的话题，也引起不少争论。本书专辟章节，来讨论中药作用的机理，介绍中药如何调节免疫力来发挥作用。

中药对免疫的效果是复杂的，比如黄芪可以双向影响免疫，既可能促进多种免疫细胞的功能和免疫因子生成，又可能抑制免疫反应，从而治疗过度免疫引起的哮喘。各种药物的机理需要细致区分，可用甘草中的甘草酸直接抗病毒，也可用甘草多糖来间接抗病毒。而九节茶提取物，一方面通过改变心理状态来调节先天免疫，降低对病毒的易感性，另一方面可以抑制炎症。

不仅仅是速度

2020 年，5G 成为有地缘政治意义的技术高地。各国竞相提升对本国的电信投资，扩大 5G 市场地盘。截至 2020 年 6 月，中国在网 5G 用户已突破 1 亿。本书专文解释了 5G 新在何处，强在何处。

5G 通信做到了高速、低延迟、高可靠，因此被寄予实现“万物互联”的期许，也被看作新一代 IT 基础设施。随着 2019 年 5G 牌照发放，中国 5G 建设大大提速，不仅影响中国经济格局，也左右着全球 5G 发展格局。中国 5G 基站以每周 1 万多个的数量在增长，2020 年年底或将达到 60 万个基站，覆盖全国地级市。

由于可以实现大量对象的低时延通信，自动驾驶和智能交通领域格外青睐 5G。在中国，政府近期提出了“5G + 车联网”协同发展任务，推动将车联网纳入国家新型信息基础设施，促进 LTE-V2X 标准规模部署。中国已初步形成了车联网芯片、终端、应用的产业链，各地也在培育拳头应用项目。

本书《数字交通基础设施如何推动自动驾驶与车路协同发展》一章专门介绍：道路基础设施如何数字化，以便无人汽车更准确感知和理解环境；如何保障稳定的车路信息交流，以保证自动驾驶安全；路侧单元如何采集处理数据，帮助无人车决策。

围绕精度的争夺

在高精制造领域，精度问题像一朵乌云，盘旋在中国诸多制造企业的上空，芯片被“卡脖子”就是中国制造的心病。中国每年花在芯片上的钱，超出了进口石油的金额。由于精度不足，高速芯片基本依赖进口。中国的芯片制造精度和世界先进水平差距两代。计算机系统、通用电子系统、通信设备、内存和显示系统用到的多种高端芯片，国产率为0。

如本书《如何突破光刻技术瓶颈》一章所说："光刻技术的发展直接推动了超大规模集成电路集成度的快速提高，光刻技术的水平决定了一个国家微电子行业的技术水平。"

芯片制造链的精度瓶颈，首先在光刻机。光刻机有两个同步运动的工件台，一个载底片，一个载胶片，两者须始终同步，误差在2纳米以下。两个工作台由静到动，加速度跟导弹发射差不多。在工作时，相当于两架大飞机从起飞到降落，始终齐头并进，一架飞机上伸出一把刀，在另一架飞机的米粒上刻字，不能刻坏了。

《硅光技术开启光电子与微电子融合趋势》一章，展示了一个大有希望的领域：在芯片内部以光互连取代电互连。利用硅片良好的光性能，一块硅光芯片集成的功能已可以取代以往一个笔记本电脑大小的模块。"光进铜退"不是梦。

突破制造瓶颈还可以另辟蹊径,《特种能场辅助制造》一章介绍了电、磁、声、光如何被用来加工材料。比如通电可以让很多金属像塑料一样易于轧制和拉丝；磁场让金属板按照人的想法变形；超声波和激光都已经应用在特种制造里。大到大飞机的合金蒙皮，小到燃料电池电极板上供氢气流动的细密通道——就好像制造一个足球场草坪，让每一根草高度误差在1毫米内。

更好地与自然相处

我国人均水资源占有量低于世界平均量。虽然一个中国人一年仍有2000立方米的水，这个数值看上去不少，但实际上我国水资源时空分布严重失衡。来自本书《强化水资源刚性约束，实现健康的区域水平衡》一章的数据：北方地区占全国 19% 的水资源，却承载了占全国 46% 的人口、64% 的耕地面积和 45% 的 GDP，黄淮海地区更是以 7% 的水资源承载了 35% 的人口、39% 的耕地和 32% 的 GDP。

更重要的是，中国受季风影响，降水、河川径流高度集中于汛期，汛期 4 个月河流径流量占到全年的 50%~60%，也就是说，一半以上的河流径流量集中在夏天，洪水白白流走，所以大量民众仍面临日常缺水的难题。

《“绿色氢能”助力中国能源变革》一章，则瞄准我国另一项资源短板：能源。中国能源结构是相对富煤、贫油和少气，能源需求不能自给。专家点出中国发展可再生能源的瓶颈：弃电现象严重。截至 2019 年年底，全国清洁能源装机总容量占全国发电总装机容量的 40%，但全国发电量构成中，清洁能源发电量只占 28%。这表明太阳能发电和风电的装机容量被大大闲置。而 2019 年，全国基建新增清洁能源发电中，风能和太阳能占比超 86%。2019 年较大电厂发电量增长 3.5%，风电增长 7.0%，太阳能电增长 13.3%。说明一方面大量可再生能源丰富的地区在开发资源，另一方面大量的装机容量闲置，因此应重点研究可再生能源的消纳、储能和跨时空地域的调配利用。

奇妙的大自然经常会给人类的探索带来“别有洞天”的惊喜。《进藏高速公路将引领中国基建再攀新高》一章详细描述了青藏冻土的性质，可以在零摄氏度以下坚硬似铁，零摄氏度以上稀泥一摊，并且形成许多捉摸不定的高原景色。国外冻土路运营多年来，工程病害率将近 50%。而中国青藏公路自 1973 年铺筑黑色沥青路面以后，历经六次整治改建，累计投入近 50 亿元，病害率控制在 20% 左右，堪称世界冻土工程奇迹。

生物安全与粮食安全

自古以来，生物入侵灾害，就是许多国家和地区的心腹大患，生物入侵每年给中国造成的损失达2000亿元。为了应对生物入侵，全世界科学家集思广益，开发种种手段来克制。

在《农业入侵生物的风险预判和实时控制》一章中，作者列举了中国面临威胁最大的一些入侵生物灾害。我国目前已知的外来有害植物中，超过50%的种类是人为引种的结果，也有很多是无意传播，比如紫茎泽兰和飞机草既可以由交通工具携带通过中越、中缅边境，也可以由风和水流扩散而来；薇甘菊的种子通过气流从东南亚传入广东；大狼把草、三叶鬼针草、苍耳、刺萼龙葵、少花蒺藜草等是动物携带种子而来；土荆芥、鸡矢藤等种子是鸟类摄食排泄而来……

除了关注威胁农业和生态领域的入侵生物，本书也专文讨论了未来的育种技术。在《无融合生殖引领农业新革命》一章中，专家解读了将无融合生殖引入农作物，可以固定杂种优势、缩短育种周期、扩大杂交范围，每年仅节约繁殖、制种费一项就可达几十亿元。此外，研究无融合生殖对远缘杂交和物种进化有重要的理论价值。

2014年，美国和澳大利亚等多国联合实施“杂种优势捕获计划”，盖茨基金会第一期投入1450万美元支持无融合生殖的国际联合攻关。2019年，将无融合生殖特性引入作物迎来了曙光，中国农业科学院首次在杂交稻中创建了无融合生殖体系，获得了杂交稻的克隆种子，实现了杂交水稻无融合生殖从无到有的突破，被袁隆平院士寄予厚望。

拓展人类探索空间

随着科技的进步，人类对自然探索的脚步已迈向更深、更远的空间。在《引力波天文学引领未来的科技革命》一章中，作者从20世纪初物理学上空两朵小乌云讲起，讲到爱因斯坦的引力创新理论，再讲到20世纪60

年代韦伯试图用铝块的形变捕获宇宙中引力涟漪以来，科学家捕获引力波的种种尝试，对各种技术手段娓娓道来。专家不仅详述美国 LIGO 这样拿诺贝尔奖的技术大装置，还展示了欧洲、日本、中国目前的新方向尝试。

另一个领域是深部探测。在《地球物质的演化与循环》一章中，专家概括了地球演化到今天面貌的大致理论：宇宙物质经长时间的碰撞吸积，在引力的作用下形成行星胚胎，随后增生长大；早期地球不断遭受地外物质的撞击而增加质量，撞击能量和放射性元素衰变产热，使早期地球熔融，遍布活跃的火山；随后轻重物质分异和迁移，铁镍形成地核，其余成为地幔和地壳，3000 多摄氏度的地核向地幔放热，导致地球内部物质对流，促进板块活动，矿物质也从地球初期的 250 种演化到 4400 种……，但由于难以获得地球深处样本，仍有许多关于地球演化的谜题找不到答案。

从深埋地下的振动探测仪，到九天之上的引力波卫星，每一次闪烁、每一声嘀嗒，都是为人类前进的步伐计数。第四次工业革命方兴未艾，人工智能、无人车、3D 打印、虚拟现实、量子科技和新材料等领域蓬勃发展，深刻改变人类生产方式，为全球创新竞争增添更多的变量。尤其是核心技术的作用日益上升，成为重塑变局的撒手锏。科技的比拼渗透国家生活的方方面面，其广度和深度都是空前的。各国都在期待创新的攻城锤冲破围墙，开辟通向未来的大道。

欧美发达国家几个世纪的工业化历史，中国几十年就已走完，现在已然拥有世界上最庞大和齐全的制造体系，发展之快令世界惊讶。从大到强、补上基础科技短板，是中国制造下一个必须完成的任务。中国科技工作者必将抓住机遇，应对挑战，推动百年未有之变局向有利方向转化，为完成民族现代化事业的百年夙愿提供有力支撑。

目 录
CONTENTS

第一篇
重大科学问题

第二篇

工程技术难题

第一篇
重大科学问题

1

冠状病毒跨种传播的生态学机制是什么？

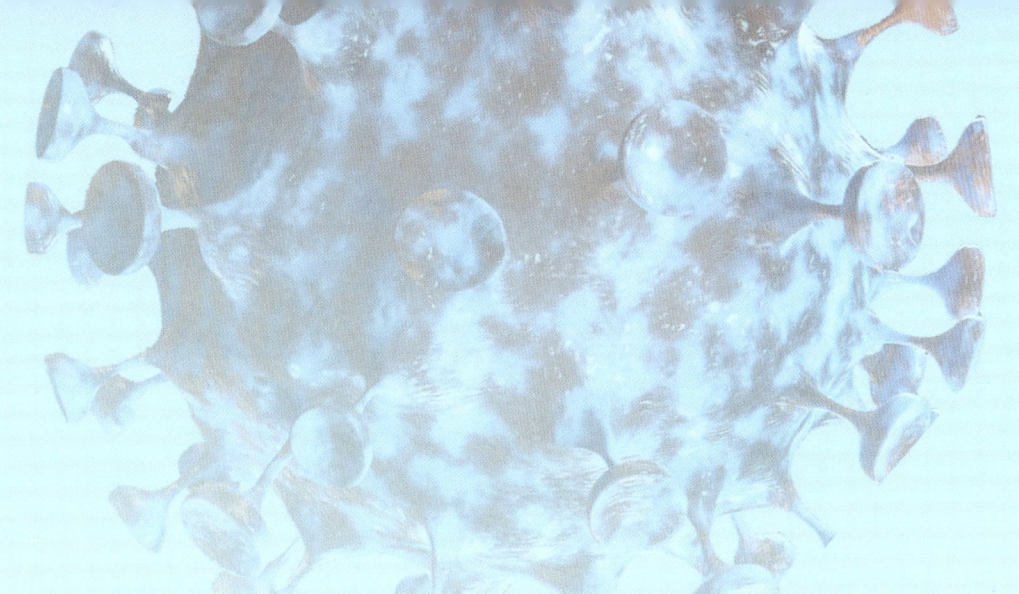

大家知道，现在新型冠状病毒引起了我们国家乃至世界传染病大流行和经济损失，解决这个问题有两个重要方面：一个是对病毒的“治”，另外一个就是“防”。如果我们能“防”的话，将会更加有意义，更加重要。怎么防？那我们就需要知道病毒的传播途径，什么是它的原始宿主，什么是它的中间宿主，什么途径能够最后传到人。在这个过程中我们需要解决很多问题，比方说，找到原始宿主是什么动物，这些病毒在这些宿主当中能够生存多少时间，带了多少病毒，还需要知道病毒是怎么传给中间宿主的，传播的途径是什么，这些都要精确知道。另外，还要知道这个传递的核心的生理生化机制。只有这些东西都了解以后，我们才能够更好地防治。我们国家在“治”和“防”方面都做了很多努力，我们很多研究人员在不断地去研究冠状病毒的整个传播途径，包括各种各样的中间宿主和原始宿主，在蝙蝠、穿山甲、果子狸方面都有报道跟冠状病毒传播的关系。在“治”的方面，各种各样的疫苗在不断地报道，最近陈薇院士团队的新冠疫苗已经在国际上发布了。只有全球协同发展才能共创人类文明，世界人民同呼吸共命运，在时代的沧桑中实现历史跨越。

陈润生

中国科学院院士，中国科学院生物物理研究所研究员

冠状病毒跨种传播的生态学机制

21 世纪以来，全球先后遭受了多起新发传染病，给人类生命健康和社会经济发展造成了巨大损失，其中以冠状病毒引起的“非典”（SARS）和目前全球大流行的新冠肺炎（COVID-19）尤为严重。截至 2020 年 7 月 1 日，全球累计确诊新冠肺炎患者超 1079 万例，累计死亡超 51 万例；我国累计确诊 85262 例，累计死亡 4648 例。世界银行 2020 年第 6 期《全球经济展望》报告预测，新冠肺炎疫情大流行将使 2020 年全球经济萎缩 5.2%，是第二次世界大战以来最为严重的经济衰退。

冠状病毒是一类能感染人和其他动物的 RNA 病毒，感染后能引起不同程度的疾病，受累器官主要涉及呼吸道和消化道。目前已知可感染人类的冠状病毒共有 7 种，其中 4 种会引起呼吸道感染，是普通感冒病原之一；而剩下的 3 种会造成严重急性呼吸综合征（SARS）、中东呼吸综合征（MERS）和 2019 年冠状病毒疾病（COVID-19），引发了全球公共卫生危机。如何预警、控制和预防冠状病毒引起的新发传染病已成为世界各国政府和科学家急需解决的重大问题。

冠状病毒的发现

2002 年，SARS 肆虐人类社会的记忆尚未远去，2019 年这场突如其来的疫情再次将人们的视野聚焦于冠状病毒。回顾历史，离人类初次发现冠状病毒才短短数十年。

早在 1937 年，冠状病毒最先从鸡体内分离出来。20 世纪，英国研究学者希望找到引发感冒的病毒，进而研制相应的疫苗。在这种情况下，首个人冠状病毒——鼻病毒（当时被命名为 B814，后被称为 HCoV-OC43）被分离出来。1965 年，首个人冠状病毒的发现被发表于《英国医学杂志》（*British Medical Journal*）；两年后，第一张冠状病毒照片发表在《普通病毒学杂志》（*Journal of General Virology*）。这项研究虽然没有完成疫苗研制，但其研究数据和资料有重要的参考价值，其发现的上百种病原体使人们意识到，想用一种疫苗彻底解决感冒问题是不太可能的。

1975 年，第二种引起人类疾病的冠状病毒被发现。这种冠状病毒是从腹泻患者的粪便中分离到的，并被认为与人类腹泻有关。为了与之前从感冒患者呼吸道中分离到的冠状病毒相区别，将这两种病毒分别定名为人呼吸道冠状病毒和人肠道冠状病毒。

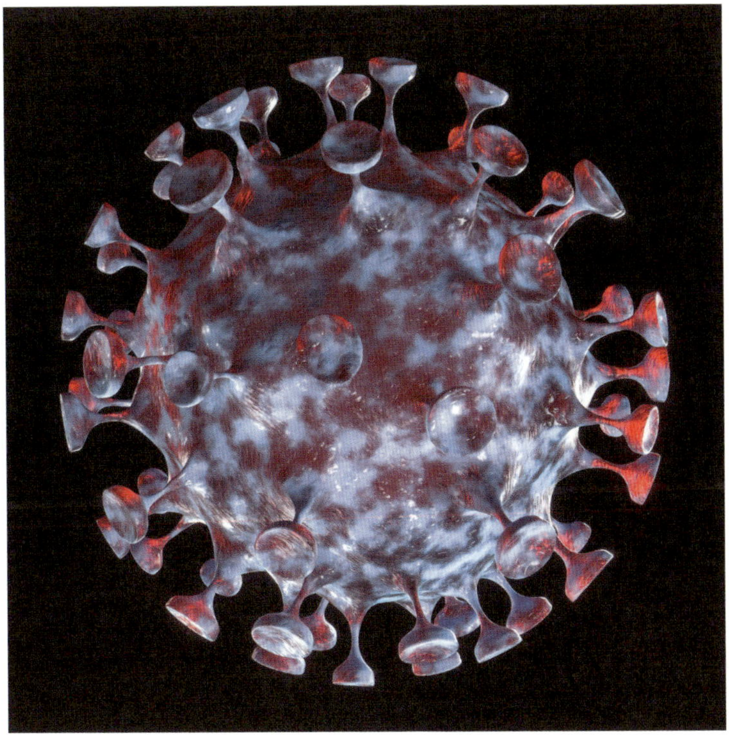

冠状病毒模型图。冠状病毒命名源于其成像中的突起像皇冠

冠状病毒的分类与来源

在 2003 年之前，冠状病毒由于危害较小，一直未引起人们的重视。对冠状病毒的研究集中于动物疾病，发现可导致猪、犬、猫、兔、牛、鸡、小鼠和大鼠的呼吸道和肠道疾患等。2003 年之后，人们对冠状病毒的研究大幅增加，涉及分类、生物学结构、致病机理、宿主、溯源等多方面。

根据国际病毒分类委员会（International Committee on Taxonomy of Viruses，ICTV）2017 年发布的第十次分类报告，感染人的冠状病毒包括 6 种：人冠状病毒 229E（HCoV-229E）、人冠状病毒 OC43（HCoV-OC43）、人冠状病毒 NL63（HCoV-NL63）、人冠状病毒 HKU1（HCoV-HKU1）、严重急性呼吸综合征冠状病毒（SARS-CoV）和中东呼吸综合征冠状病毒（MERS-CoV）。引起新冠肺炎的为第 7 种可以感染人的冠状病毒，2020 年 1 月 12 日，世界卫生组织将其命名为 2019 新型冠状病毒（2019-nCoV）。2020 年 2 月 11 日，世界卫生组织将新型冠状病毒引发的疾病命名为冠状病毒病 2019（coronavirus disease 2019，COVID-19）；同一天，国际病毒分类委员会的冠状病毒研究小组把新型冠状病毒命名为严重急性呼吸综合征冠状病毒 2（SARS-CoV-2），然而，该命名既没有与疾病名称一致，也没有完全真实地显示该病毒本身的特征，因而立即引发关注和较大争议。3 月 23 日，我国张冬梅等 26 名科学家建议将其命名为“人类冠状病毒 2019”（human coronavirus 2019，HCoV-19）。

越来越多的病原学研究表明，导致 SARS 和 COVID-19 暴发的冠状病毒起源于野生动物，特别是蝙蝠、穿山甲、果子狸等。据估计，近 70% 的人畜共患病来源于野生动物，其中蝙蝠是哺乳动物中携带病毒最多的类群之一。中国科学院武汉病毒研究所石正丽团队于 2020 年 2 月 3 日发表在

《自然》(*Nature*)的文章发现，新型冠状病毒与中菊头蝠携带的冠状病毒序列一致性高达 96%，表明新型冠状病毒自然宿主可能是蝙蝠。早在 2017 年，石正丽团队报道在我国云南发现了中华菊头蝠携带 SARS 样冠状病毒，揭示 SARS 冠状病毒很可能起源于蝙蝠中的病毒重组。绝大多数已知的冠状病毒种类均在蝙蝠中被检测到。

由于来源于蝙蝠的冠状病毒具有分布广、多样性高、进化或变异快等特点，病毒学家多次警示其跨物种传播的概率很大。然而，在自然状态下蝙蝠携带的病毒直接感染人类的概率较低。全世界成百上千从事蝙蝠研究的科研人员与蝙蝠近距离接触，但没有一人被蝙蝠源冠状病毒感染致病。实际上，石正丽团队在 2019 年报道的一项研究表明，他们调查了生活在我国华南地区蝙蝠洞穴周围的 1596 名村民，仅 0.6%(9 名)被蝙蝠冠状病毒感染过。该研究进一步指出，人类与蝙蝠的直接接触不是导致感染的原因；被调查者出现类似冠状病毒感染的临床症状与他们和其他野生动物或牲畜的接触相关联。病毒可能需要经中间宿主(例如果子狸、穿山甲、水貂、刺猬或者牲畜等)间接传播到人类。

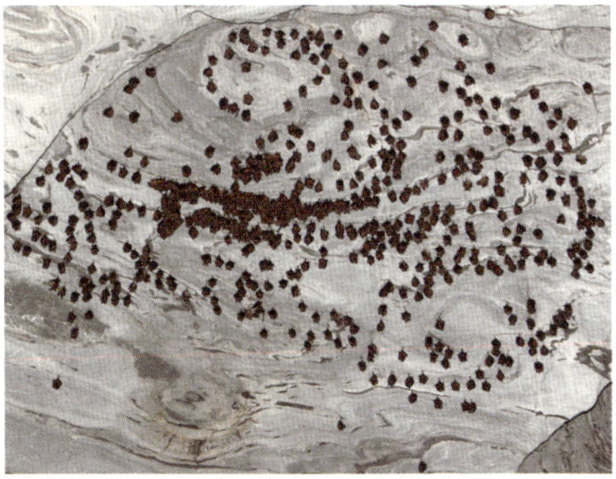

栖息在山洞中的蝙蝠(江廷磊　拍摄)

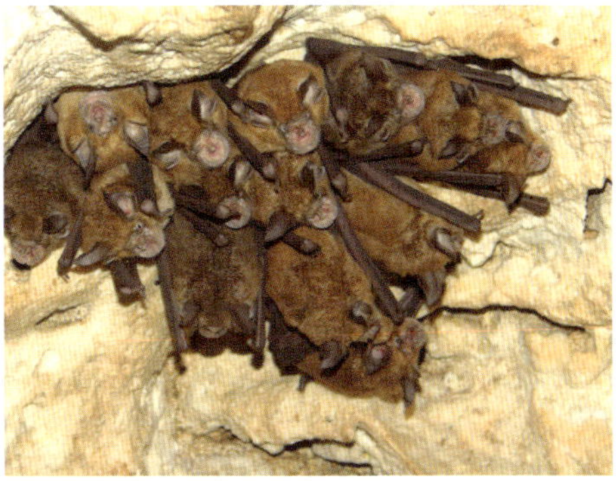

中菊头蝠(孙淙南　拍摄)。科学家在中菊头蝠体内检测到类似新型冠状病毒的病毒

果子狸。果子狸被认为可能是SARS冠状病毒的中间宿主（李晟　拍摄）

穿山甲。穿山甲被认为可能是新型冠状病毒的中间宿主（吴诗宝　拍摄）

冠状病毒跨种传播研究

影响动物源传染病跨种传播到人的主要因素有三点：病原在动物携带者中的数量、人类对动物病原的易感性及人类与携带病原动物的接触机会。新型冠状病毒在全球蔓延后，科学家们迅速开展了冠状病毒多方面的研究。截至2020年7月1日，依据Web of Science核心合集数据库，全球发表冠状病毒相关研究论文和评论15000余篇，其中涉及新型冠状病毒的论文6000余篇，我国超过1600篇，约占27%。这些研究主要关注冠状病毒的遗传多样性、感受体结合力、潜在传播途径等方面。冠状病毒跨物种传播相关论文仅280余篇，其中涉及生态学相关论文仅30余篇。

科学家通过抗原（病毒中能使动物体内产生免疫反应的物质）与抗体（动物体内对抗病毒而产生的蛋白质）检测等生物学手段，可以测量不同动物携带不同冠状病毒的概率、群体差异和地理分布；结合基因组学、结构生物学、分子生物学等手段，可以分析冠状病毒的多样性、变异速率和与不同受体的结合能力，从而评估人类对冠状病毒的易感性。

冠状病毒具有丰富的遗传多样性，目前包括 Alpha-、Beta-、Gamma-和 Delta- 四个病毒属。一项关于野生动物冠状病毒全球格局的研究指出，98% 的冠状病毒均在蝙蝠中被检测到。2020 年 4 月，科学家在缅甸蝙蝠体内又发现了 6 种先前未知的冠状病毒。虽然大多数动物源冠状病毒不能直接感染人类，但是个别动物源冠状病毒种类，例如类SARS病毒（SHC014-CoV）能够侵染小鼠的ACE2 蛋白受体（一种可调节血压的膜蛋白，广泛存在于肺、心脏、肾脏和肠道中），意味着它或许具有直接感染人类的潜力。

科学家还对蝙蝠源冠状病毒跨物种传播的可能途径进行追踪。一方面，人类可以通过接触蝙蝠或它们的粪便、尿液等排泄物被直接感染；另一方

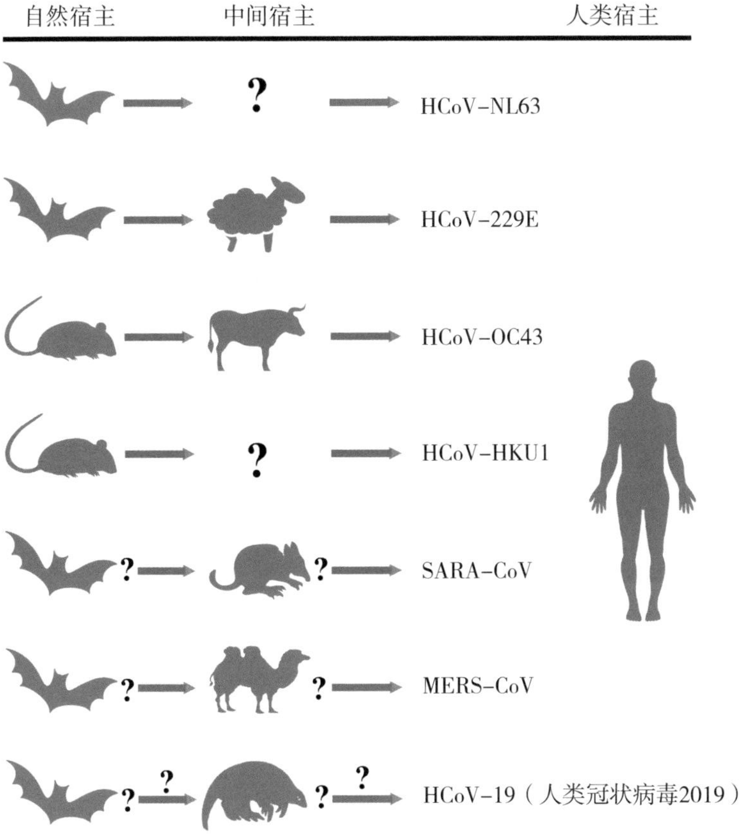

7种人冠状病毒可能的动物宿主及传播途径（改编于Cui等，2019，*Nature Rev Microbiol*）

面，人类可以通过接触被蝙蝠感染过的中间宿主而被间接感染。近来研究提示，在自然状态下蝙蝠携带的病毒直接感染人类的概率非常低，病毒可能需要经中间宿主产生变异或重组后，再间接传播到人类。

此外，基因组学为蝙蝠冠状病毒经中间宿主间接传播到人类这一假说提供了证据。在全基因组层面，感染人的SARS冠状病毒和新型冠状病毒与蝙蝠冠状病毒的差异较大，而与果子狸、穿山甲中的冠状病毒在全基因组或部分重要基因片段相似度更高；其中，新型冠状病毒与蝙蝠携带的冠状病毒的基因组相似度为96%，与穿山甲冠状病毒部分重要基因片段基因相似度达97.4%，说明冠状病毒很可能是通过中间宿主间接传播到人类。

值得说明的是，目前仍然没有足够确切的证据证明新型冠状病毒源自于蝙蝠或穿山甲，关于新型冠状病毒的宿主仍然存在许多争议，其传播途径至今也不清楚。

冠状病毒跨种传播的生态学机制研究

病毒跨种传播的生态学机制主要研究动物自身的生态属性（如食性偏好、活动规律、种群动态等）和周围环境（如生境类型、气候条件、人类活动干扰等）如何驱动和影响病毒在动物宿主及人类之间传播。如果把动物源病毒传播至人类比喻为一场战争，那么病毒与其动物宿主就相当于作战单元，病毒跨种传播的生态学机制就是该战争的决策机制，决定了能否作战、何时作战、如何止战。因此，攻克冠状病毒跨种传播生态学机制这一关键科学问题，不仅有利于当前新型冠状病毒的溯源和防控，更重要的是有助于通过生态干预来预防流行病的再次发生，这对人类生命健康和社会经济发展意义重大。

当前涉及冠状病毒跨种传播的生态学机制研究极为缺乏。其主要原因

冠状病毒跨种传播的可能途径：病毒经自然宿主（蝙蝠、鼠类等）感染中间宿主（穿山甲、果子狸、家畜等），再感染人类；图中虚线标注的途径：目前尚无蝙蝠源冠状病毒直接感染人的证据。图中实线及问号标注的途径：蝙蝠源冠状病毒可能经穿山甲或果子狸感染人类，但目前仍然缺乏足够确切的证据。影响病毒传播的生态因素可能包括：自然或中间宿主动物的分布范围及变化规律、活动生境、行为范式、种群动态、迁徙规律、物种间的相互作用，及其栖息地的环境特征，如气候条件、地表特征、人为干扰程度等（林爱青　绘）

之一可能是冠状病毒跨种传播的促进条件和驱动因素发生在多个时间、空间和生态尺度，增加了研究的难度。以蝙蝠为例，目前收集蝙蝠的时间、空间活动数据的最有效方法是结合微型 GPS 追踪器（设备重量 1~3 克）和被动声学探测技术。GPS 追踪器可以持续追踪蝙蝠的空间轨迹数天，甚至数周，反映蝙蝠的生境利用类型、蝙蝠在某一特定生境中停留时间的长短、蝙蝠在生境中的活动目的。随后，通过在主要的生境中布置蝙蝠声音探测仪，录制蝙蝠的回声定位声波信号，根据声波信号的数量可以明确蝙蝠在该生境中的活动频次、捕食概率和背景噪声水平。然而，这两种方法在蝙蝠活动实际监测中充满挑战。蝙蝠是体型最小的哺乳动物之一，其中 95% 以上的蝙蝠个体体重在 50 克以下。微型 GPS 追踪器只适合少数体型较大的蝙蝠物种。另外，安装在蝙蝠身上的微型 GPS 追踪器回收概率比较低，难以获得大样本数据。蝙蝠的活动受天气、季节等自然因素影响，很多蝙蝠还具有迁徙行为，迁徙距离超过 2000 千米。东北师范大学冯江教授带领的蝙蝠研究团队在过去 25 年对我国野外蝙蝠进行了大量的调查研究，基本掌握了国内蝙蝠分类、种群大小和地理分布情况。但目前对于蝙蝠与其他冠状病毒潜在宿主动物之间的生态关系仍是未知。

目前，尽管人们并不清楚冠状病毒如何跨种传播到人类，但其他动物源病毒跨种传播的相关研究具有重要启发。亨德拉病毒（Hendra virus，HeV）是一种人畜共患疾病病毒，于 1994—1995 年在澳大利亚首次被发现，能引起严重的呼吸道疾病，这种疾病存在高死亡率的特征，还表现为人接触性感染。该病毒的自然宿主为分布在澳大利亚和东南亚等地区的狐蝠。研究发现，蝙蝠源亨德拉病毒跨种传播到人类至少需要蝙蝠分布变化、病毒散落、病毒在环境中存活、中间宿主（马）感染、人类感染 5 个连续的过程，且每个过程都可能受到环境因素的驱动。例如蝙蝠分布变化可能受气候因素、栖息地条件、人为干扰影响，病毒在环境中存活需要特定范围的温度和湿度条件，中间宿主动物感染病毒的机会与动物自身的活动规律和范围有关等。莫琳·凯斯勒等学者 2018 年报道：通过栖息地保护或恢复来改善蝙蝠食物的营养和提高蝙蝠的免疫能力，能有效降低亨德拉病毒在环境中的散落率。干预病毒跨种传播的任何一个过程或驱动因素，均可能有效阻断病毒跨种传播到人类。

通过生态干预降低蝙蝠源病毒跨种传播的典型案例还包括尼帕病毒。尼帕病毒是一种新出现的人畜共患病毒，能够导致猪等动物以及人类患严

亨德拉病毒的跨种传播及生态影响因素
（改编于 Plowright 等，2014，*Proc. R. Soc. B*）

重疾病，以脑部炎症（脑炎）或呼吸系统疾病为主要特征。1999 年，在马来西亚猪农中暴发的一次疫情期间首次得到确认。该病毒的自然宿主为果蝠。斯蒂芬·卢比等研究人员 2006 年报道，孟加拉国居民因饮用蝙蝠排泄物污染的枣椰树汁而感染尼帕病毒。斯蒂芬·卢比和同事们发现，在枣椰树分泌汁液区域的周围设置物理障碍能有效避免果蝠舔食和污染汁液，从而降低尼帕病毒从果蝠传播到人类的风险。

费利西亚·基辛等于 2010 年发表在《自然》的文章表明，1940—2005 年全球动物疫病感染人类事件中，近一半的人类感染事件是因土地利用或人类食用或猎捕野生动物所致。生态环境改变是导致汉坦病毒、尼帕病毒、血吸虫病等多种动物疫病传播的重要诱因。关于动物源病毒导致的狂犬病、禽流感、布鲁氏菌病、灵长类疟疾、莱姆病的相关研究证实，在病毒传播的不同阶段通过生态干预均能减少或预防病毒跨种传播，这为将来冠状病毒相关疾病等新发传染病的预防和控制提供了创造性的解决办法。

在目前严重缺少关于动物源冠状病毒跨种传播到人的生态学证据的情况下，野生动物生态学研究将是解释、预警和防控冠状病毒跨种传播的关键。对马尔堡病毒（Marburg virus）的研究表明，动物生态学规律在流行病应对中具有重要价值。马尔堡病毒是马尔堡出血热的致病病原体，源自非洲乌干达及肯尼亚一带，能够感染人和灵长类，是一种病死率非常高的疾病（高达 90%），有人传人的风险，是目前蝙蝠源病毒能够直接感染人类的极少数案例之一。埃及果蝠是马尔堡病毒的自然宿主。埃及果蝠携带马尔堡病毒的概率具有年龄和季节差异：繁殖期的亚成体（年轻蝙蝠）携带马尔堡病毒的概率最高。埃及果蝠亚成体携带马尔堡病毒的概率与马尔堡出血热在人类中的暴发具有季节相关性。这些研究结果表明：在埃及果蝠繁殖季节，避免接近蝙蝠繁殖地区，禁止接触和干扰蝙蝠尤其是亚成体，能有效预防马尔堡出血热疾病。

因此，未来冠状病毒跨种传播研究与防控工作很有必要，研究重点包括：①弄清冠状病毒潜在自然或中间宿主动物的分布范围及变化规律、活动生境、行为范式、种群动态、迁徙规律及其生活地区的环境特征，如气候条件、地表特征、受干扰程度等基础生态学数据；②明确蝙蝠等潜在冠状病毒宿主与人类或潜在与人类直接接触的中间宿主（如牲畜等家养动物）的时空交集和接触频次；③识别蝙蝠等潜在冠状病毒宿主活动空间中的主要人类活动，分析其与冠状病毒跨种传播的关联，进而研究宿主动物与人类活动的关系、冠状病毒跨种传播规律及其生态学机制。基于这些研究，未来可以预测和防控冠状病毒跨物种传播至人类。

面临的问题

目前，冠状病毒跨种传播生态学机制研究面临的问题主要有以下几个方面。

一是缺乏与冠状病毒密切相关的野生动物的时空利用数据。调查蝙蝠等与冠状病毒潜在关联的主要野生动物类群的活动范围及其随时间变化规律，是研究冠状病毒跨种传播生态学机制的前提。

作为与冠状病毒密切相关的野生动物之一，蝙蝠种类多达 1400 余种，是第二大哺乳动物类群，也是唯一真正会飞行的哺乳动物类群，具有较强的空间转移能力，是空间利用较广的陆生哺乳动物之一。多数蝙蝠栖息在黑暗的山洞、岩缝、树洞或建筑物缝隙，蝙蝠隐蔽于黑暗的栖息环境以及昼伏夜出的习性导致生态学工作者的野外调研工作困难重重。此外，绝大多数蝙蝠体型小，给个体标记与行为追踪等野外生态学研究技术手段提出了挑战。目前缺乏有效手段对野外蝙蝠的行为、活动范围和规律进行长期监测。对野生穿山甲和果子狸等潜在宿主的野外活动监测同样充满挑战。

二是忽略与冠状病毒密切相关的野生动物的种群规律研究。目前关于冠状病毒的研究主要在实验室内开展，研究的前提之一便是对病毒的筛查或提取。此类研究忽略了对非病毒携带者个体、种群或物种的研究。

以蝙蝠为例，已知蝙蝠种类约 1400 种，目前报道人畜共患疾病宿主的蝙蝠种类不到蝙蝠种类总数的 10%。我国科学家经过十几年的艰辛工作，走遍大江南北，才在少数山洞中发现携带 SARS 样冠状病毒的蝙蝠。我国科学家还发现同一蝙蝠物种不同地理区域的个体感染冠状病毒的类型和程度存在差异。国外学者近期对全球 20 个热点国家的 282 种蝙蝠 12333 只个体、3387 只鼠类和 3470 只非人灵长类动物进行冠状病毒检测，只在其中 8.6% 的蝙蝠个体和 0.2% 的其他动物个体中发现冠状病毒。为什么遗传关系相近的不同物种、同一物种的不同种群体、同一群体的不同个体的冠状病毒携带或跨物种传播潜力截然不同？回答这个关键问题离不开对以上类群的比较生态学研究。

三是冠状病毒研究的学科交叉明显不足。目前，我国关于冠状病毒的研究主要集中在病毒多样性和病毒的受体结合能力两个方面，研究的主要力量是病毒学和分子生物学家，缺少对蝙蝠等野生动物的生态和行为更为熟悉的生态学家的参与。这就导致关于冠状病毒跨物种传播的生态学机制研究仍是空白，严重阻碍了对新冠肺炎等大流行病病原体的溯源和预防。实际上，我国有多个科研团队专注蝙蝠行为与生态学研究，熟知我国蝙蝠物种分类、生活习性和地理分布情况。此外，我国也具有从事穿山甲、果子狸等冠状病毒潜在宿主科学研究的生态学家。整合病毒学、生物学和生态学研究，将会是揭示动物源冠状病毒跨种传播机制和防控新发传染病的关键所在。

四是动物疫病传播的生态学机制往往错综复杂，具有投入大、产出低的特点，长期的人力和资金投入往往难以保证。目前，无论是国内还是国外，动物疫病的研究主要以室内病毒学和分子生物学等研究手段为主，对于野生动物基础生态学研究的重视和投入严重不足。

展望

解决上述问题需要政府、教育科研机构、科学家和社会力量共同努力。在政府机构层面，需要在教育学科体系、资源投入、人才培养与评价等方面进行顶层设计，加强动物生态学学科发展，积极布局动物生态学研究，提升师资队伍建设水平和人才培养质量，发挥动物生态学研究在动物疫病预防和防控中的作用。科学家们需要攻克蝙蝠等野生动物野外生态学调查研究的技术难题，加大野外生态学研究力度，加强跨领域交叉合作，将科学研究与国家社会需求和公共卫生安全紧密联系在一起。

冠状病毒引起的新发传染病给我国乃至全球人类生命健康和社会经济发展造成了巨大损失。揭示冠状病毒跨种传播的生态学机制，不仅有利于当前新冠病毒的溯源和防控，还对通过生态干预来预防类似流行病的再次发生具有重大意义。我国生态系统类型及生物资源丰富、动物生态学学科发展势头良好，在政府、教育科研机构和科学家的共同努力下，今后在冠状病毒跨种传播机制与新发传染病防控方面有望取得较大突破。

一是建立较为完善的高风险冠状病毒宿主的基础生态学数据库。过去几十年，我国动物生态学研究人员积累了冠状病毒潜在宿主动物较为丰富的基础生态学数据，包括物种多样性、地理分布、种群大小、活动规律等。在此基础上，围绕冠状病毒跨种传播生态学机制这一科学问题，科研人员将进一步收集更广泛和更细致的基础生态学数据，重点关注携带冠状病毒的自然和中间宿主，收集它们的活动生境、行为范式、迁徙规律及其生活地区的环境特征，进而建立较为完善的冠状病毒宿主基础生态学数据库。

二是明确高风险冠状病毒宿主动物与人类的时空关联。目前，高风险冠状病毒宿主动物与人类在时间和空间上的关联尚不清楚，这也是制约此次新冠肺炎溯源的最大障碍之一。未来，通过调查冠状病毒潜在宿主动物的活动规律及范围与人类活动的时空关联，将突破这一障碍，为将来通过生态干预来预防流行病的再次发生提供科学依据。

三是初步建立高风险冠状病毒宿主的生态追踪和预警体系。基于冠状病毒潜在宿主动物的基础生态数据以及宿主动物与人类活动的时空关联，并结合气候变化等环境因素大数据，应用数据建模和卫星追踪等技术手段，能够初步建立高风险冠状病毒宿主的生态追踪和预警体系。

中国动物学会

撰稿人：冯　江　林爱青　罗金红　何　彪　江廷磊

2

引力波将如何揭示宇宙奥秘？

引力波将如何揭示宇宙奥秘？这是重大的科学问题。引力波的探测，开创了物理学和宇宙学研究的一个新纪元。我们过去观察宇宙，使用的方法就是用射电望远镜探测电磁波，用光学望远镜看可见光，或者是探测红外线、紫外线、X 射线、伽马射线，还有一种方法，就是用带电粒子，但是这些方法所能探测的宇宙的范围都是有限的。在 2020 重大科学问题的评选当中，各位专家一致推选“引力波将如何揭示宇宙奥秘”作为一个重大的科学问题，它将为我们打开一个全新的科学世界，去看宇宙大爆炸的过程、星系的形成和演化的过程。中科院和中山大学分别提出了两个卫星试验的设想，各有特点，同时我们又在利用其他的观测手段来研究引力波相关的物理过程以及原初引力波大爆炸时产生的引力波现象，引力波的发现开创了人类探测宇宙的新纪元。

陈和生

中国科学院院士，中国科学院高能物理研究所研究员

引力波天文学引领未来的科技革命

粒子与波，是自然界中所有物质或能量存在的形态。现代科学中的量子力学观点认为，微观世界的物质有时会显示出波动性，有时会显示出粒子性，这两种形态在不同环境下的互补体现才完整地描述了该物质的基本物理属性。

天文微光点亮了科技革命

人类文明史上第一个认识并最终熟练掌握其相关科学与技术的波是电磁波（下图），也就是我们所熟悉的光。由此，人类开启了创建现代科学和探索宇宙奥秘的第一道窗口。1609 年，意大利科学家伽利略将

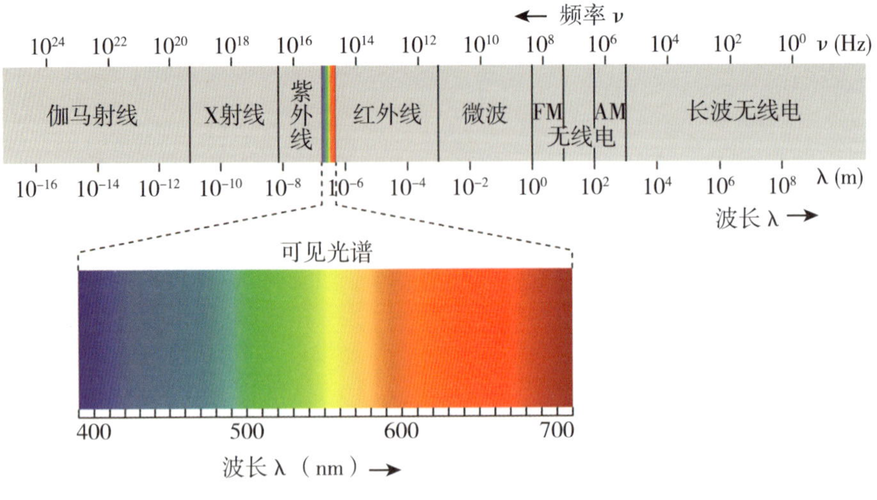

电磁波（Philip Ronan 制图）

欧洲贵族们的玩物加以改造，发明出了第一台用于天文观测的光学望远镜。这标志着现代科学的第一门学科——天文学的诞生。随后的 300 年间，牛顿利用天文学观测积累的大量实验事实提出了经典力学和牛顿万有引力理论。之后，库仑、欧姆、安培、法拉第等人发展出了经典电磁学的各种物理定律，又由麦克斯韦将其统一并提出了里程碑般的电动力学理论。这宣告了人类进入电气化时代，并在技术上推动了第二次科技革命。彼时，麦克斯韦和赫兹的工作指出电磁波不需要依靠介质进行传播，在真空中其传播速度为光速。这也意味着人类从此真正地掌握了光波的科学与技术。

通过传统的光学望远镜，我们可以在可见光的波段来探索宇宙。这个波段所对应的电磁波波长为 400 纳米到 700 纳米。尽管这是一个非常狭窄的窗口，但就是通过这么一点范围，我们发现了七彩缤纷的世界。这是真正的七彩缤纷，牛顿就是通过棱镜对太阳光进行折射发现了七种单频率的电磁波，也就是我们所说的单色光。在这之后，随着科学技术的极大进步，人类逐渐摸索到了几乎全部波段的电磁波技术，如果按频率从低到高来分类，主要包括了无线电波、亚毫米波、微波、红外线、可见光、紫外线、X 射线和伽马射线。通过不同波段的电磁波来观察我们的宇宙，哪怕是其中的一小部分，都能够获取大量意想不到的新发现（下页图）。例如，天文学在 20 世纪 60 年代所取得的四项重要发现，分别为星际分子、类星体、宇宙微波背景辐射和脉冲星，其中后两项发现工作后来都被授予诺贝尔物理学奖。这四大天文发现都不是通过传统天文观测手段，而是使用 20 世纪 30 年代新兴起来的射电天文手段所获得的。

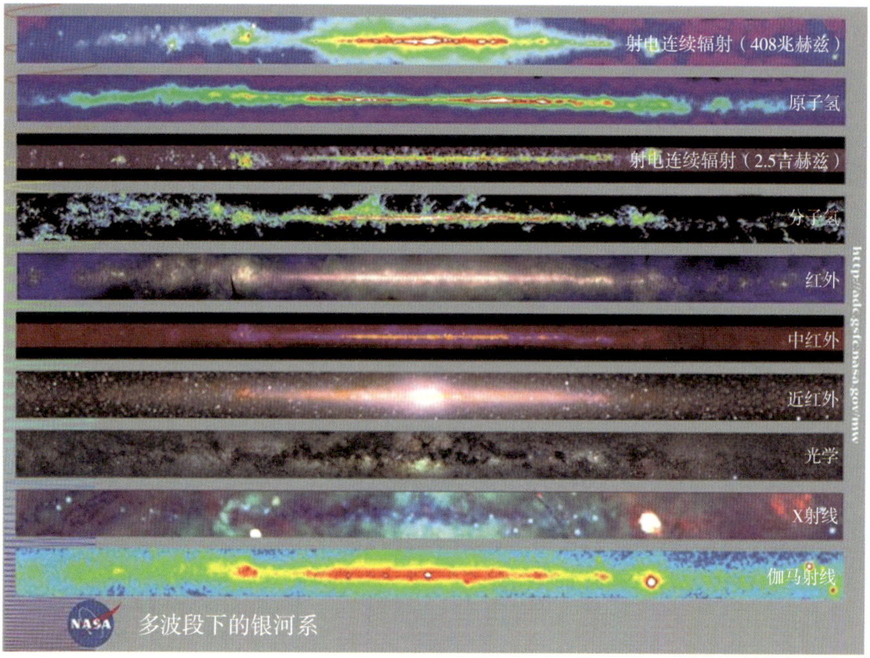

我们最熟悉的银河，通过不同波段的电磁波进行观测，却呈现出了传统天文观测窗口看不到的千姿百态（引自美国国家航空航天局）

两朵乌云之上的科学彩虹

物理的大厦已经落成，所剩无几的只不过是一些修饰工作，这片美丽晴朗的科学天空上只有两朵乌云，分别是光的波动理论与黑体辐射理论。

开尔文勋爵，英国物理学家，1900 年

直至 20 世纪的来临之前，人类都未曾考虑过利用非电磁波的窗口来探索大自然的可能性，当时取得巨大成功的牛顿力学和经典电磁理论将人类科技推到了一个看似不可超越的高峰。然而，开尔文所说的这两朵“乌云”在 20 世纪初便带来了前所未有的科学风暴，它们分别催生了理解引力与时空的相对论和描述微观世界的量子理论。其中，爱因斯坦用极其创造性和艺术感的大脑迸发出了相对论的时空观念。这一理论在 1905 年问世时还尚未将万有引力纳入，因此被称为狭义相对论，然而根据该理论所给出的质能等价的重要预言（$E=mc^2$）如今已经深入人心，并在后来的核能开发中得到了广泛应用。

时光荏苒，狭义相对论问世 10 年之后，爱因斯坦在格罗斯曼、希尔伯特等数学物理学家们的帮助之下，将万有引力完美地纳入相对论时空观之中，并在 1915 年正式提出了精准描述引力物理的广义相对论。这一理论认为引力的物理本质是时空发生弯曲导致的，而时空的弯曲又是由物体的质量（能量）导致的。在这之后的一年内，爱因斯坦陆陆续续地给出了水星进动的精准解读、光线的引力透镜偏折和引力也存在波动的理论预言。其中，自 19 世纪中叶开始，困扰了人类半个世纪的水星进动之谜最终通过广义相对论所预言的质量和角动量之间存在关联而得到了完美解答；而引力透镜效应则预言了来自遥远恒星的光线在途经太阳到达地球的过程中，会因为太阳巨大的质量所导致的时空弯曲而发生偏折，这一预言在 1919 年被英国天文学家爱丁顿借助一次日全食的机会验证，现代物理学进入了爱因斯坦时代。然而，1916 年就被爱因斯坦所预言的引力波动，在之后整整 100 年内都迟迟没有得到观测验证。

百年孤寂的时空涟漪

20 世纪初的人类早已知道运动的电荷可以产生电磁波，那么以物体质量为荷的引力场中会不会也有类似的现象呢？这一看上去很自然的类比，在科学研究当中却曾经困难重重。尽管广义相对论拥有着非常简洁优美的数学形式，但求解起来却异常复杂，因为在这背后描述引力场动力学的方程是一个高度非线性且有10个独立分量的偏微分方程组。为了简化求解，爱因斯坦独出心裁地采用了一套线性化近似的处理方法绕道而行，并成功得到引力场的波动行为——引力波。简单直观地理解，引力波就是空间本身不断循环往复的拉伸和挤压。因此，它也被誉为时空涟漪。

这些假设和推论远远超出了当时人类的知识库，以至于在接下来的半个多世纪里，物理学家就引力波是否真实存在展开了喋喋不休的争论，诸多引力物理研究的先驱都曾公开质疑过引力波的存在。例如，因率先通过日全食观测验证广义相对论中引力透镜的光线偏折预言而声名大噪的爱丁顿就对引力波持怀疑态度，他曾笑称“引力波是以思想的速度在传播”。甚至就连爱因斯坦本人也曾两度否定自己的预言。笼罩在引力波之上的迷雾可见一斑。然而，历经数十年的争论和发展，在越来越多的物理与数学乃至计算科学的共同努力之下，迷雾逐渐散去，科学家们最终确定了线性化近似下的时空扰动是不依赖于参考系选取的，这意味着广义相对论所预言的引力波是真实存在的。那么，接下来的问题就是，我们如何才能探测到引力波呢?

以工匠之心，攻大科学重器

当物理学家们确认了引力波的理论存在之后，紧接着就紧锣密鼓地展开了对引力波探测的科学尝试。广义相对论预言了引力波无处不在，只要有质量分布的改变就会产生引力波，但万有引力却也是大自然中已知的四种相互作用里面最弱的一个，以至于整个太阳系内包括地球上的任何可能产生引力波的信号都几乎忽略不计。既然常规环境下的引力波无法探测，科学家们也就很自然地将目光投向了宇宙，寄希望于宇宙中可能发生的最为剧烈的天体事件，例如致密天体的撞击或者宇宙创生时的余晖所带来的引力波信号。

20 世纪 60 年代，美国物理学家韦伯率先吹响了引力波探测的号角，他试图利用金属铝柱的形变来捕获引力波信号，然而未能成功。就在科学家们感受到此路艰辛之时，1974 年，天文学家泰勒和赫尔斯在观测两颗中子星的绕转时发现这个双星系统的周期和距离一直在有规律地缩短，这意味着双星绕转的过程中发生了一些能量被不曾看见的辐射带走了，其中最为合理的解释就是引力波辐射。这一现象被看成是引力波存在的重要间接证据，泰勒与赫尔斯也因此分享了 1993 年的诺贝尔物理学奖。

尽管间接证据不足以充分证明引力波的存在，但也的确给予科学家们一剂强心剂。20 世纪中叶，人类社会迎来了第三次科技革命的新高潮，这是人类文明史上继蒸汽技术革命和电磁学技术革命之后在科技领域的又一次重大飞跃。信息、新能源、新材料等多项科学技术的日新月异，以及激光精确操控技术的蓬勃发展，让科学家们意识到了引力波信号直接探测的可能性。70 年代美国物理学家韦斯等人提出了利用激光干涉仪来探测引力波的创新思想。1984 年，索恩、德雷弗和韦斯共同推动了激光干涉引力波天文台（LIGO）探测项目的孕生，之后在 1994 年获得了高达 4 亿美元的经费资助，并在巴里什的整合之下一举成为了世界上最大最先进的引力波探测大科学装置。之后，LIGO 于 2002 年建造完成并启动了针对引力波探测的初期运行。然而，事与愿违的是，此次探测一无所获。这是因为，如果有引力波信号来自浩瀚宇宙中的几十倍太阳质量的黑洞双星并合过程的话，那么这一信号传播到地球上所产生的形变感应也不过氢原子核尺寸的千分之一。对于如此微小信号的测量来说，外界的干扰实在太大太多，比如地震、附近车流，甚至还有微观世界的量子噪声等。有人曾感慨道，引力波的测量工作就如同在波涛汹涌的大西洋东岸寻找西岸掷下一粒石子激起的涟漪。

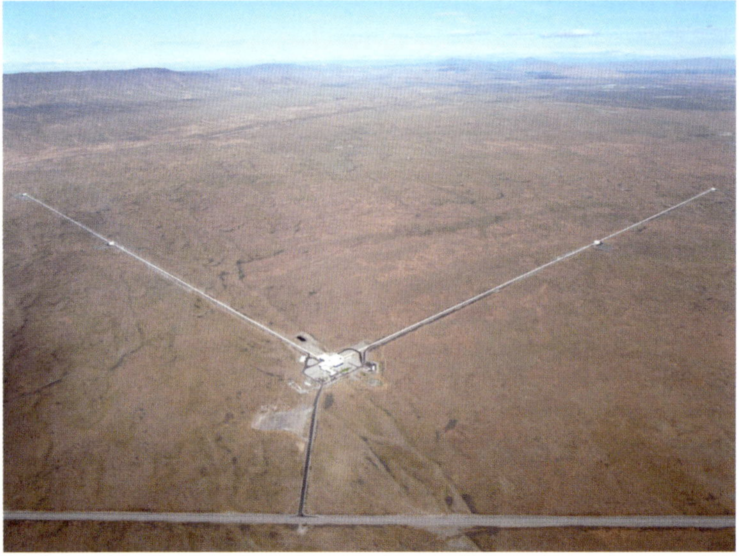

坐落在美国华盛顿州汉福德镇郊区的一座激光干涉引力波天文台（引自LIGO网站）

然而，探测引力波的步伐从未停止过。在巴里什等人的推动之下，LIGO从2004年开始升级改造，直到2015年才完工并立刻投入到新一轮的运行（上图）。这一次，两个相距大约3000千米的同等规模的激光干涉引力波探测器联合在意大利的Virgo室女座引力波探测器开始了协作测量。在每一台LIGO探测器中，科学家让两束激光在臂长4千米的真空腔内来回反射50次，并最终来精确测量这两束激光的干涉条纹在可能存在的引力波信号影响下所发生的微小偏移（下页图）。

升级后的LIGO在重启之后没多久，在2015年9月14日捕获到了一例有别于背景噪声的信号。经过近半年的数据分析和反复排查，LIGO合作组最终在2016年2月11日向世人宣布，人类探测到了引力波。正是由于这一伟大成就，索恩、韦斯和巴里什于2017年分享了诺贝尔物理学奖。更早一些时候，韦斯、索恩和另一位当时还在世的引力波研究先驱德雷福还于2016年共同斩获了一系列极具含金量的国际大奖，例如基础物理学突破特别奖、邵逸夫奖、格鲁伯宇宙学奖以及卡弗里天体物理学奖等。

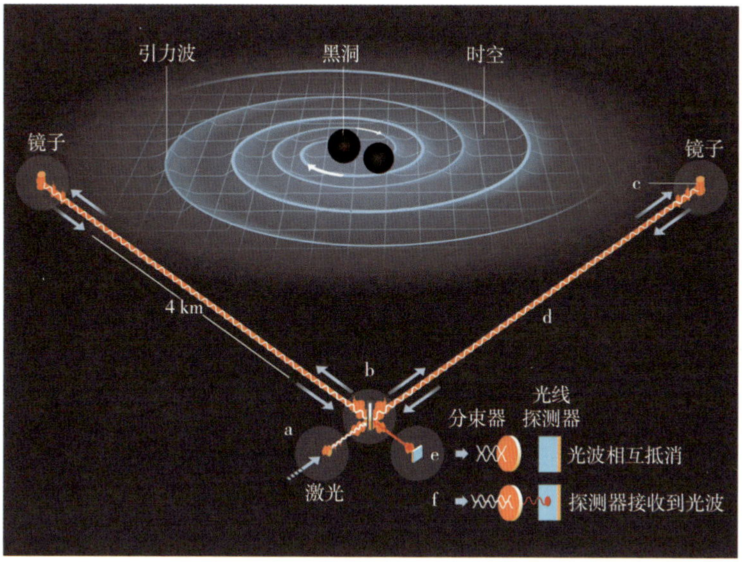

LIGO通过测量激光干涉条纹的微小差异来捕获来自双黑洞并合的引力波信号（引自*The Royal Swedish Academy of Sciences*）

牛刀小试——引力波揭秘致密天体

2016年年初，LIGO/Virgo宣布发现首例引力波信号，经过分析表明，该信号是来自约13亿光年之外的两颗约30倍太阳质量的黑洞并合时产生的。这两颗黑洞以接近1/2倍光速绕转旋进，最后碰撞在一起形成一个具有自转角动量的克尔黑洞。在这个剧烈变化的强引力场天体环境当中，有近3倍太阳质量的能量是以引力波的方式被辐射了出来，并在太空中传播了足足13亿年才最终穿过地球。这一引力波信号的成功探测，标志了一个崭新的天文学时代的来临——引力波天文学。

时至今日，国际引力波研究团队通过LIGO/Virgo协作探测已经成功捕获到了11例引力波信号。其中大多数都是双黑洞并合所产生的，但有1例是通过双中子星并合所产生的（下页图）。这个难得一见的天体事件，不仅产生了引力波信号，还产生了电磁波对应体的信号。于是，在2017年8月

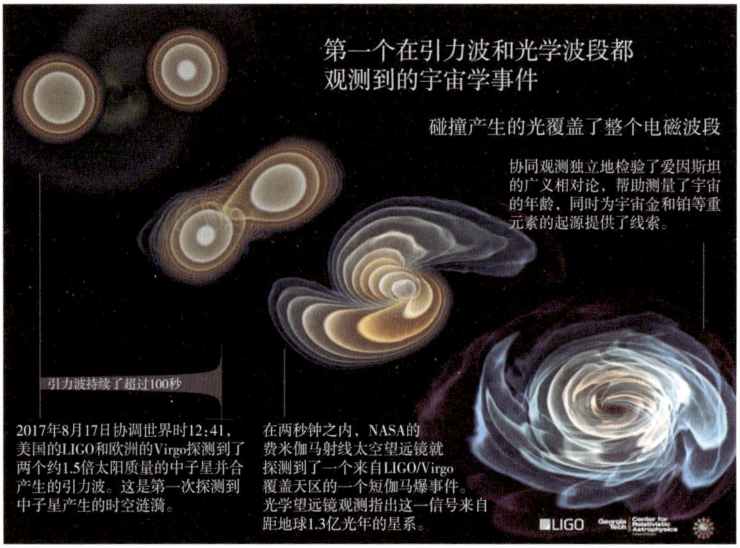

首次被人类通过引力波和电磁波同时观测到的天体事件（引自LIGO网站）

17日被人类通过LIGO的观测窗口捕获到之后，旋即被全球70多个望远镜以及天文卫星随后观测到，而这些天文观测设备几乎覆盖了全波段的电磁波观测窗口。这种多波段和多信使协同探测完美验证了中国天文学家李立新和波兰天文学家玻丹·帕琴斯基于1998年提出的中子星并合理论模型，并且史无前例地揭示了中子星演化的一个重要中间过程，即双中子星并合产生的千新星。

宇宙交响曲——多波段布局的引力波共奏

一个世纪以前的科学先驱们大胆作出了引力场与电磁场之间的类比，并由此预言了引力波的存在。如今，我们有充分的科学理由相信，目前的发现还只是引力波天文学的冰山一角。当前已经观测到的引力波事例仅仅对应了高频段的信号（1~1000赫兹）。那么，想要奏响宇宙的交响曲，我们需要在哪些波段开展引力波探测，从而实现多波段的引力波共奏呢？回顾多波段电磁波技术的历史发展，如果我们按照引力波的频率来进行分类，那么主要包括了千赫兹的高频地面引力波探测、毫赫兹的空间引力波探测、纳赫兹的脉冲星测时阵列探测、甚低频的宇宙微波背景辐射极化探测。此外，为了充分提升引力波科学的产出，我们还期待未来能够配套实现电磁波、中微子及其他宇宙射线等多个实验窗口的协同探测（下图）。

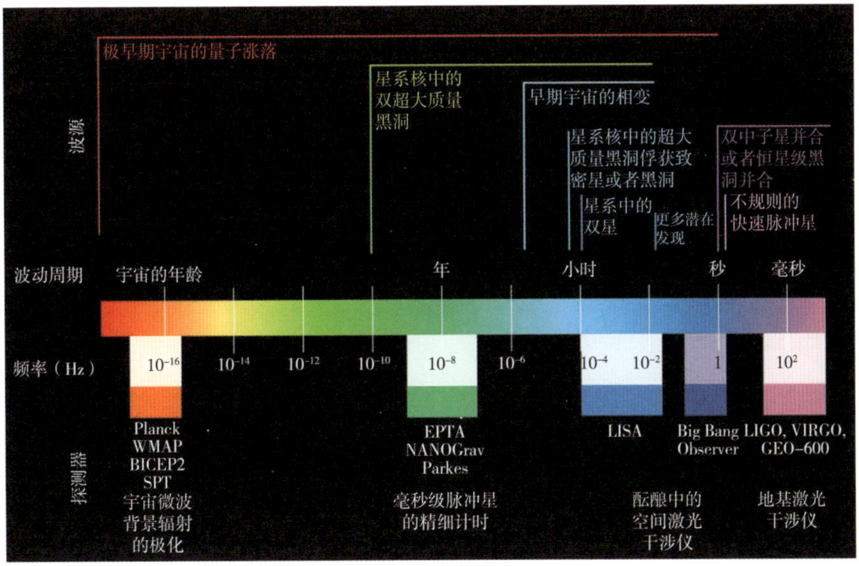

来自不同的宇宙事件所产生的引力波分布在不同的信号频段，需要不同的高精尖探测技术才有可能捕获到（引自 *Physics World*）

千赫兹的高频地面引力波探测

当前国际上已经建成并日趋成熟的引力波探测技术集中在千赫兹波段附近，主要观测设备就是分别坐落在美国的 LIGO 激光干涉引力波天文台和意大利的 Virgo 室女座干涉引力波天文台。这种方式已经成为在地球表面开展引力波监诊的常规技术，而且由于在这一波段能够为引力波信号提供重要来源的天体事件主要包括了双黑洞并合、双中子星并合或者中子星与黑洞并合这些致密双星系统，因此，在地面建设高频引力波探测器可以帮助我们探秘有关宇宙中致密天体的更多信息。

与此同时，国际上在这一波段也正在开展更多的科学研究。例如，德国的 GEO600 观测站就是全球引力波探测网络的一个重要成员单位，该观测站能够在 50 赫兹至 1.5 千赫兹频率范围对引力波信号进行排查，从而为 LIGO 和 Virgo 观测提供了持续不断的技术支持。另外，日本科学家则基于低温探测技术研发了 KAGRA 神冈引力波探测器，类似于 LIGO，KAGRA 拥有两条长达 3 千米的真空腔管道为高纯度激光进行干涉测量。此外，印度在美国的协助下，正在筹建 IndiGO 探测器，将于建成后加入 LIGO/Virgo/KAGRA 协同观测，进一步提升对引力波源的高精度定位。

另外，以美国和欧洲科学团队为主的国际下一代地面引力波探测器也正在积极筹备当中。这些大科学设备一旦投入运行，将为人类提供全天候的观测网络来监诊高频引力波，其观测灵敏度可以提高至少一个数量级，从而有望能够探测到千倍以上的引力波事例数，进而可以研究宇宙中几乎所有来自恒星级黑洞并合或者中子星并合等高能天体事件。

毫赫兹的空间引力波探测

尽管在地面上操控高纯度激光进行干涉来捕获引力波信号的技术已经成型，但一方面地球表面存在的太多环境噪声导致灵敏度先天不足，另一方面宇宙中有着更多的秘密是隐藏在其他引力波波段中的。因此，以欧洲空间局为主的国际空间引力波探测计划也开始提上日程，其中最具代表性的 LISA 激光干涉空间天线项目是计划发射三枚相同的卫星到日地轨道的拉格朗日点附近（此处日地引力互相抵消），并组成一个边长约为 250 万千米的等边三角形，整体沿地球轨道绕太阳公转。这个空间项目所能探测的引力波频段为 0.0001 赫兹至 0.1 赫兹，因此粗略地描述就是毫赫兹的低频引力波信号。

欧洲空间局计划于2034年启动LISA的观测运行，并预计将持续进行4到10年的引力波观测。基于未来的LISA项目，我们有机会通过毫赫兹引力波信号的观测分析，研究银河系内的双星系统的形成与演化、检验致密星体围绕超大质量黑洞公转的动力学性质、追溯超大质量黑洞并合的可能起源与演化、分析恒星级黑洞的天体物理性质、独立测量宇宙膨胀的速率、检验引力物理基本性质、探知或限制宇宙中的随机引力波背景分布。

如果要成功完成这一任务，我们期待LISA能够熟练掌握三个关键技术：能够精准定位的先进推力器、超灵敏的引力加速度传感器、能够连续10年稳定发射固定功率的高纯度红外激光。十分幸运的是，2015年成功发射的激光干涉空间天线探路者号卫星（LISA Pathfinder）已成功测试了这些技术，这为科学家推进LISA项目提供了极大的信心。

除了LISA以外，国际上还有若干类似的空间引力波探测计划。例如，日本的DECIGO分赫兹引力波干涉天文台计划对0.1~10赫兹的频段进行引力波探测，以及美国NASA还提出了更具野心的BBO大爆炸天文台，尽管观测频段和DECIGO并无多少差异，但其灵敏度或许可以窥探来自宇宙大爆炸的残余引力波背景信号。

纳赫兹的脉冲星计时阵列探测

除了激光干涉技术之外，还有一个非常创新的引力波探测渠道。这是大自然赋予人类的一种特殊的宇宙导航系统——脉冲星。脉冲星，是一类旋转的中子星，因其能够不断发出周期性电磁脉冲信号而得名。自1967年被天文学家贝尔首次发现以来，科学家们就意识到了该天体具有明显的“灯塔效应”（就像渔夫驾船在海里航行时看到的灯塔一样，设想一座灯塔总是亮着且在持续不停地做周期转动，灯塔每转一圈从窗口透出的灯光就照射到渔船上一次，由此渔夫可以根据灯塔亮度和周期来判断离岸距离）。

作为宇宙大航海的“灯塔”，脉冲星可以被用来进行计时定位和宇宙测距。其中，毫秒级脉冲星的计时功能最为精准，它们所发射的射电脉冲抵达地球的时间可以从理论上计算至纳秒（10^{-9} 秒）精度。因此，如果实际的天文实验观测察觉到了多枚脉冲星在计时周期上的微小差异，那么很可能就是引力波干扰导致的。因此，脉冲星计时阵列就是利用一组脉冲星的脉冲信号抵达地球的时间来寻找任何有关联的信息（当地球与脉冲星之间的时空被途中经过的引力波所影响，脉冲星所发射的脉冲传播至地球的时间有所改变），相对应的观测窗口是纳赫兹波段。

当下，国际上主要有三个正在进行的脉冲星观测实验，分别是北美洲的纳赫兹引力波天文台 NANOGrav、欧洲的脉冲星计时阵列 EPTA 与澳大利亚的帕克斯射电天文台 Parkes。为了共享实验数据，这三个实验团队又组成了国际脉冲星计时阵列团组。在这一努力之下，我们有望探测到的是来自近邻宇宙中双超大质量黑洞并合所产生的纳赫兹波段引力波信号，以及早期宇宙发生相变所释放的引力辐射，从而对宇宙中的超大质量黑洞的物理形态以及宇宙早期是否发生过对称性破缺和相应的相变过程进行解密。

甚低频的宇宙微波背景辐射极化探测

宇宙中最令人期待的一类引力波，则是来自整个宇宙的创生大爆炸。那一刻的宇宙处在极高能状态，可以想象当时所产生的引力波之剧烈可谓惊天动地。然而，经历了约 138 亿年的漫长膨胀岁月，波澜壮阔的原初引力波也敌不过时间的洗礼，变得极其微小，特别是这些引力波的波长也会跟随宇宙的膨胀而被拉伸开来，足以和整个可观测宇宙的尺度相当。因此，原初引力波所对应的观测窗口是甚低频的波段。

为了搜寻甚低频的原初引力波信号，一种新的高精度宇宙学观测技术正在快速成长中，这就是宇宙微波背景辐射偏振信号测量。宇宙微波背景辐射的物理研究是人类探知宇宙起源的重要观测手段。今天我们的宇宙有着一个背景温度，大约是 2.735 开尔文（0 开尔文便是温度概念中的绝对零度），在这个背景之上仔细辨识，我们会发现其上存在大约几十微开尔文的温度涨落，这一微小信号已经被当今的宇宙微波背景辐射实验所检验，并已经得到了极为精确的测量。然而，如果我们继续努力辨识，就会发现在这之上还有大约几个微开尔文甚至更细小的信号差异，并且还呈现出来流线型的特定图案，这就是宇宙微波背景辐射的偏振信息。这幅流线型的偏振图案总可以被分解为两类基本图像：E 模式和 B 模式，其中的 B 模式在宇宙大爆炸时期只能由当时的原初引力波诱生出来。因此，如果我们能够精确测量到宇宙微波背景辐射的原初 B 模式偏振图像，那么我们就能够捕获到原初引力波，进而探秘宇宙的起源。

目前国际上对通过宇宙微波背景辐射来搜寻甚低频波段的引力波信号已经有了非常丰富的布局，这主要是因为宇宙微波背景辐射实验起步较早，从 20 世纪 60 年代就开始行动了，并且美国和欧洲已经成功完成了三次宇宙微波背景辐射太空探测项目，分别为 COBE、WMAP、Planck 卫星实验，它们不仅精确测量了宇宙微波背景辐射中的温度涟漪，还将整个天图的分辨率稳步提高，最终给出了 E 模式偏振图像的测量。而为了在原初 B 模式探测方面实现零的突破，坐落在南极的 BICEP 望远镜、SPT 南极望远镜、Keck Array 天线阵列以及坐落在智利阿卡塔马沙漠的 CLASS、ACT Pol、POLARBEAR 等望远镜正在进行技术升级，期待在下一代的地面探测设备中夺得发现原初引力波的桂冠。而在不久的将来，国际上还有以西蒙斯天文台和 CMB-S4 为代表的宇宙微波背景辐射地面联合探测，旨在揭秘宇宙的起源、早期演化以及宇宙中物质和能量的具体构成。

中国的太空引力波项目

中国科学家已经在筹划几种太空探测引力波的方案。

太极计划

最具有野心的提案是三个在环绕太阳的轨道上呈三角形排列的飞行器，如同欧洲的eLISA一样。只不过太极计划的飞行器间距将会远大于eLISA，这意味着太极的探测频段会与众不同。

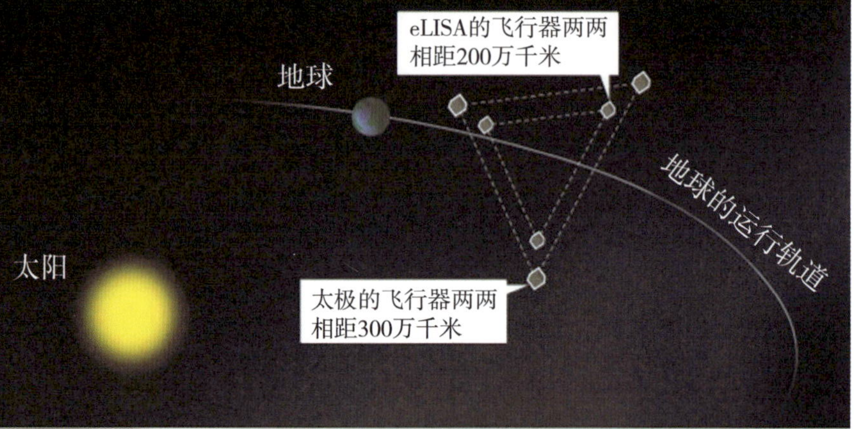

天琴计划

一个相对来说性价比很高的方案是在地球的轨道上放置3个飞行器，与eLISA或者太极计划相比，天琴的飞行器之间距离要小得多。这一计划的科学目标是针对白矮星双星系统所产生的引力波。

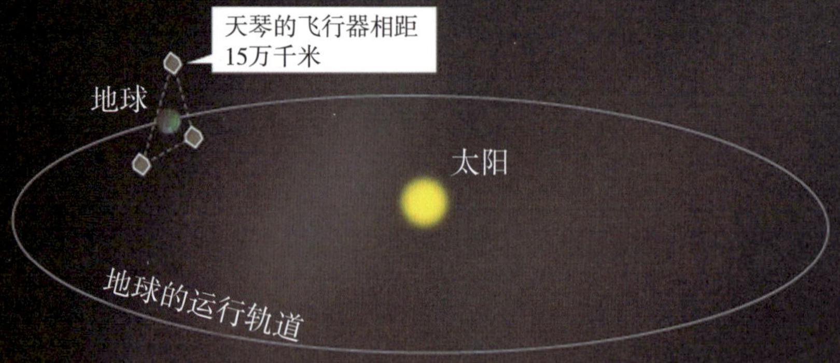

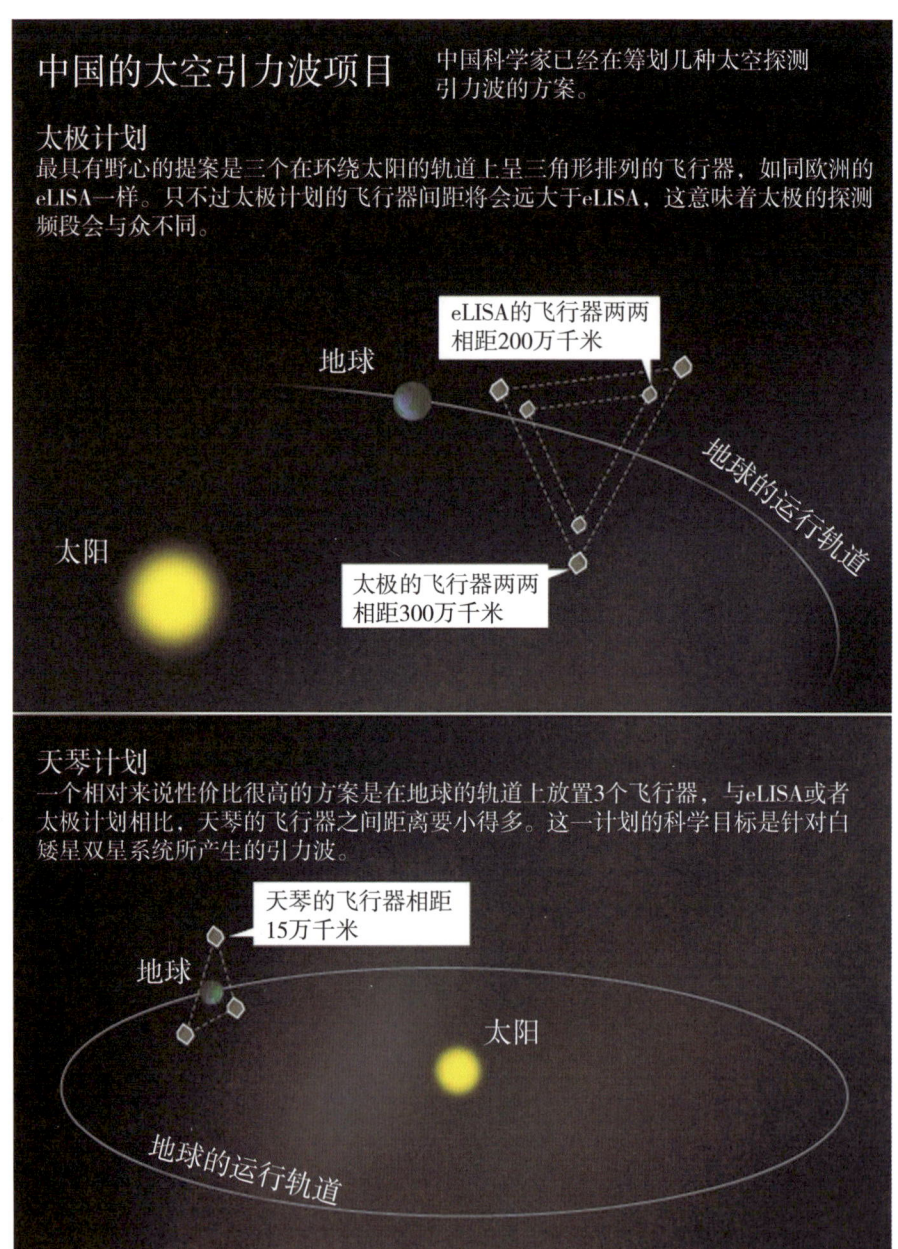

中国的引力波探测。由上到下分别为太极与天琴卫星项目（见左页图）、500 米口径球面射电望远镜（射电探测技术）、阿里原初引力波天文台（宇宙微波背景辐射偏振探测）、中国科大 2.5 米大视场巡天望远镜（在建光学设备）（引自 *Nature*、*FAST*、*AliCPT*、*WFST*）

我们有理由相信，当前的引力波发现还只是引力波天文学巨幅篇章的一个序曲。国际上相关的研究项目已经如火如荼地展开，美国的 LIGO 已经开始了第三轮引力波全天候监测，美国 LIGO、欧洲 Virgo 和日本神冈引力波探测器（KAGRA）三方也达成合作协议共同推进引力波源精准定位测量，此外 LISA 项目已经顺利入选欧空局“宇宙观十年计划（2015—2025）”中级别最高的 L 级任务。

在引力波研究领域，美国、欧洲和日本由于投入早、研究历史长，具有绝对的领先地位。而近些年，国内科学界也已经达成共识，早已意识到了引力波研究的重要性、前沿性和竞争性，开始大力发展相关的实验和理论研究，并针对多波段引力波探测制订了近期、中期、长期的发展规划。在地面引力波探测方面，国内开始筹划构建小型的探测器原型，用于相关技术的验证。在空间引力波探测方面，中国科学院、中山大学等多家单位提出了自主研发的太极、天琴卫星项目，力争与国际上的 LISA 相媲美。在纳赫兹频段，中国天眼——坐落在贵州的 500 米口径射电望远镜领衔的中国脉冲星测时阵列在 2019 年正式成立，同时我国也是国际合作项目、新一代大型射电天文装置“平方公里阵”（SKA）的重要成员国，这为较低频段的引力波探测提供了良好平台。在甚低频波段的原初引力波探测方面，目前国际项目都是在地球的南半球开展，而中国科学家们则别出心裁地在西藏阿里地区寻找到一个非常优秀的观测台址，并正在建设北半球第一个地面观测实验装置。与此同时，在电磁波段进行协同观测方面，中国也正在自主研发相关的望远镜和天文卫星项目，包括 GECAM、EP、WFST、CSST 等望远镜项目。

未来的科技革命路在何方？

长达百年的探索历程为人类带来了很多科学启发，无论是理论推演还是实验检验，科学的道路注定要历经磨炼。真金需要火炼，世界级的科研需要虔诚的科学信仰和心静止水的科学态度，真正的突破往往是通过长期的准备和铺垫才水到渠成。自从我们仰望星空的那一刻起，直到今日发展出了覆盖伽马射线、X 射线、紫外光、可见光、红外光、亚毫米波、微波、射电信号等全频段电磁波监测，本质上还是通过电磁相互作用实现的。面对浩瀚宇宙，人类曾经只见其行却不闻其声。然而，当下我们开始聆听宇宙的韵律——引力波的到来开启了天文学新的观测窗口。除了此次发现的黑洞双星并合，宇宙中还有许多其他重要的天体物理过程也会产生引力波，比如说中子星、白矮星、黑洞等致密双星的绕转，超新星的爆发以及宇宙大爆炸时的相变和暴胀过程。其中暴胀产生的原初引力波就是我国的阿里原初引力波探测项目的主要探测目标，这种来自宇宙大爆炸的余晖正是人类或可一窥宇宙起源的最佳线索。此外，正如本文开篇所论，万物皆因量子起源，对于原初引力波的探测也很有可能帮助我们探究广义相对论与量子理论的最终言和，进而趋向爱因斯坦未竟的问题——是否存在万物的终极理论？

值得一提的是，引力波与电磁波的不同之处在于，它几乎不与物质发生相互作用，所以可以穿越茫茫宇宙而不被吸收散射。因此，未来如果我们能够通过引力波天文学对更多更远的引力波信号进行捕获和观测，那么可以预期人类的观测范围还没有到达极限，而这不是今天我们坐在这里就能论道清楚的，但这将是一个非常值得期待的新科技时代。比如，由中国在建的阿里原初引力波探测项目，以及中科大与中科院紫金山天文台在青海冷湖共建的 2.5 米光学天文望远镜，这些都是中国天文学家为开拓人类对宇宙探索的视野极限而做出的诸多努力中的一小部分。

末了，作为一个小小的科学幻想与展望，我们不妨大胆畅想，人类如果要进入真正的宇宙大航海时代，引力波将会变得至关重要。科幻作家刘慈欣在他的著名科幻小说《三体》中就曾提到引力波通信与导航技术的可能性。那么在真实的人类文明中，会成为现实吗？不得不说，目前我们才刚刚学会接收引力波的信号，对如何掌控这一全新领域的科学技术还一无所知。但这就像 19 世纪法拉第发现电磁感应现象时把它比作“新生的婴儿”一样，引力波对我们来说也是全新的，也拥有婴儿般无穷的潜力、无限的可能。它究竟将在人类文明的发展进程中发挥什么样的作用呢？让我们拭目以待！

中国天文学会

撰稿人：蔡一夫

3 地球物质是如何演化与循环的？

客观世界是由物质组成的，物质是在不断变化和演变的，而生物也是在物质演化过程中产生的，所以整个地球物质的演化和循环对于社会发展十分重要。

刘嘉麒

中国科学院院士，中国科学院地质与地球物理研究所研究员

地球物质的演化与循环

宇宙的诞生为地球奠定了物质基础

我们生活在客观的物质世界。如同宇宙中的其他物质一样，地球的物质也始终处于变化和运动之中。作为宇宙中已知唯一有生命的星球，地球上的物质是如何诞生、演化和循环的呢？虽然我们无法穿越时光隧道，回到几十亿年前去见证地球诞生的历程，但是我们可以根据地球现状，以地质学、天文学、物理学、化学等学科理论，用“将今论古”的原则进行科学合理的推断，去了解地球形成和演化的过程。

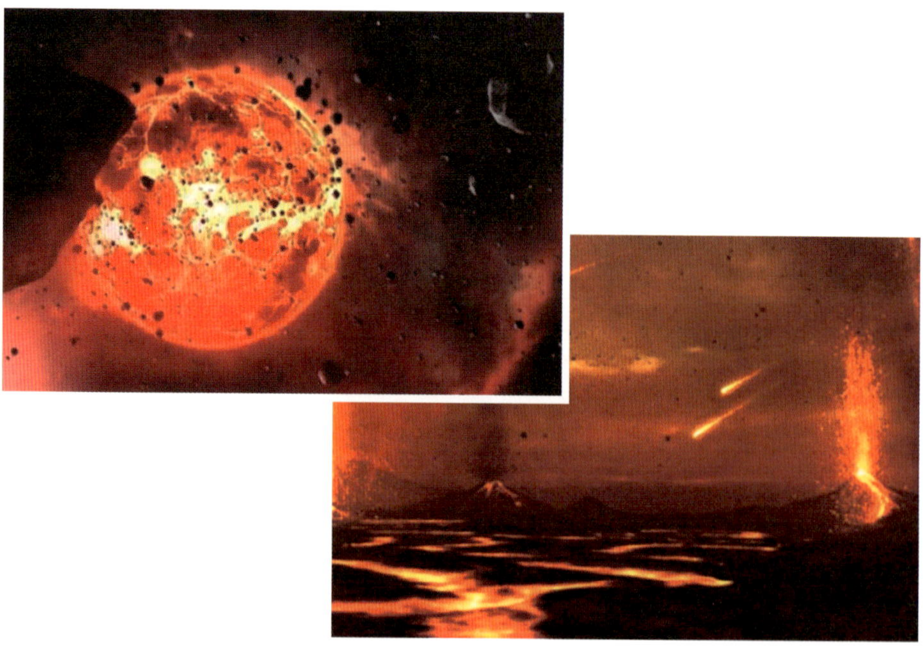

原始地球的形成及环境想象图（引自中国地质学会编《生命探索·人类起源》）

地球的形成

说起地球的形成，还要从广阔的宇宙和众多的天体尤其是行星范围去思考。宇宙的诞生为地球的形成奠定了物质基础。现代天文学研究认为，大约在138亿年前，宇宙中一个超致密和极炽热的神秘天体（天文学家称为“奇点”）发生了大爆炸（宇宙大爆炸）。爆炸后的初期，巨量的物质以质子、电子、中子、光子、中微子等基本粒子的形式存在；随着爆炸后体积的不断膨胀，巨量物质的温度和密度不断下降，逐渐形成原子核、原子和分子，并以气体状态逐渐凝聚成星云。规模极其巨大的星云团就是形成太阳系和地球的物质基础。

大约在50亿年前，太阳星云经过不断地收缩、凝聚和旋转，99%以上的物质向中心聚合形成了原始太阳。此后，围绕太阳旋转的星云残留物（主要成分有氢、氦、固体尘埃及太阳早期收缩演化阶段抛出的物质）又在近5亿年的漫长时间里，在引力作用下不断地聚合和碰撞，逐渐凝聚成了八大行星。也就是说，在距今约45.5亿年前，诞生了原始状态的地球。

地球的圈层结构

内部圈层

地球形成后，其内部物质结构一直处于调整变化之中。截至目前，形成了相对稳定的圈层结构。根据地球内部物质成分和物理状态的不同，可以把地球内部由外及里分为三个圈层，即地壳、地幔、地核。如果拿鸡蛋打个比方的话，地壳就像蛋壳，地幔就像蛋白，地核则像蛋黄。

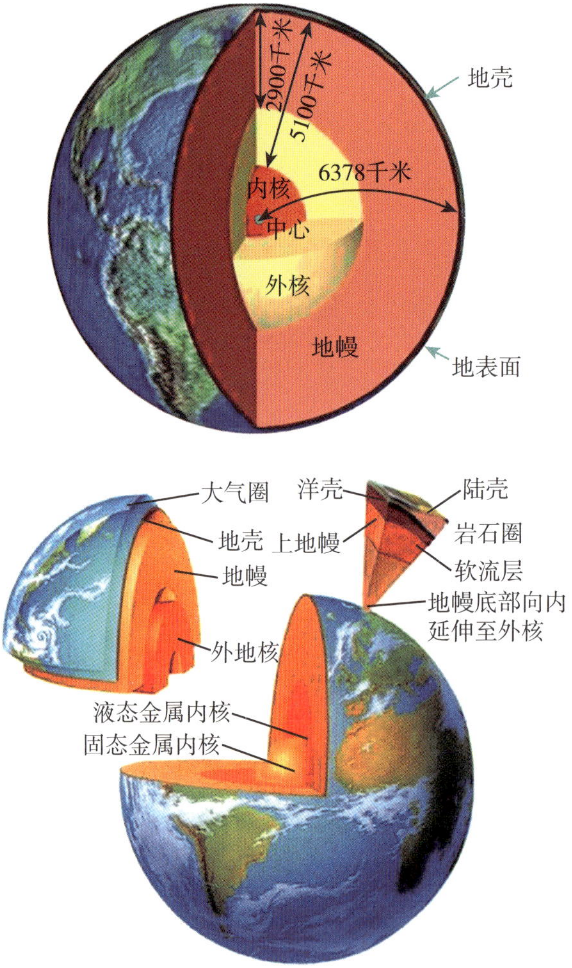

地球的圈层结构（引自中国地质学会编《讲好地球故事》《生命探索 · 人类起源》）

地壳是地球表面以下至地幔以上的固体外壳，主要由岩石和土壤组成。地壳的厚度并不是均匀的，大陆部分较厚，平均厚度约 33 千米；海洋地壳较薄，平均厚度约 6 千米，地壳的总平均厚度约 17 千米。地壳与地幔的分界线叫莫霍面。地幔是介于地壳与地核之间的中间层，其厚度接近 2900 千米，体积约占地球体积的 83%，质量约占地球总质量的 67.8%，地幔物质密度为 3.32~5.66 克 / 立方厘米，压力为 0.9 万 ~150 万大气压，温度为 1200~2000 摄氏度。地核是地幔以下至地心的部分，主要组成物质为铁和镍，称为铁镍核心。

外部圈层

相对于地球的内部圈层划分，地球的外部圈层有大气圈、水圈和生物圈。大气圈由包围在地球外面的大气组成，其密度由近地表向上逐渐稀薄，最终过渡到宇宙空间。组成水圈的水体包括海洋、河流、冰川、沼泽和地下水。生物圈则是指分布和生活在陆地表面（包括土壤和岩石）、水圈和大气圈内的生物及环境的总称。

圈层结构的形成原因

关于地球圈层结构的形成原因，有两种主要科学假说。其一是“化学分异假说”，认为地球内部由于物质分异作用导致自内向外规律性分布，当地球处于熔融状态时，地核是亲铁元素（铁、钴、镍等）集中带，地幔是亲铜元素（铜、锌、锑等）集中带，地壳是亲石元素（硅、镁、钙、钡等）集中带，大气圈是亲气元素（氢、氩、氮等）集中带。其二是“重力分异假说”，认为地球物质在重力作用下，密度小的物质上升，密度大的物质下沉。这种由于重力不同导致的分异作用使地球内部物质按密度由外向内依次增大，排列成地壳、地幔、地核等同心圈层结构。

地球的物质循环

地球的各圈层之间是一个相互联系、相互作用、相互制约的统一整体，各圈层之间虽然没有严格的界限，但每一个圈层又都可被看成是一个相对独立的子系统，每个子系统内都存在着各自的物质循环，如大气圈中的大气环流、水圈中的水分循环和大洋环流、岩石圈中的地壳运动和岩石循环等。

地球的物质循环与能量流动是相伴发生的。驱使地球物质演化与循环的因素是各种地质作用，地质作用按能量来源可分为外力作用（来自太阳的辐射能、日 – 月 – 地系统的势能）和源于地球内部能量的内力作用（地球物质运动的动能、势能、地热、岩石圈中的核能等）。从地球环境形成演化的角度来看，地球物质循环可分为物质的地质循环、物理循环、生物循环三大类型。

地质循环

地球物质的地质循环过程包括地质学中的板块构造运动（大陆漂移）、多旋回构造运动、矿物与岩石循环、地形侵蚀循环等。在地球的演化历史中，物质的地质循环过程呈现出了超长时间尺度和广阔空间量度的特点（即深时地球演化），它控制着地球环境的总体格局，也是形成诸多矿产资源和土地资源的重要过程。

物理循环

地球物质的物理循环包括地球表层中的大气环流、大洋环流和水分循环。在物理循环过程中，参与循环的物质运动时间尺度相对较小，但空间尺度巨大（全球尺度）；参与循环的物质化学组成变化较小，而物质的存在状态及物理性状变化显著。如地表淡水资源、水力资源和风能、潮汐能、洋流能的形成均有赖于物质的物理循环过程。

生物循环

地球物质的生物循环是指生物从大气圈、水圈、地表获得营养物质，且部分营养物质通过食物链在生物之间被重复利用，最终均通过生物代谢和微生物的分解作用归还于非生物环境的过程。这一过程包括碳循环、氮循环、磷循环、硫循环、微量营养元素循环和污染物循环等。在生物循环过程中，物质性状变化的时间和空间尺度都比较小，如人类所需的食物、自然纤维及许多天然药品的形成均有赖于物质的生物循环过程。

总之，地球物质的地质循环、物理循环和生物循环三者之间具有密切的相互联系，其中地质循环及其结果在宏观上控制着物理循环和生物循

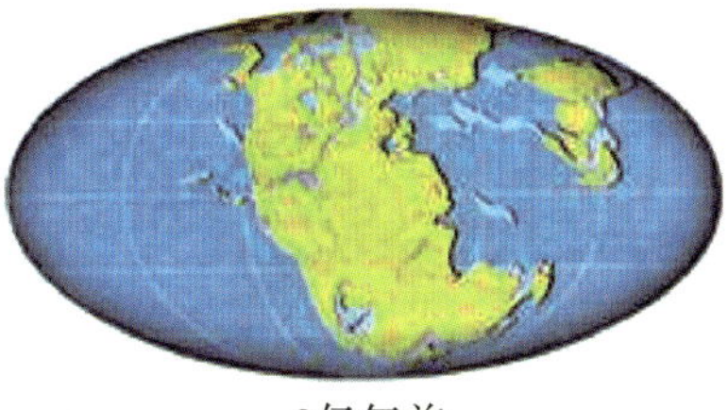

2亿年前

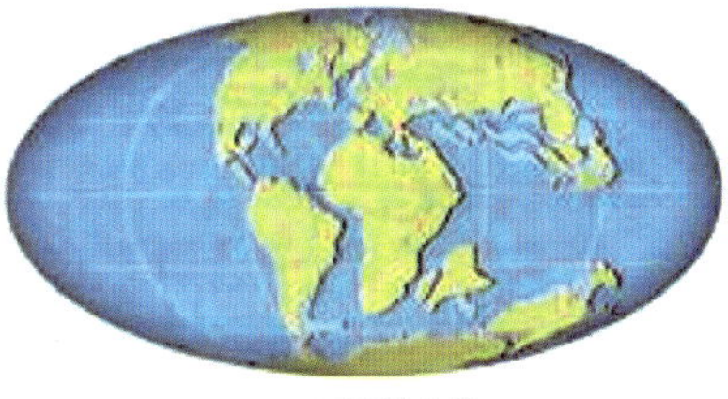

9000万年前

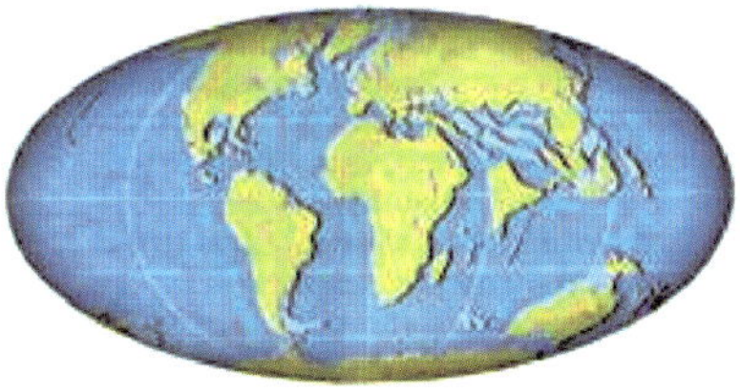

5000万年前

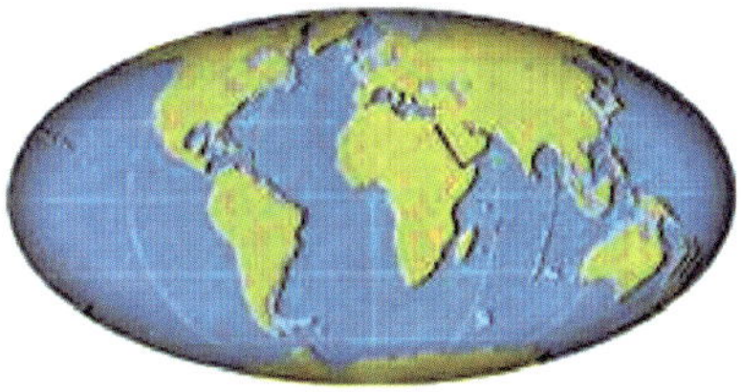

现在

地球板块构造运动（引自中国地质学会编《生命探索 · 人类起源》）

环，而物理循环（如水循环、大气环流）与生物循环交织在一起是驱动生物循环的重要动力之一。尽管地球物质的运动方式和转化途径千变万化，但这种变化过程遵从一定规律：在地球物质的演化与循环中，物质既不能被创造，也不能被毁灭，只能由一种物质形态转变为另一种物质形态；驱动物质变化的能量既不能被消灭，也不能被创造，但可以从一种能量形式转化为另一种能量形式，也可以从一种物质传递到另一种物质，在转化和传递过程中能量的总值是保持不变的。

岩石圈的物质循环

研究认为，地球的总质量近 60 万亿吨。构成地球物质的元素基础是铁、氧、硅、镁、铅等 92 种自然形成的化学元素，它们在地下和地表不断迁移和组合，形成各种矿物，同时又由矿物集合成各种岩石。

岩石是天然产出的具有一定结构构造的矿物集合体，是构成地壳和上地幔的物质基础。按形成原因，可将它们分为岩浆岩、沉积岩和变质岩三

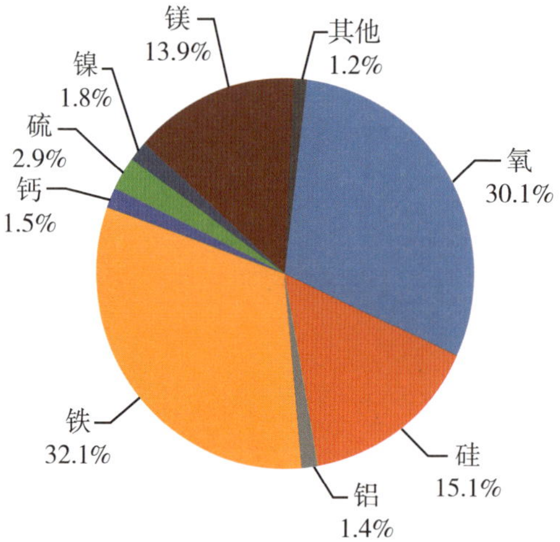

地球主要元素及占比（引自中国地质学会编《生命探索 · 人类起源》）

大类，并称岩石“三兄弟”。在地球表面，沉积岩分布最广；但在地壳中，岩浆岩和变质岩所占体积更大。地表作为地球生物主要赖以生存的空间，其形态的塑造过程包括矿物与岩石在内的岩石圈物质循环过程，即三大类岩石的循环转化过程。

岩浆岩又称火成岩，是由地壳深处或上地幔中形成的岩浆喷出地表或侵入地壳上部后，冷却凝固并经过结晶作用而形成的岩石。按成因可分为喷出岩（如安山岩、流纹岩、玄武岩等）和侵入岩（如花岗岩、辉长岩等）两大类。

沉积岩是由呈层堆积的松散沉积物固结而成的岩石。在地球表面，有 70% 的岩石是沉积岩，但就整个岩石圈而言，沉积岩只占其总体积的 5%。

变质岩是指固态岩石在环境条件改变（如高温、高压和矿物质混合）的影响下，因矿物成分、化学成分以及结构构造发生变化而形成的岩石。

因地质条件发生变化，三大岩类（岩浆岩、沉积岩、变质岩）之间会相互转换，任何一类岩石都可以变为另外一类岩石。例如，地壳深部的液态岩浆缓慢上升接近地表，形成规模巨大的深成岩体、规模较小的侵入岩脉、熔岩和火山碎屑岩等岩浆岩；当地壳运动使岩石上升到地表，在风化、侵蚀、冰川、流水和生物等的作用下，岩石破碎成颗粒，被冰川、河流和风搬运，逐渐在湖泊、三角洲、沙漠或海洋沉积下来，就会形成沉积岩，如黏土岩和页岩；当沉积岩和岩浆岩被深埋在地下或因大规模的造山运动导致环境条件（温度和压力等）剧烈变化时，又会将它们转变为变质

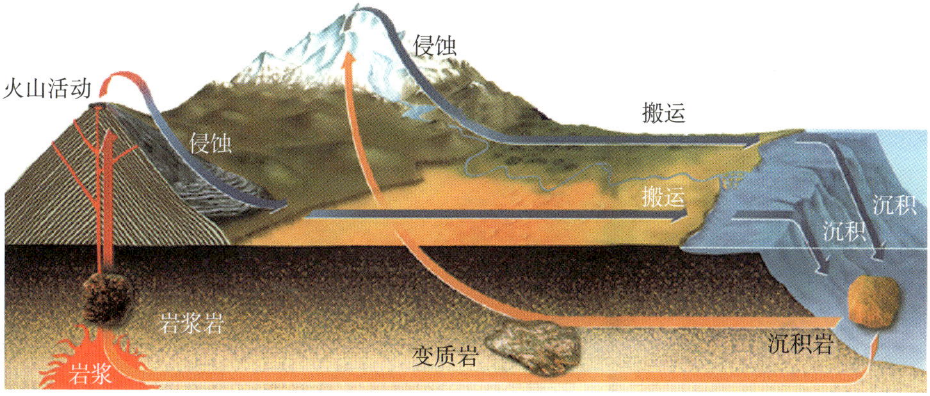

岩石循环示意（引自中国地质学会编《生命探索 · 人类起源》）

岩，如片岩和片麻岩；若岩石所处的环境温度和压力进一步升高，则所有岩石又会重新熔化成液态岩浆，这样就完成了三大岩类的一次循环转换。我们在现代的地壳里很难找到30亿年以上的岩石，其原因就在于地壳的物质基本上都循环了一次。三大岩类互相转变的现象，被称为岩石的循环。

地球物质演化与循环研究的主要方向

矿物和岩石是构成地球的基本物质，它们的种类、比例及总量等都随着时间不断演化。如何定量刻画地球物质在时间尺度上的演化规律并阐明其控制因素，是地球科学发展的基本动力之一。目前，研究地球物质的演化与循环已经成为地球系统科学的重要组成部分和前沿问题，主要研究内容包括以下几个方面。

矿物演化规律的研究

按照矿物的发展历史，可以大致将地球的演化划分为三个主要阶段：首先是地球在太阳系原始星云盘内的形成、增生和分异，在这个过程中，物理作用占主导，外来星体碰撞引起的早期岩浆作用与行星地壳演化共同作用，形成的矿物种数仅有 250 种左右；其次是壳幔相互作用阶段，岩浆作用、变质作用等开始发挥影响，火成岩不断演化，花岗岩和伟晶岩形成，板块构造活动对矿物演化产生了显著影响，矿物种数发展到约 1500 种；最后是生物作用阶段，大氧化事件及生物活动不仅使海洋和大气成分逐渐变化，局部微环境的改造同时也导致了生物矿化作用这一新成矿途径的产生，在此阶段，矿物种数跃至约 4400 种。可见，现今地球矿物呈现出惊人的多样性，是其与地球各圈层在数十亿年内协同演化的结果。地球上矿物的多样性由一系列物理、化学以及生物作用所致，这些过程自地球形成于星际尘埃开始，贯穿了整个地质历史。矿物演化规律的精确刻画是地球物质演化与循环研究的一个重要方向。

沉积物质演化与循环过程的研究

在地史时期超长时间尺度背景下形成的深时沉积物质的演化与循环，忠实地记录了地球的演化过程。地球表层沉积物质的总量、类型、通量、时空分布等直接反映了岩石圈、生物圈、水圈、沉积圈的动态演化过程，是探讨大尺度时空模式下构造、气候、生物、环境及其演化过程的重要参数和基本条件。最新的研究表明，沉积物质总量的演化主要受控于超大陆的旋回，侵蚀作用驱使沉积物总量随年龄增长而呈指数衰减；不同岩性的沉积物具有不同的沉积、侵蚀和埋藏条件；不同的沉积环境下，沉积物的沉积、保存以及演化模式也各不相同。因此，如何针对不同岩性、不同沉积环境的沉积物质开展演化与循环过程的高精度量化研究，对理解地球历史时期沉积物质的演化提出了新挑战。

岩浆岩、变质岩与矿产资源的演化与循环规律的探索

岩浆岩、变质岩以及矿产资源等特殊的地球物质都在不断演化，探索其内在规律也是目前地球物质演化与循环研究的重要方向之一。岩浆岩的

发育与地球动力学密切相关，对岩浆岩时空演化和岩浆成因的研究可以揭示超大陆聚散、循环和动力学机制、板块俯冲样式、深部物质结构、地壳生长等重要科学问题。定量刻画火山作用的时空演化也是认识深时气候的关键。变质岩的发育与构造运动、岩浆活动密切相关，研究特殊变质岩（如蓝片岩、榴辉岩）的演化将帮助揭示大陆演化及其动力学过程以及限定板块构造的启动、发育与演化等。矿产资源是在岩浆、变质、沉积过程中形成的异常富集的特殊地球物质，其演化历史与地球物质和生命演化息息相关，代表了特殊地质背景和机制下的物质记录，不仅具有极大的经济和社会价值，也具有重要且特殊的科学研究价值。

地球物质演化与循环研究的主要难点

大数据和人工智能时代为地球物质演化与循环研究带来了契机，反过来，如何实现科学研究范式变革、做好交叉研究的准备工作是这项研究即将面对的一大挑战；此外，精确限定地球物质演化与循环所依赖的地学数据，需要实验科学和技术的持续发展。因此，地球物质演化与循环研究的主要难点包括以下几个方面。

全球数据共享的难度

地球物质演化与循环的研究与地学大数据的快速发展密切相关。然而，除了少量数据已经被结构化进入数据库系统，大量的数据散落在科研机构、科学家或非开源的出版商中。因此，如何鼓励科研机构、出版商、科学家分享数据，大力推动数据共享是开展本研究的难点之一。

地学数据获取与分析能力的挑战

地球物质演化与循环研究需要依靠大量的、精准的地学多学科数据，要依赖大数据技术和人工智能技术获取地学大数据，开发数据整合、分析以及相关的建模技术，是一个重要的技术挑战。

实验技术发展的程度

地质学界的一个共同目标是努力使测年精度达到0.01%，目前已有部分实验室可以达到该精度，但世界范围内具有高精度定年技术的实验室仍然较为稀缺。地质样品的高精度微观分析技术的发展也将帮助地质学家从更精细的尺度（如原子尺度）揭示矿物和岩石的形成、循环和再分布过程。

展望未来

随着矿物、岩石等深时大数据的不断积累，大数据技术和人工智能技术的日益发展，岩石学、矿物学、沉积学、地层学、古生物学、地球化学、地质年代学、地球观测等学科高质量数据的快速增长，测试分析、数据整合、分析技术的不断突破，科学数据的计算模拟能力大大提升；同时，由于人类对太空、行星地质的认识进一步增强，使得从全球视野、地球历史时间尺度来精准认识地球物质演化与循环、整合地球物质记录数据、挖掘内在规律与机制成为可能。

地球物质演化与循环是一个全球性、大尺度、涉及多学科、多层次的综合研究课题，需要全球科学家、科研单位、生产单位的共同参与和大力支持，推动诸如由中国科学家发起的深时数字地球（Deep-time Digital Earth，DDE）等大科学研究计划项目的协作进展。推动地球科学与信息科学与技术的深度交叉与融合，促进新交叉学科的建立，积极开展地球深时大数据和数据整合分析平台建设，将直接推动我国地球科学在大数据和人工智能时代的研究范式的变革，促进地球科学基础理论、方法技术、实验

行星地球（中国风云 4 号气象卫星拍摄，引自人民网）

平台建设的新突破。

通过研究地球物质的演化与循环，建立矿物、岩石、生物、环境演化的历程与行星地质演化基本历程和特殊地质事件之间的联系，从地球物质演化的角度来厘清行星地球及其多圈层演化规律和耦合关系，将为人类生存的家园如何演化、地球各圈层是否存在共演化关系等重大基本科学问题提供解答。一旦在这些基本科学问题的研究上取得突破，将极大提升人类对地球生命、环境、气候、构造等演化规律的认识；亦将极大促进对异常富集的地球物质（矿产和化石能源）的认识，有效提升资源勘探能力；同时，也将在地质灾害的防治、地球宜居性的获得、地球未来发展的预测、社会可持续发展政策的制定等方面产生深远影响。

中国地质学会

撰稿人：陈　军　金利勇　胡修棉

4

第五代核能系统会是什么样子？

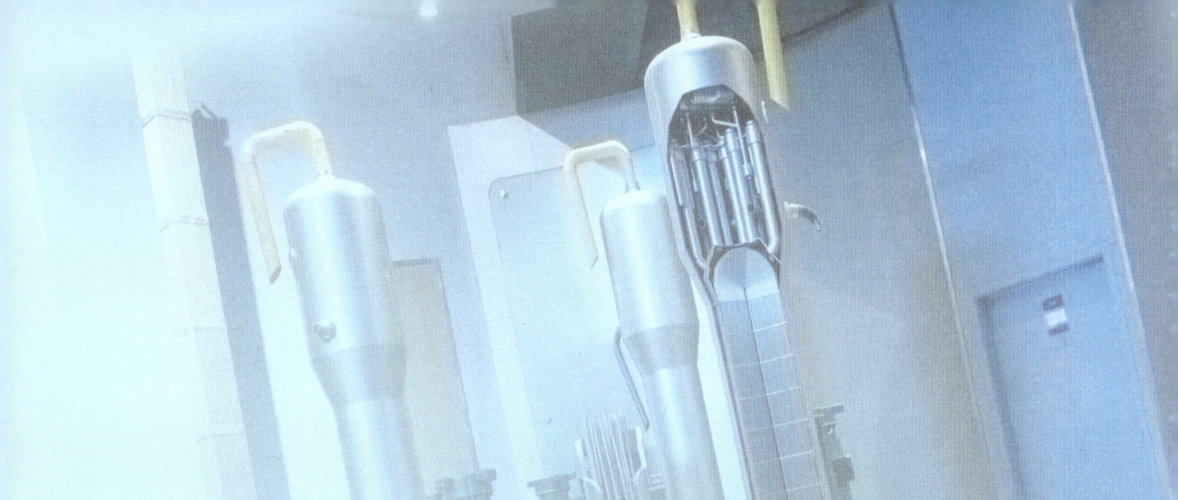

第五代核能系统的想法很新颖，这个提法对于我们未来的技术发展具有一定的引领作用，提了这样一个五代堆系统化的概念之后，我们以后怎么发展大堆？大堆以后是不是也要考虑在这个系统里面跟其他堆一起去发挥作用？

过去讲核电的安全性、经济性、环境友好性这几条，在发展过程当中有好多堆型，每个堆型各有所长，比如有的堆可以提高发电效率，有的可以提高安全性。但是把每一堆的长处合到一起不一定达到最好。实际上现在的堆型还是在发挥各自的优势。比如高温堆的问题，将来氢能源的应用可能是很大的发展方向，因为用电池不会维持太久，氢能源对于交通设施的设备很重要。将来也可以把这些高温堆做成小型化，这样会提高效率，不断供应各个方面。当然还有好多小型化的事情，比如说 NuScale 等这些安全性比较高的。NuScale 已经做到这个程度了，自然循环了，根本不需要有转动设备了。既然主要发电动能自然循环了，那安全性就不成问题了。

所以，利用各种各样的堆的优势，不是在一个堆上解决这么多问题，那很难。现在的思维模式是一代、二代、三代、四代，就是以堆型为主，到了第五代已经是系统了，需要好好提炼概念。包括比尔·盖茨提出的行波堆，实际上取消了燃烧循环，把再生的问题都放进去了。第五代核能系统的概念更宽了，不是一种堆型，而是多种堆型联系起来，所以这个概念要提炼得更好，使大众能接受。

叶奇蓁

中国工程院院士

是时候想想未来了：第五代核能系统

几乎每一座城市都有不少公园。如果你刚好住在一座公园旁，仔细观察一下会发现，一周 7 天，每天 24 小时，公园里来来往往的人是不一样的。我刚好就住在一座公园旁边。一般，周一到周五白天，公园里基本上只有绿化工人和零零散散带小孩的大妈大爷。周六和周日白天，逛公园的、散步的、跑步的、COSPLAY 的就特别多，尤其多的是三五成群拍照的。最热闹的要数每天晚上，广场舞是一块连着一块，夜跑人是一个接着一个。

未来的核能系统也像一座公园，一周 7 天，每天 24 小时，它的表现是不一样的。也就是说，它具有高度的灵活性。

但是今天的核能系统还达不到这个要求。今天的核能系统，一般可以不分白天和黑夜地连续运行 18 个月，休息 1 个月左右，又可以继续不分白天和黑夜地连续运行 18 个月，这样周而复始地工作 40~60 年后退休。它没有星期天的概念，也没有白天和黑夜的区别，一旦运行起来，在它的眼里就只有工作，就希望一直是满功率运行而不被打断或降低要求。哪怕这个工作某些时刻其他人想分担一点或者某些时刻更适合其他人承担，它也是不愿意的。它是勤劳的，但它也是倔强的。它的这种倔强，让人觉得不好打交道，也让人越来越不满。

虽然如是，但核能依然是人类在 20 世纪最伟大的成就之一。

通过 20 世纪的一连串发现，人们逐步认识到，物质世界是由一个个的原子组成的。原子又分为原子核和核外电子，原子核又由中子和质子组成。更让人类震惊的是，物质的质量和能量是同一事物的两种不同形式。质量消失的同时也会产生能量，两者之间有一定的定量关系。这就是 $E=mc^2$，阿尔伯特·爱因斯坦（Albert Einstein）质能方程。这个小小的方程意味着一个深刻的物理事实，即任何有质量的物体，每一克原子中都蕴含着难以想象的巨大能量。

中子不带电，用中子去轰击其他原子核，不会受到电荷力的排斥。自从发现中子后，一些好奇的科学家就不断地用中子去轰击其他原子核。在中子轰击铀原子核时，较重的铀原子核分裂成了两个较轻的原子核，并产生两个或三个新的中子，这就是核裂变反应。这个过程中发生了质量亏损，也就是说反应后产物的质量之和小于反应前，根据质能方程，这种质量转化将释放出大量的能量。在一定的条件下，新产生的中子又会引起其他铀原子核裂变，这样一代代下去，发生核裂变反应的铀原子核会呈指数级增长，迅速产生大量的能量，这就是链式核裂变反应。核能的能量密度远高于其他能源品种，1 千克铀 235 完全裂变释放出的能量相当于 2500 吨标准煤燃烧产生的能量。

如果任凭核裂变反应呈指数级增长下去，对于民用的能源开发利用来说是不可接受的。为此，人类发明了一种装置，对链式核裂变反应的速度进行控制，使核能缓慢地释放出来，这个装置就叫核反应堆。核电站就是把核反应堆控制下缓慢释放出来的核能转变为热能，然后推动汽轮机带动发电机发电的设施。1954 年，苏联在莫斯科附近的奥布尼斯克建成了世界上第一座试验性核电站，发电功率 5 兆瓦，大概可以点亮 50000 个 100 瓦的灯泡。自此，人类开启了核电时代。

根据国际原子能机构（IAEA）的统计，截至 2019 年 12 月，全世界范围内共有在运核电反应堆 443 座，总装机容量达到 392.1 吉瓦。在 2019 年，核电提供了 2586.2 太瓦时的低碳基荷电力供应，约占全球总发电量的 10%，约占世界低碳发电量的三分之一。

截至 2019 年 12 月，中国大陆在运核电机组达到 47 台，总装机容量 48.75 吉瓦，总装机容量在我国电源结构中占比为 2.42%（下图）。近 10 年，我国核电装机规模持续增长，总装机规模已仅次于美国和法国，位列全球第三。目前，全世界还有 19 个国家的 54 座核电反应堆在建，总容量达到 57.4 吉瓦。其中，中国在建机组达到 13 台，总装机容量 13.87 吉瓦，在建机组装机容量世界第一。

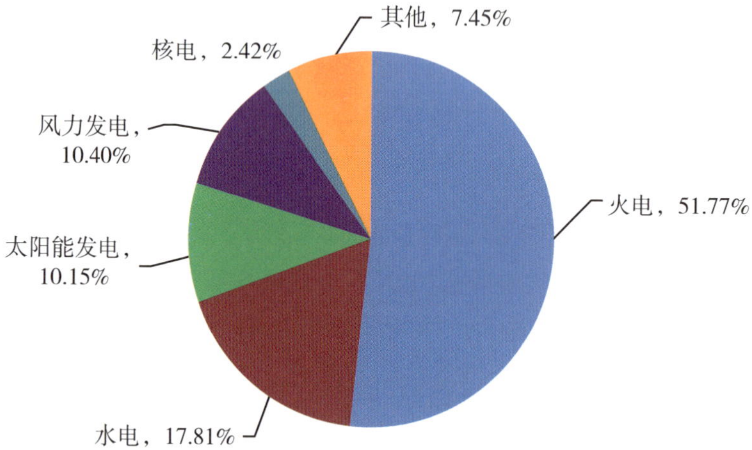

2019 年我国各类电源装机容量占比情况

无疑，无论是世界还是中国，核电的发展都取得了重大的成就。但仔细观察一下这些成就的背后，却发现在技术上主要归功于 20 世纪的努力。近 70 年来，核电行业只是演化型的改进，缺乏革命性的创新。21 世纪我们需要什么样的核电站？核行业不禁思考这样的问题。这样的思考，在世纪交替过程中尤甚。1999 年，美国能源部（DOE）率先提出了“第四代核电站”的概念。正处于迷茫之中的世界核工业，好像找到了一座关于未来发展的灯塔。

第四代会是未来的灯塔吗?

美国在提出第四代核电站时把现有核电的发展划分为四代。第一代是验证工程可行性的原型试验堆。世界上第一座核电站苏联奥布尼斯克试验性核电站、美国希平港第一座商用压水堆核电站等就是此类的代表。第二代是证明了商业可行性的标准化、系列化、批量化的商业核电站。我国开发的 CPR1000 和 CNP1000 是这一代核电站的代表。第三代是经济性和安全性进一步提升的演化型商业核电站。我国开发的华龙一号（HPR1000）和国和一号（CAP1400）都是第三代的优秀代表。第四代是在可持续性、经济性、安全性和可靠性、防核扩散和物理保护等方面显著提升的下一代核能系统。我国在建的华能石岛湾高温气冷堆示范工程和福建霞浦的钠冷快堆示范工程都是第四代的代表。

第四代核电站的概念提出后，在政治运作的推动下，迅速扩散到了全球。2000 年 1 月，美国能源部组织阿根廷、巴西、加拿大、法国、日本、韩国、南非、英国和美国等九个国家召开高级政府代表会议，就开发第四代核电的国际合作问题进行了讨论，会议决定成立高级技术专家组，以便

第一代 早期原型试验堆	第二代 商业核电站	第三代 演化型商业核电站	第四代 下一代核能系统

美国希平港核电站 苏联奥布尼斯克核电站 ……	岭澳一期（CPR1000） 秦山二期（CNP650） ……	华龙一号（HPR1000） 国和一号（CAP1400） ……	高温气冷堆（HTR-PM） 钠冷快堆（SFR） 熔盐堆（MSR） ……

美国率先提出并倡议的四代的划分

对细节问题作进一步研究，并提出推荐性意见。2000年5月，又组织近百名国内外专家就第四代核电站的一般目标问题进行研讨，目标是选出几种第四代核电的候选概念，以便开展进一步的工作。2001年4月，美国能源部征集到94个第四代核能系统候选堆型。2001年7月，美国牵头发起成立了第四代核能系统国际论坛（GIF-IV）。2002年9月，在东京召开的GIF-IV会议上，钠冷快堆、超高温气冷堆、铅冷快堆、熔盐堆、气冷快堆和超临界水堆被选为第四代核电站最具前景的六种候选堆型。

2006年，中国签署GIF宪章，并先后于2008年、2009年、2014年和2019年分别加入了超高温气冷堆、钠冷快堆、超临界水堆和铅冷快堆的合作安排。实际上，GIF-IV提出的六种候选堆型我国均在研究。

如果第四代的划分就是核能发展的未来，那美国这个发起方应该集中精力大力发展四代堆。但现实却是，2000年以来，美国重点开发了NuScale、Power、SMR-160、BWRX-300等先进小型水冷模块堆。2017年，又抛出了所谓的“先进堆”概念，规格大小涵盖微堆、小型模块堆和大堆，类型包括先进水冷模块堆、铅/钠冷堆、气冷堆、熔盐堆等。可见，“第四代”这一概念不足以引领未来核能的发展，甚至遭到了发起方的抛弃。

第四代的灯塔不太亮，核能的未来需要新的指南针

美国提出的第四代概念，是一种单堆演化思维，过分强调了单个反应堆系统的改进提升，忽视了堆与堆之间的整体协同。第四代概念的指标主要从反应堆自身出发，忽视了从市场需求出发的考虑。这种单堆演化思维也容易造成一种错觉，即“第三代要取代第二代，第四代要取代第三代”，忽视了技术成熟和产业配套成熟的轻水堆对市场的锁定效应。这些因素也

造成第四代落地困难。

第四代不足以指引未来核能的发展，不光是我们有这种认识。

早在 2010 年，韩国国立首尔大学核工程系的 Tae-Ho Woo 教授就公开指出，第四代这一概念即使在美国也是失败的，未获得实质性进展，处于停滞状态，应从能源市场出发重新系统思考核能开发。而在更早的 2007 年，清华大学的吕应中教授就开始撰文称，第四代选取的六种候选堆型，其设定的发展目标主要集中在提高热能与燃料利用效率，而不是真正地将其成本降低到能够与主要火电机组相竞争的地步，即使研发成功，也很难进入市场。

我们必须超越第四代的概念，主动从市场需求出发，寻找未来核能发展的指南针。

超越固有思维限制，试着想象下未来

每天 24 小时，电力系统的实际负荷需要是有变化的，是一条曲线，其基底部分的负荷就是基荷（下图）。承担基荷供应的发电机组可以保持稳定的功率输出，减小了电厂的调节需要。现有思维下，核电就只愿意做基荷电源。

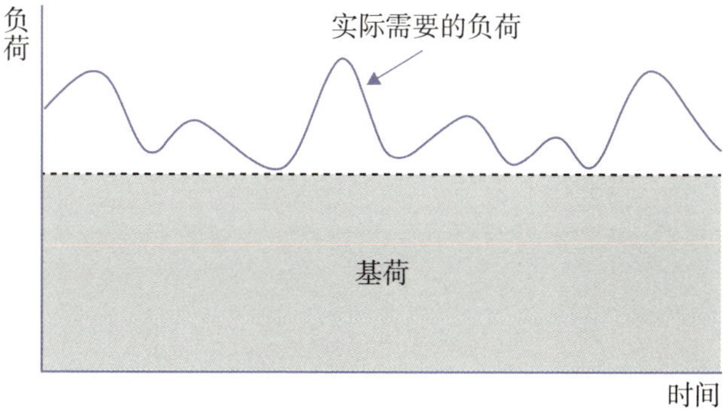

实际负荷与基荷

规模经济效应下开发的大堆也是核能长期以来能向市场推广的唯一产品品类，在这种背景下经过半个多世纪的应用，使“核能应当或者最好只做基荷能源”的观念深入人心。除了基荷电源，我们甚至排斥关于核能的其他想象。

但是事情正在起变化。随着风能、太阳能等可再生能源发电成本不断下降，可再生能源的发电比例不断提高，电网对其他电源的灵活性提出了更高的要求。一方面，风能和太阳能等可再生能源是间歇性的，我们希望在没有太阳和风的时候有其他电源来补充；另一方面，我们希望清洁、低碳和绿色的可再生能源能得到最大化的利用，能源转型希望可再生能源进一步扩充规模。有人说，可以配套建设储能设施，弥补可再生能源的间歇性不足。但储能设施在能量的转换中必然存在能量的耗散和浪费，大规模的储能从节约能源的角度考虑是不可取的。与可再生能源相配套的平衡调节能源最好是实时在线调动，需要时才生产的规模化能源。

能源市场的需求已经发生了重大变化，核能的供应品种也必须跟着变化。在经济快速增长、能源需求快速增长的时期，发展作为基荷能源供应的大堆无疑没什么问题。但当可再生能源装机规模不断扩大、需要规模化的灵活性平衡调节电源需求时，核能就不能再死守只做基荷能源的固定模式。

尤瓦尔·赫拉利（Yuval Noah Harari）在《未来简史》里说：“过去从祖先的坟墓里伸出冰冷的手，掐住我们的脖子，让我们只能看向某个未来的方向。我们从出生那一刻就能感受到这股力量，于是以为这就是自然，是我们不可分割的一部分，也就很少试着挣脱并想象自己的未来还有其他的可能性。”

基荷能源的提法就是那只从坟墓里伸出的冰冷的手，核能的未来发展需要挣脱它的桎梏。我们需要跳出传统思维限制，试着想象一下，核能是不是也可以作为平衡调节的电源考虑。核能天生的高能量密度的特点，也适合做规模化的灵活性平衡调节电源，核能的未来需要考虑支撑可再生能源的最大化利用。

为了最大化支撑可再生能源的利用，所需要提供的平衡调节能力应该是实时在线、快速灵活和规模化的。这种平衡调节能力可能是超频繁的，一天 24 小时中所需要的调节次数将远远超过现有大堆机组一个运行周期内所能允许的调节次数。

目前的大堆核电机组不仅做不到这一点，而且从设计上讲也是拒绝这样做的。实际上，一部分核电机组确实被迫承担了调峰任务，尤其是在法国这种核电比例一度高达 75% 的国家，核电具备一定的调峰能力。但这种调峰能力是死板僵硬的，对调节时间、调节幅度、调节频率、累计次数等均有着严格的规定，这种调峰不是电网想用就能用，不是电网想要有就能有，需要电网管理前置的严格规划。调峰运行也容易造成燃料组件破损，导致泄漏放射性，降低设备的可靠性，增加核电厂的运行负担，影响核安全。更重要的是调峰机组不能满发，影响大堆的收益。现有大型核电机组，从设计上就希望作为基荷电源满功率运行，不希望参与调峰。

核能的灵活性未来，需要寻找新的思路。

向蜂群学习，找到超越个体的智慧

在蜂群中，每只蜜蜂对群体要前往的方向没有把握，蜂群中也没有发号施令的蜜蜂。然而通过蜜蜂相邻个体间的沟通和协作，整个蜂群能够统一行动，找准方向。蜂群展现出远超个体的智慧和协调性。

我们在想，单个大型反应堆做不到的事情，一群微型反应堆是不是就可以做到了呢？

第五代的另一种思路，核能协同网络

第四代提出的时候并未想到可再生能源会有如此突飞猛进的发展，其概念实际上还是将核能作为基荷能源进行设计。我们认为第四代已不能满足市场的需要，不能完全指引未来核能的发展方向。探讨核能的下一代发展方向，需要超越第四代的概念。我们不妨将超越第四代的下一代核能命名为第五代。对于第五代的探讨，已经初见端倪。

2010 年左右，清华大学的吕应中教授提出了一种熔盐堆第五代概念，一种全功率范围可调的、并可在任何功率下长期自动运行的熔盐堆系统。在其方案设计中，单堆热功率范围最小为 100 兆瓦，最高达 60 吉瓦。最高热功率的单堆设计约相当于 20 个百万千瓦级的压水堆机组。由于这种超大堆开发的难度，这个概念还只见于纸上讨论，未见实际研发投入。值得注意的是，吕教授之所以提出第五代概念，是因为他认为美国人提出的第四代主要从核能自身出发，市场考虑不足，即使研发出来，也很难进入市场。除此之外，英国利物浦大学的课堂讨论材料和一些论坛网站中也有将熔盐堆称为第五代的提法。

2010 年，中核工程的一名研究人员撰文将行波堆称为第五代。行波的设计是以增殖波先行焚烧后增殖，号称一次性装料可以连续运行数十年甚至上百年。形象地说，行波堆就像蜡烛，用火柴点燃后逐渐烧尽。2006 年成立的美国泰拉能源公司致力于行波堆技术的开发。微软创始人比尔·盖茨在了解到该项技术后，投资了该公司并担任该公司的董事会主席。在盖茨的推动下，泰拉公司曾与中核集团签署合作协议，双方计划在中国建设行波堆的原型试验堆。但 2018 年美国政府对中美民用核能合作发出禁令，关于行波堆的合作随之中断。不过值得注意的是，泰拉公司不光研究行波堆，还进军了熔盐堆的研发，并在 2016 年获得 DOE 为期五年的 4000 万美元的成本分摊项目资助。

2010 年，原加拿大原子能公司（AECL）负责坎杜堆（CANDU）开发的总经理 R.A. Speranzini 博士，将超临界水冷版的坎杜堆称为第四代，并将坎杜堆的终极演化版本称为第五代。坎杜堆是加拿大发展的一种压力管式重水反应堆，除加拿大自己建设外，还出口到了印度、巴基斯坦、韩国、阿根廷、罗马尼亚、中国等国家。

2020 年，中科院核安所的研究人员在文章中提出第五代的概念。其所称的第五代是指基于“从源头确保核安全”的基本理念，进一步强化和细化第四代核能系统中关于安全性、经济性、可持续性和防核扩散能力的要求，鼓励核能系统朝更灵活、更多样、更智能的方向发展。其概念具体所指的是小型铅基堆，其灵活主要指应用范围广。

除此之外，在一些网络论坛中，还有将聚变堆称为第五代核能系统，但这已不在我们讨论的裂变核能系统的范围之内。

上述关于第五代的概念，均是一种单堆思维。主要从反应堆自身出发，主要作为基荷能源考虑，缺乏现今能源市场所需的灵活性考虑。单堆思维下，往往在一个堆上寄托了太多的希望，多目标追求下造成单堆设计的困难重重。比如，核燃料资源的最大化利用，单堆是无法与热堆和快堆搭配的组合相比较的。

跳出单堆思维，用“群堆”组成网络，用网络系统整体来支撑核能的可持续发展和满足市场的需要。灵渔咨询提出，第五代是一个由“群堆”组成的核能协同网络，“群堆”中包括不同类型的反应堆，每个反应堆的功能各有侧重。以核能协同网络这个整体来为能源市场提供灵活、可靠、稳定和多能的核能供应。其核心要求是灵活性，核能需要承担平衡调节任务，且应当是未来承担平衡调节任务的主力。

下图给出了一个核能协同网络的情景设想。其中，基础堆侧重于基荷电源担当，核能网络建设的初期可将技术成熟的大型先进压水堆作为基础堆。生产堆侧重于核燃料增殖，最大化利用核燃料资源。生态堆侧重于核废料嬗变处理，大规模减小长寿命高放废物。多能堆侧重于工艺供热，为核能海水淡化、核能制氢、化工工艺供热等服务，促进能源系统的深度脱碳。模块堆由多个微堆模块组成，每个微堆全功率范围可调，微堆与微堆相互协调，组合的全功率范围也可调。这种设想，不排除部分微堆模块可兼顾工艺供热，多能堆也由多个微堆组成的设计。

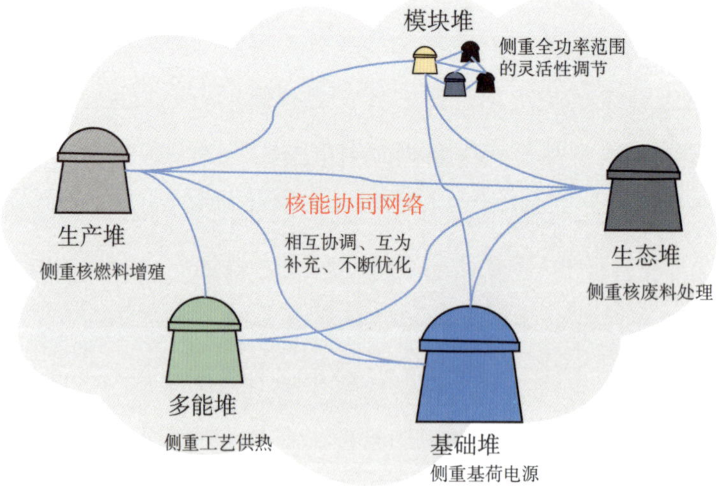

堆群构成的核能协同网络（第五代核能系统）

这个核能协同网络既可以根据需要进行优化和拓展，也可以根据需要进行扩容和缩容。第一阶段可以优先建设侧重平衡调节任务考虑的模块堆。核能协同网络之中的微堆模块可以根据需要进行灵活调用，使核能具备灵活部署的能力。比如，可以应用于中国北方的冬季供暖。

“美丽中国”需要清洁供暖的能源，北方的燃煤取暖对当地的大气环境具有重大影响。目前，三大核电集团正在推广的供热堆技术就是这样一种考虑，希望以无排放的核能来取代燃煤供热。但是遗憾的是，这么多年来都是雷声大、雨点小，供热堆项目迟迟不能落地。其主要原因是在经济上不可接受。除了冬季供暖的那几个月，剩下的时间，这些供热堆就没事干。但在第五代框架内，这个事情就很好解决。核能协同网络中可兼顾供热的高安全性模块，在冬季的时候运输到供暖地区，冬季供暖结束后重新返回核能协同网络担任平衡调节任务。

除了中国北方冬季供暖，第五代还将在应急救灾紧急调用、能源系统的快速扩容、特殊基地的能源供应、高能武器的战时供能、动力系统的共用替代、特殊基地的能源供给等方面提供灵活部署能力。

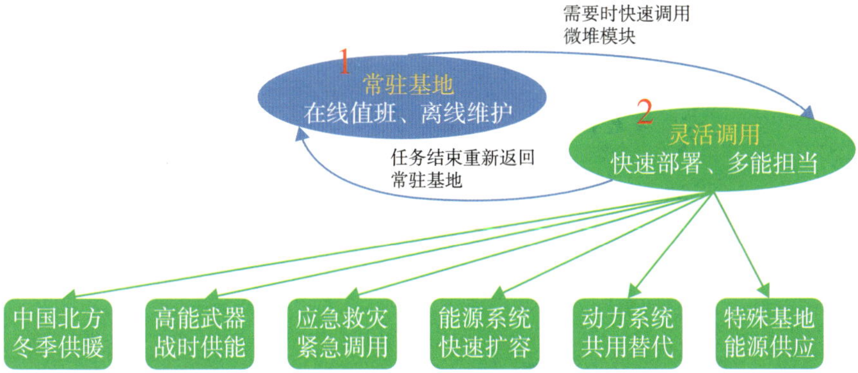

第五代的灵活部署能力

发展第五代，引领新一轮的核能创新

核能产业是技术和资金密集型的战略性高科技产业，在构建现代能源体系、实现能源转型、保护生态环境、应对气候变化和促进科技进步等方面，发挥着重要作用。核工业是国家战略力量和综合实力的重要标志，发展核能对提升我国国际地位具有重要意义。

经过 30 多年的发展，我国核能发电装机已居全球第三位，形成了完整的研发设计、工程建设、运营维护、燃料保障、设备制造等全产业链体系。为进一步发挥出我国现有全产业链体系的优势，需要稳步推进大堆建设，以提高我国的核电技术竞争力。

今天的大型反应堆，一次加料可以稳定持续地运行 18 个月左右。对于中国这样的大国来说，核能是这个国家能源基础设施中十分重要的基荷力量。尤其是在疫情时期，我们没有一座反应堆因为疫情停堆，凸显了其作为国家基础设施的重要性。

国际上，虽然德国、韩国等国家宣布了去核电政策，但联合国五大常任理事国没有一个放弃核能的，纷纷在积极开展更先进的核能技术开发。尤其是，也开始关注开发灵活性的核能，但还未有成熟的概念推出。2020 年 4 月，美国能源部更是发布《重塑美国核能竞争优势》的战略报告，把核能上升到国家安全战略的高度。报告从核燃料供应链安全、先进技术开发、核技术出口和政府职能转变等方面提出了重塑美国核能领导力的具体措施。俄罗斯的国家原子能集团公司（ROSATOM）累计获得了 1330 亿美元的国外反应堆订单，并计划在 19 个国家承建超过 50 个反应堆。英国正在积极建设第三代核电，并积极开发先进模块小堆等先进核能技术开发，希望以此恢复英国核工业强国地位，重整英国核工业产业链。欧盟内，虽然以德国为首的国家反对核电，但以法国为首的国家明确支持核电，并积极争取将核能列入欧洲可持续发展经济活动分类清单。波兰、捷克等煤炭大国希望通过建设核电项目，实现低碳转型。日本虽然受福岛事故影响，但其坚持开发核能的政策始终未变，正在逐步恢复受影响的核电机组重新发电。

全球正在进入清洁能源发展的新时代，加快能源结构清洁低碳转型，已成为世界各国的普遍共识和一致行动。欧洲国家已经定下了2050年实现碳中和的战略目标，并为此积极进行从能源生产方式到社会消费模式的全方位升级和创新。全球电力行业正在经历一百年来最剧烈的转变，太阳能、风能等新能源发电竞争力日益增强，可再生清洁能源发电占比将继续攀升。这个比例甚至会很高，远远超出一般人的想象。2015年，欧盟发布的《人人享有清洁能源的星球》战略报告中，提出2050年其可再生能源将占比80%，而核能只占比15%。而国际能源署（IEA）2020年发布的评估报告则称，欧盟核电在电力结构中的占比有可能从2017年的25%降至2040年的5%。对于未来，如果希望核能对清洁低碳转型做出更大的贡献，需要有新的思考。这个思考，我们认为是未来的核能需要具备灵活性，与可再生能源协调发展，最大化支撑可再生能源的充分利用。灵活性也是从市场出发提出的第五代的核心要求。

中国核能开发与核强国之间的最大差距，不在于技术和能力，而在于我们对未来核能的理解与认识。不管是过去美国人牵头提出的“第四代”的概念，还是现在美国人又提出的“先进堆”概念。一直以来，我们都是在被动消化吸收别人的思想和概念，一直在理解别人的认识，而缺乏从事情的本源去认识核能的未来发展。如果我们基于市场需要判断，率先在国际上提出第五代的概念，将有可能引领新一轮的核能创新。

第五代将是一种趋势

它将催生核能商业的新模式

第五代“核能协同网络”的概念将催生新的商业模式，包括平衡调节能力购买和模块租赁服务。

第五代因为可以为电网提供快速、实时、规模化的平衡调节能力，未来的可再生能源供应商可能会找核能供应商购买平衡调节服务。这项服务将根据平衡调节服务的频率、时间和容量等进行实时和在线的结算。

第五代因为其模块可以进行灵活部署，未来有望为多种场景提供模块租赁服务。比如，中国北方可以在冬季供暖季节租赁高安全性、可兼顾供热服务的模块，部署到供暖前沿基地提供供暖服务。这种模块微堆的思路，可以发挥倍增效应，使得微堆模块的工厂化生产成一定的规模，从而提升核能的经济性。

它将激发核能开发的新活力

目前，核能开发正处于一个瓶颈期。经济增长疲软，可再生能源的快速发展使得能源市场激烈竞争。就是国之重器“华龙一号”的总师，也在节目中无不遗憾地坦言目前的三代大型先进压水堆技术经济性欠佳。而除大型先进压水堆之外的其他核能技术又大多还未成熟，暂无法投入市场使用，或者是经济性可能更低。这种局面下，很多人对未来核能的发展持悲观态度，核能项目开发也不断受到质疑。而核能界只是一遍又一遍地宣传自己清洁低碳的能源属性是应对气候变化的必需品，希望争取政策支持。

第五代概念的出现，让人们在传统的基荷能源之外，看到了一种新的思路：让核能来提供快速和规模化的平衡调节能力，以支持风能、太阳能等可再生能源的最大化利用。这是核能发展的一条新路子，并且是从市场需求出发提出的新路子，指引了未来核能开发的新方向。可再生能源的最大化发展可能需要核能的帮忙，这种局面下将真正实现核能和可再生能源的协同发展，变竞争关系为协作关系。

目前，支撑可再生能源上网的平衡调节能力主要由火电机组的灵活性改造提供。但因控制温室气体排放的需要，煤电等火电机组的装机的长远趋势必然是不断下降，我们不能指望一直由火电机组承担平衡调节任务。这个未来当由第五代来担当。

未来其实很近，如果我们选择了正确的道路。

未来却又很远，如果我们选择了错误的道路。

今天的问题是我们昨天的选择造成的，因为我们昨天选择了将核能只作为基荷电源。我们无力改变昨天，甚至也很难改变今天，但未来怎么样，是今天的我们可以提前谋划考虑的。

第五代是一个指南针，在第四代的灯塔不太亮的时候，将指引我们到达远方。

中国核学会

撰稿人：时靖谊

5 特种能场辅助制造的科学原理是什么？

航空航天、交通运输等领域对高强轻质、安全可靠的构件有持续需求，超高强度钢、轻合金、复合材料和金属间化合物等高强材料被越来越多地应用于复杂构件制造。高强材料通常成形难度高、成形缺陷难控制，而特种能场辅助成形技术在提高此类材料的成形效率和质量方面具有明显优势。

电场、电磁场、超声场、激光等特种能场，在辅助制造方面具有巨大潜力。如在电场的脉冲电流作用下，材料通常会出现电致塑性效应；通过施加脉冲磁场，可提高难变形轻合金材料的成形极限；超声振动场的高频振动，可产生表面效应和体积效应，有效降低工件的成形力、提高产品表面质量；激光诱导热成形无模具限制，可实现高精度无回弹成形和高硬度脆性材料的成形，且易于和激光切割、激光焊接等加工工序实现同工位复合化。

特种能场辅助制造已成为科研热点，并积极应用于工业领域。深入揭示特种能场辅助制造的作用机理，合理利用该技术，可为我国航空航天、交通运输等领域关键核心部件的制造提供新工艺。

黄庆学

中国工程院院士，太原理工大学校长

特种能场辅助制造

非传统的材料加工：特种能场辅助制造

特种能场包括电场、电磁场、超声场和激光等。随着加工制造方法和工艺设计的不断进步，材料加工技术正经历着深刻的变革。特种能场辅助制造技术应运而生。

特种能场辅助制造即是利用上述的电、磁、声、光等特殊能量源，对零件变形成形过程进行有效调控，在宏观尺度下降低零件制造难度、提高成形精度、改善材料微观组织、优化构件力学性能、提高表面质量等。特种能场在制造过程中的效果明显，在突破高强难变形材料制造瓶颈方面，具有巨大潜力。

特种能场辅助制造的雏形可追溯到20世纪初。1907年，美国研究人员诺斯拉普（Northrup）将一根通有脉冲强电流的导体插入水银中，发现在电流放电的瞬间水银会发生明显的变形。随后1924年，卡皮察（Kapitza）在做脉冲磁场实验时发现，产生强脉冲磁场的线圈易发生胀破。这些可以看作电磁这种特种场能辅助成形技术的早期发现。1958年，美国动力学研究中心的原子能实验室的布劳尔（Brower）和哈维（Harvey）首次把这种现象应用于金属成形，将其命名为电磁成形（Magneform），并申请了专利，正式宣布了电磁成形技术的诞生。1962年，两人又发明了用于工业生产的电磁成形机。此时，电磁成形引起各发达国家的广泛关注和高度重视。到70年代中后期，苏联、美国的电磁成形设备已经系列化，主要用于金属薄板及管成形。1998年，美国联邦政府推出了先进技术计划（Advanced Technology Program，ATP），对轻量化板材成形技术进行了支持，其中就包括电磁成形技术。2001 年，美国能源部启动了“铝合金板材电磁成形”研究项目，由福特、通用和克莱斯勒等公司共同研发铝合金板材电磁成形技术。2007 年，由 Trim 公司和俄亥俄州立大学等组成的团队在俄亥俄州政府的资助下启动了质子交换膜燃料电池（proton exchange membrane fuel cells，PEMFC）金属双极板的电磁成形快速制造工艺研究。目前，国外高校、研究机构及相关制造厂商均在大力合作，就电磁成形的机理及相关工艺、设备开展深入研究。

我国在电磁成形方面的研究紧随国际科学界。20 世纪 60 年代，中国科学院电工所开始电磁成形的研究，并取得了一定的研究成果。70 年代末，哈尔滨工业大学开始电磁成形相关设备和工艺的研究，并于 1986 年研制出我国首台生产用电磁成形机。时至今日，华中科技大学、武汉理工大学、西北工业大学、中南大学、北京机电研究所、航天一院、中国兵器工业第五九研究所等单位均开展了电磁成形相关研究工作。2011 年，由华中科技大学牵头的“973”项目“多时空脉冲强磁场成形制造基础研究”，针对现有大尺寸、复杂板管类构件的成形受限于工艺装备和材料成形性能的难题，以航空航天领域四类关键板管类构件成形制造技术的突破为目标，力图将电磁成形发展成为航空航天某些关键板管类零件的主流成形制造方法。这也标志着我国电磁成形技术研究进入了一个新的发展阶段。

除了电磁成形技术，科学界还在研究脉冲电流、超声振动、激光的成形技术。

材料在脉冲电流作用下变形抗力显著降低、塑性明显提高的现象，称为电塑性或电致塑性效应。电塑性效应是苏联学者特罗伊茨基（Troitskii）在 1963 年做表面活化剂的研究时发现的。随后，苏联和美国的一些学者对此进行理论研究，同时也开展了工程应用的探索。实际上，关于焦耳热效应和纯塑性效应究竟谁占主导的争论一直未停止，始终缺乏一个明确的共识，有学者认为电流的影响仅源于焦耳热的作用。近年来，国内外的研究主要聚焦于电塑性效应的机理，电塑性效应对材料微观组织的影响规律以及电塑性效应的工程应用等。将脉冲电流和塑性加工相结合，可分为电辅助轧制、电辅助弯曲和电辅助拉拔等。国际上俄罗斯巴以科夫冶金研究院较早研究了脉冲电流辅助轧制技术，探索了难加工、难变形金属如钨、钼甚至铼及其合金的脉冲电流辅助轧制工艺。国内，清华大学在脉冲电源设备的研制和不锈钢、有色合金以及镁合金等的电塑性拔丝等方面取得了新的进展。另外，哈尔滨工业大学、中国空间技术研究院五二九厂和上海交通大学等将脉冲电流辅助成形技术应用于难变形材料的大型构件制造中，已取得了显著效果。

超声振动塑性成形是指对经典的塑性加工系统中的加工模具（或被加工材料）施以一定方向、频率和振幅的可控超声振动，从而利用超声能量辅助完成各种塑性成形加工的工艺过程。早在1955年，F. Blaha和B. Langenecker在进行超声振动作用下的锌单晶拉伸实验时，发现材料发生会发生“软化”，其成形力也会随之降低，这一现象被称为金属的超声塑性加工效应，也称Blaha效应。经过几十年的发展，超声振动已经应用于棒料拉丝、管材拉拔、板料成形、挤压成形、镦铆、冷锻、旋压等多种塑性成形工艺的研究中，其中振动拉丝和振动拔管已经得到了实际的工程应用。

激光板料热成形技术是激光热成形技术中应用最广、发展最快、研究最多的技术，最早由日本学者Y. Namba在1985年提出，并将激光热成形技术运用到空间站圆筒状舱体的生产当中，以碳钢钢卷作为实验对象，研究了材料的温度分布和热变形。随后不久，德国研究人员对激光板料热成形技术进行了深入研究，并做了大量实验和仿真研究，促进了该技术的进一步发展。1997 年，德国通快集团（TRUMPF）开发出了世界上首台商品化的激光板料热成形机床，将激光板料热成形技术从实验室推广到工业生产当中。国内的激光板料热成形技术研究始于 20 世纪 90 年代，清华大学、中国科学技术大学、北京航空航天大学、上海交通大学、西北工业大学等高校对激光板料热成形技术展开了实验、仿真和理论研究并取得了一定的成果，推动了激光板料热成形技术在国内的发展。

声、光、电、磁：四大特种能场辅助制造

脉冲电流

在脉冲电流的作用下，材料通常会出现塑性提高、流动应力降低的现象，即电致塑性效应，其主要包括焦耳热、磁压缩、趋肤和纯电塑性，其中磁压缩和趋肤效应可忽略。美国宾夕法尼亚州立大学伊利比伦德学院研究人员对 Ti-6Al-4V（TC4）钛合金进行了不同条件下的镦粗试验研究，发现即使升高了温度，但 TC4 钛合金的塑性仍然不足，其镦粗过程依然产生破裂；而当采用通电镦粗时，其锻造性及成形极限得到明显改善，镦粗过程未发生破裂，如下图所示，这也充分地证明了脉冲电流辅助成形不同于传统的热成形。

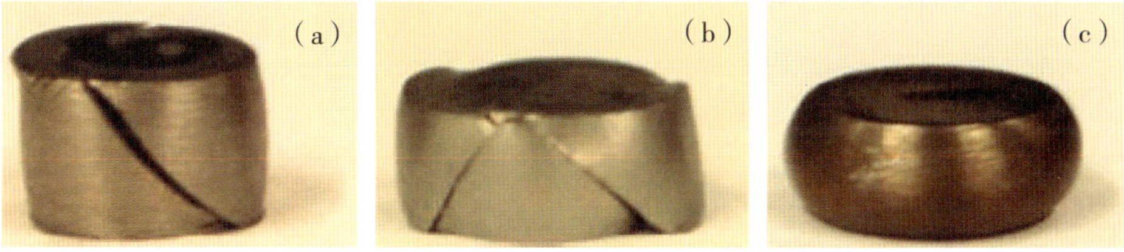

不同条件镦粗后的 Ti-6Al-4V 试样：（a）冷镦粗，（b）加热镦粗，（c）通电镦粗（引自 Ross C D，Kronenberger T J，Roth J T. Effect of DC on the formability of Ti-6Al-4V. Journal of Engineering Materials and Technology-Transactions of the ASME，2009，131：031004）

将脉冲电流和塑性加工相结合，可分为电辅助轧制、电辅助弯曲和电辅助拉拔等。随着电塑性研究的深入，利用电流快速加热的特点，实现难变形材料的快速精密成形成为新的尝试。日本丰桥技术科学大学研究人员将电流加热应用到热冲压中，将尺寸为 120 毫米 ×180 毫米 ×1.2 毫米的 SPFC980Y 高强钢板加热至 800 摄氏度只需要 2 秒，极大地提高加热效率，减少了加热过程中的氧化。上海交大李细锋教授团队对 TC4 钛合金进行了电辅助 V 型弯曲性能试验，电流加热时间在 1 分钟内，有效提高 TC4 钛合金的弯曲成形性能，降低回弹角和弯曲成形力（如下图所示）；在 5A90 铝锂合金十字件脉冲电流辅助拉深实验中，脉冲电流可以提高材料的成形质量，降低成形力，有效电流密度越大，效果越明显，成形件表面质量良好。

研究表明电致塑性成形迥异于常规塑性变形机制，其不仅取决于材料的微观结构、缺陷运动等内因，同时受电流等外部因素的直接影响。高密度电流与材料的相互作用复杂而独特，与材料属性、微观结构、电流方向、变形方式等因素密切相关。电致塑性成形作为快速、低耗的先进加工

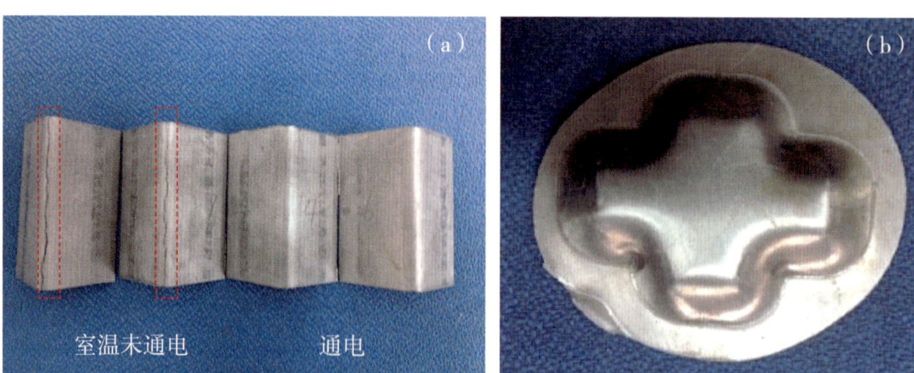

电致塑性成形试件：（a）TC4 合金通电弯曲，（b）5A90 铝锂合金通电拉深［引自 Song P C，Li X F，Ding W，Chen J. Electroplastic tensile behavior of 5A90 Al-Li alloys. Acta Metallurgica Sinica（English Letters），2014，27（4）：642-648；Li X F，Zhou Q，Zhao S J，Chen J. Effect of pulse current on bending behavior of Ti6Al4V alloy. Procedia Engineering，2014，81：1799-1804］

技术之一，充分利用脉冲电流既可提高材料的塑性变形性能，又能优化材料微观组织的特性，而且无须加热模具，利用冷模成形，满足了航空航天等领域对结构材料的高性能要求，而且此方法本身高效、环保，在工程应用中已经初步显示出巨大的优势和潜力。

脉冲磁场

电磁成形是通过高压电容器对线圈快速放电产生脉冲磁场，从而在金属材料上产生感应电流，并瞬间形成脉冲电磁力，使材料应变速率达到每秒 10^3 以上，如下图所示。研究表明材料在高速变形条件下能够获得高于传统冲压加工下的成形性能，并把这种较高成形性的现象称为“高塑性”。材料在高速冲击下，产生不同于传统加工方法准静态的变形规律而出现一

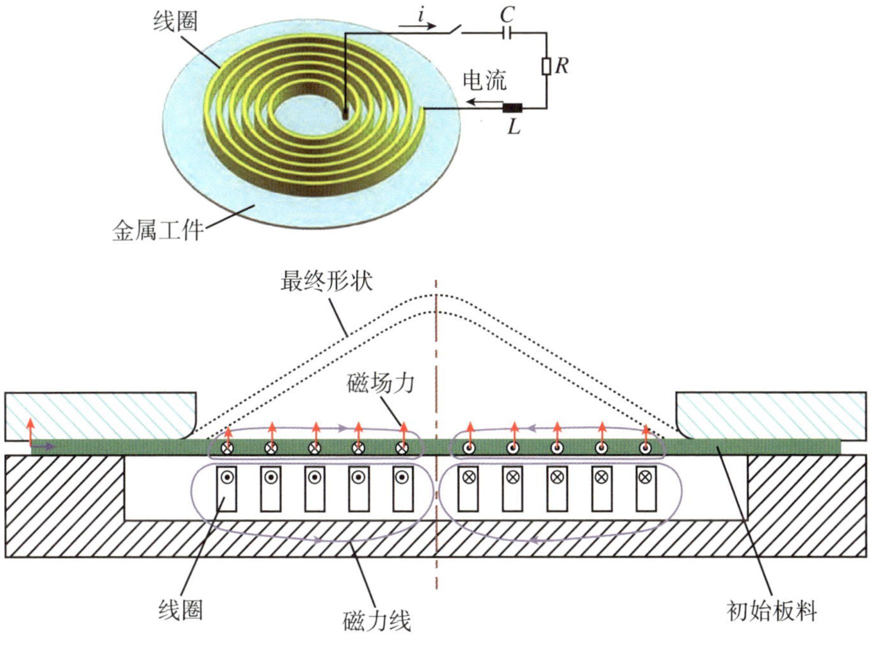

平板电磁脉冲成形原理图［引自崔晓辉，周向龙，杜志浩，喻海良，陈保国. 电磁脉冲成形技术新进展及其在飞机蒙皮件制造中的应用. 航空制造技术，2020，63（3）：22-32］

种动态行为，即材料在变形弹性波、塑性波的冲击下出现晶体孪生、组织相变、绝热剪切等动力学行为，因而能够有效提高难变形材料的成形极限、降低回弹，为轻合金材料的难加工问题提供了一个新的解决途径。

按照成形件形状的不同，电磁成形可分为管件电磁成形和板材电磁成形；而按照工装特征分类则可分为无模、有模电磁成形两类。随着先进电源、电容、线圈设计理论和技术水平的不断发展，电磁成形技术已成功应用于管胀形、缩颈、复合连接、板料冲裁、压印、包边、孔翻边、局部矫形、冲压复合成形等许多领域，见下图，特别在异形管件胀形、异形孔翻边、板材局部精细结构成形等方面具有其他工艺难以替代的优势。德国多特蒙德工业大学（Technische Universität Dortmund）、美国俄亥俄州立大学

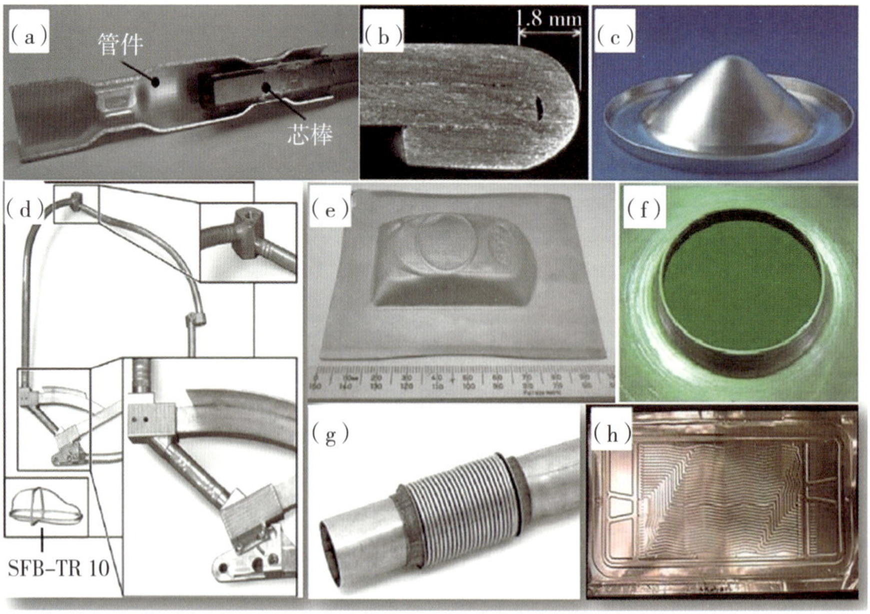

电磁成形技术的典型应用:（a）管件缩颈,（b）板料包边,（c）板料自由胀形,（d）管接头连接,（e）板料拉胀复合微压印,（f）孔翻边,（g）异型管胀形,（h）薄板压印（引自严思梁. 基于建模的铝合金薄壁件电磁渐进成形机理研究. 西北工业大学博士学位论文，2017）

（The Ohio State University）、福特汽车公司（Ford Motor Company）、克莱斯勒汽车公司（Chrysler Corporation）等已针对管件和小型平板件电磁成形过程线圈、工装设计和成形工艺流程设计等方面进行了大量具有开拓性的研究工作。

超声场

超声振动通常指频率大于 20 千赫兹的往复机械运动状态。浙江大学、美国爱荷华州立大学（Iowa State University）和罗格斯大学（Rutgers University）联合研究人员在对铝的超声辅助压缩研究中给出了超声场下材料的经典力学曲线，在塑性变形过程中，超声振动场的开启会引起材料流动应力瞬间下跌，其下降值接近 30%，即“超声软化”效应。当超声停止后，材料性能同样会与传统塑性变形后有所差别，流动应力呈现出高于或低于未施加超声振动时的现象，即超声振动的“残余效应”。

超声振动塑性成形技术是指在传统金属塑性成形的基础上，对坯料或模具施加高频振动。由于超声振动引起的表面效应和体积效应能够有效降低工件的成形力、减小工件与模具间的摩擦、扩大金属塑性加工范围、提高产品表面质量，该技术在拉拔、冲压、挤压、镦锻和粉末冶金等工艺中得到广泛应用。表面效应主要用来表征超声对被加工零件与外部模具或设备之间接触情况的影响，其机理主要表现在以下三个方面：①工件与工具之间由于振动而产生高频的接触与分离过程，二者之间的摩擦力在振动周期的部分时间里与材料流动方向一致，从而利于塑性成形；②工件与工具之间的高频摩擦使局部升温减少、局部粘焊；③工件表面在高频振动时被模具打磨光滑，从而减小了摩擦系数。体积效应通常指超声频率下机械振动对材料流动行为及内部应力的影响，具体表现为：① 高频振动会造成成形应力的叠加，在一定程度上减小材料变形的流动应力；② 高频振动会提升材料中微粒子的活跃度及温度，导致热致软化降低材料流动阻力；③高频振动促使晶体内部高密度位错晶界吸收超声能量，导致原子动能、势能跃迁，使塑性变形更加容易。

激光

激光作为一种非接触式能量源，具有很好的相干性和方向性，能集中对板件进行加热。随着激光技术和激光器功率的不断发展，在塑性成形中有着较为广泛的应用。激光诱导热成形技术是利用激光束对板材表面进行扫描，在板材内部产生非均匀分布的热应力，从而使板材发生塑性变形，激光弯曲成形加工的示意图如下图所示，涉及温度、应力、应变三方相互作用。激光热成形是一个异常复杂的瞬态热力耦合过程，随着光斑大小、激光扫描速度、材料的热物理性能、板材几何参数以及周围环境的差异所形成的温度场不同，材料最后的变形状态也不同。激光诱导热成形机理概括为温度梯度机理、屈曲机理和增厚机理。通常情况下，板材成形过程中这三种机理是同时发生的。

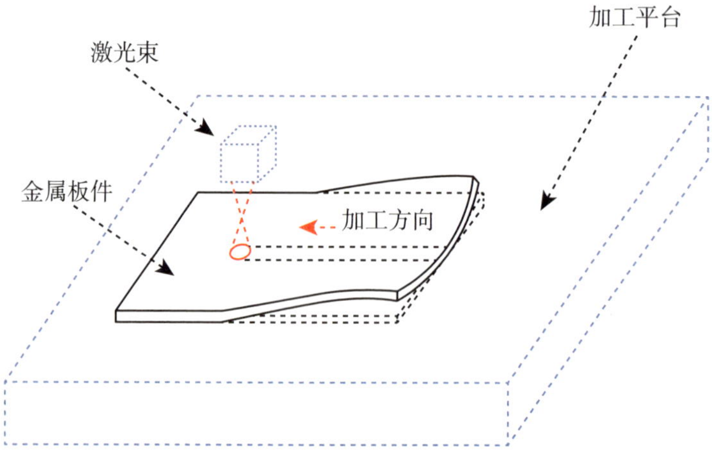

激光热应力成形原理（引自周文韬．不可展曲板的激光热成形工艺规划研究．上海交通大学硕士学位论文，2018）

与传统的成形方式相比，激光诱导热成形技术有如下优点：①无须模具，可以节省设计、制造、维护模具的时间和成本；②柔性大，不受模具的限制，一套设备可以成形多种形状的工件，特别适用于单件、小批量工件的成形；③属于热态积累成形，具有无回弹成形精度高，可用于成形高硬度脆性材料；④易于实现激光切割、激光焊接等加工工序的同工位复合化。在航空航天、汽车、造船、仪器仪表、微电子等领域具有广阔的应用前景。

无所不用其极：大小两个制造方向上的应用

针对航空航天、交通运输等领域对轻量化和安全性的持续需求，更多的高强材料（超高强度钢、轻合金、复合材料和金属间化合物等）应用于复杂构件。随着材料强度的提高，制造难度显著提高，成形缺陷则更难控制。而通过系统深入的研究证明特种能场辅助成形技术在提高此类材料的成形效率和质量方面具有显著优势。特种能场在解决难变形材料的制造瓶颈和优化成形件组织性能等方面都有显著的效果，而且在提高生产效率和降低制造成本也显示出巨大的优势。根据先进制造技术的需求来分析，制造的零件向着极大和极小两个方向发展。

飞机大型蒙皮

在 C919 和 C929 国产大飞机的研制过程中，为了减重的需求，越来越多的采用铝锂合金和钛合金蒙皮，由于蒙皮尺寸大，可达数米，采用传统热成形工艺投资大、能耗高，不符合绿色制造发展的趋势，而冷成形此类构件所需设备吨位大，而且存在容易拉裂、表面容易出现橘皮、回弹量大等问题，无法达到设计要求。直径为 7.5 米的铝锂合金过渡环是新一代重型运载火箭贮箱的关键结构件，采用型材拉弯的拼焊结构，其截面积超过现役火箭四倍，所需的拉弯机单臂拉力远大于我国拉弯设备的最大载荷。铝锂合金过渡环的分段拉弯长度接近 6 米，采用传统的热拉弯从成本和设备上都不易实现。因此，如何有效制造已成为此铝锂合金过渡环研制的瓶颈问题。而拟采用脉冲电流辅助拉形和拉弯工艺，利用脉冲电流的电致塑性效应，能大幅降低材料的流变应力，显著提高铝锂合金和钛合金等难变形材料的成形性能，非常有希望突破现有的技术瓶颈，满足我国关键领域的核心部件制造需求。

小电极的压印

特种能场辅助微成形技术得到了深入持续的研究，在工业领域有成功的应用案例。双极板是燃料电池的核心部件之一，其精度要求非常高，在厚度仅为 1 毫米左右的 300 毫米 ×400 毫米标准极板上，分布着密密麻麻的流道，精度达到微米级。如果打个比方，足球场大概是 100 米 ×70 米，每个草坪有上千万根草，高度误差应该控制在 1 毫米以内。近年来，日本、欧洲企业研制出钛合金双极板，取代了传统的石墨双极板。如果中国企业无法制造这种部件，国内汽车企业就只能依赖进口。上海交通大学来新民教授团队针对此需求，开发了脉冲电流辅助微压印工艺，基于工艺分析及实验结果提出了电脉冲辅助成形的多场耦合仿真方法，利用脉冲电流的电致塑性效应，提高不锈钢薄板的成形性，将压印深度增大约 41%，并降低成形后的残余应力，大幅提高了产品的成形精度，并成功应用于燃料电池双极板的制造，如下图所示。建成了国内首条具有自主知识产权的燃料电池金属双极板生产线，设计年产能达到 50 万片以上，成为国内最大的金属双极板供应商之一。支持了我国第一辆金属极板燃料电池轿车与客车、首个上汽 P390 型 115 千瓦车用全功率电堆，为上汽、一汽、东风、长城等

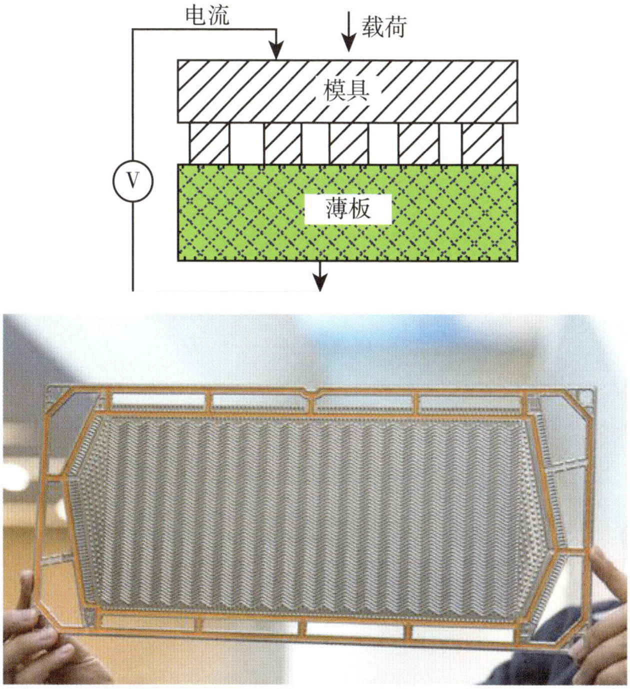

电脉冲辅助微成形燃料电池双极板［引自 Mai J M，Peng L F，Lai X M，Lin Z Q. Electrical-assisted embossing process for fabrication of micro-channels on 316L stainless steel plate. Journal of Materials Processing Technology，2013，213（2）：314-321］

国内燃料电池汽车企业奠定了自主可控的核心技术。该科研团体的“高功率密度燃料电池薄型金属双极板及批量化精密制造技术”项目也荣获 2019 年度上海市技术发明奖特等奖。

未来的任务：定量描述与建立模型

未来，特种能场辅助制造面临的关键难点与挑战主要有以下两个方面。一是特种能场作用效应或机理的量化与微观机理。目前，特种能场提高新型材料的塑性变形性能和优化微观组织，还是定性描述或者间接推导。特种能场对材料的作用一般包含多种效应或者机理，如何定量地描述特种能场的多种效应或者机理并解耦分析，如何判断哪个效应或者机理占主导地位，如何实时观察特种能场对材料微观组织的影响规律，目前能原位观察传统温度场对微观组织的作用过程，而现有的微观分析设备对特种能场微观作用机制的原位观察还未能企及，这些问题是揭示特种能场作用效应和机理的科学基础，也是合理应用特种能场辅助制造技术的科学基础。

二是特种能场作用下的力学模型。力学模型是塑性成形有限元模拟的理论基础，现有的力学模型主要针对常规的塑性成形过程或者考虑了传统温度场的影响。如何把特种能场作用效果和关键参数嵌入现有的力学模型，正确描述特种能场作用下的材料变形与失效行为，是开展特种能场辅助制造过程有限元模拟的理论基础，也是合理优化工艺参数的关键。

合理利用特种能场与材料相互作用的多种效应或机理，突破高强难成形材料的制造瓶颈，为我国航空航天、交通运输等重点领域的关键核心部件制造提供新工艺，将极大地促进新型高强难成形材料和先进制造技术的发展与应用，扩大先进制造业占比，提高先进制造业效益，推动我国制造业在国际上由跟跑向领跑转变，加快制造强国建设。

中国机械工程学会

撰稿人：王　斌　李细锋

6 数字交通基础设施如何推动自动驾驶与车路协同发展？

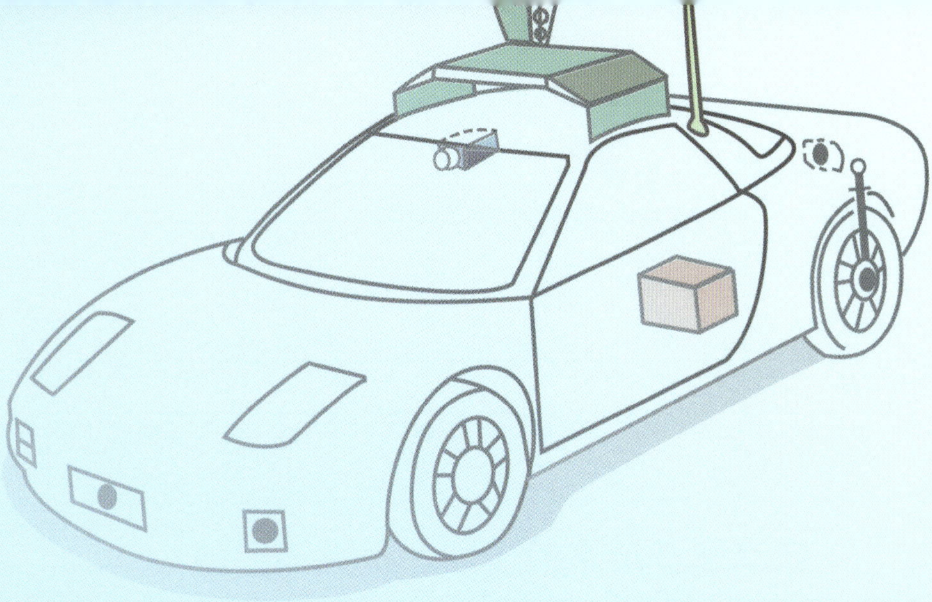

近年来，为深入贯彻落实党的十九大精神，加快交通强国建设和推进交通运输转型升级创新发展，汽车电动化、智能化、网联化技术发展和产业应用已被提升到国家战略高度。车路协同、自动驾驶是交通信息化智能化的前沿技术，是引领全球5G、人工智能等新基建领域的重要应用方向之一，当前正在我国如火如荼地开展。推动车路协同技术的发展落地，能够促进汽车自动驾驶技术的实际场景规模化应用，引领道路基础设施的数字化升级。本文将从以下几个方面介绍数字交通基础设施如何推动自动驾驶与车路协同发展：一是如何实现道路基础设施的数字化和电子化，以便自动驾驶汽车对环境进行更准确的感知和理解；二是如何保障稳定的车路信息交互，确保自动驾驶汽车的安全性和稳定性；三是如何实现路侧单元数据采集、分析处理、车路通信一体化集成，为自动驾驶汽车提供互补的感知和决策能力。本文中，中国公路学会自动驾驶工作委员会结合国内外现状，对道路基础设施在自动驾驶中扮演的角色进行深入探讨，为智能网联汽车的技术创新与产业发展提供服务。

刘文杰

中国公路学会副理事长兼秘书长、国际道路联合会（IRF）副主席

数字交通基础设施如何推动自动驾驶与车路协同发展

自动驾驶技术的发展、机遇与挑战

智能汽车正快速走入我们的生活，成为现代智能交通系统的重要组成部分。智能汽车集中运用了传感、通信、智能计算及自动控制等高新技术，是一个集信息感知、规划决策和控制执行等功能于一体的综合系统。智能汽车作为智能交通系统的关键载体，广泛涵盖了以主动安全为导向的先进车辆自动驾驶与辅助驾驶功能，可以提高道路通行能力，提升交通安全性和快捷性，并在此基础上节约能源、减少污染。

智能汽车的控制结构主要分为感知、决策、控制、远程通信等模块。其中，感知模块主要采集本车的位姿信息，识别道路、周围车辆、行人等交通要素。决策模块可以根据车内外信息的采集与共享，通过航迹推算、路径规划、典型交通危险行为辨识以及风险评估与预测，设计巡航、跟随、换道、超车、避碰等自主驾驶策略。控制模块根据决策的结果，采用可靠有效的控制方法对车辆的相关执行机构进行精确控制。远程通信模块通过使用移动通信、卫星通信、数字微波通信、图像通信、人机交互等形式进行数据、语音、图像等共享信息的电子传输，支持车内、车间、路侧及指控中心之间的信息交互。

Google 在 2010 年年底宣布了其野心勃勃的无人驾驶汽车项目计划，代号为 Google Fleet 的 7 辆试验车累计完成了数千千米的完全自主行驶。下页图是谷歌智能汽车及其构造示意图，整套 Google Fleet 自动驾驶设备包括：

1 台放置在车顶的激光测距仪，能够及时精确地绘制出周边 200 米之内的 3D 地形图并上传至车载电脑中枢；在挡风镜旁边，技术人员安放了一个视频摄像头，用以侦测交通信号灯以及行人、其他车辆等在行驶路线上遭遇的移动障碍；4 台标准车载雷达，以三前一后的布局分布，负责探测较远处的固定路障；在每台 Google Fleet 的左后轮上还带有一个微型传感器，负责监控车辆是否偏离了 GPS 导航仪所制定的路线。Google Fleet 的电脑资料库中精确地贮存了每条公路的限速标准以及出入口位置，如果处于一名司机的操控下，Google Fleet 的中央处理系统还会通过扬声器，以柔和悦耳的女声发出类似“接近十字路口，小心行人”的提示。驾驶者只需微微扳动

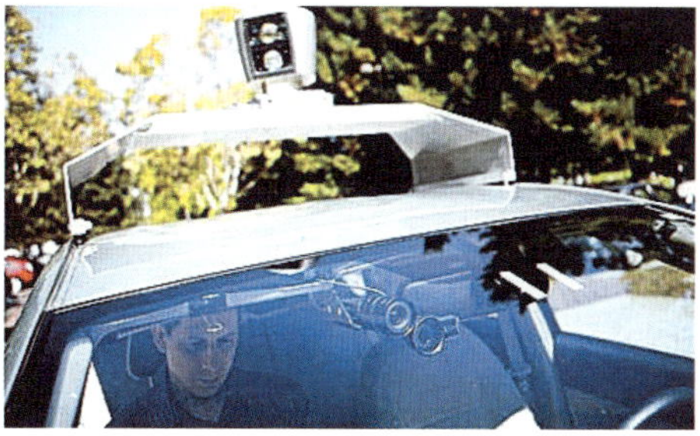

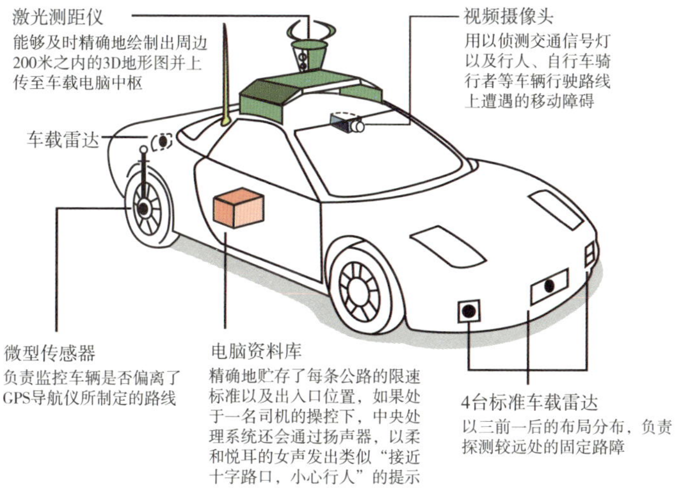

谷歌智能汽车（上）及其构造示意图（下）

方向盘，就可以将 Google Fleet 转换为一辆普通汽车。

近年来，我国和其他发达国家的政府机构、智能交通与汽车行业组织、汽车厂商以及 IT 巨头已将汽车自动驾驶技术作为现代城市智能交通发展的主要方向和改善道路交通安全水平的重要手段。2016 年 9 月，美国交通运输部向全世界发布的首份《联邦自动驾驶汽车政策》中，采用了美国汽车工程师学会（Society of Automotive Engineers，SAE）的 SAE J3016 标准，将智能汽车自动驾驶技术水平分为 6 个级别（0~5 级），如下表所示。

美国汽车工程师学会的自动驾驶分级标准（SAE J3016）

SAE 分级	名称	功能定义描述	转向和加减速	驾驶环境监测主体	驾驶权的主体	系统能力（驾驶模式）
由“人类驾驶员”监测驾驶环境						
0	无自动化	由驾驶员完成所有动态驾驶任务	驾驶员	驾驶员	驾驶员	不适用
1	驾驶辅助	分析驾驶环境信息，由转向或加减速辅助系统来执行特定的驾驶操作	驾驶员 / 系统	驾驶员	驾驶员	特定驾驶模式
2	部分自动化	利用驾驶环境信息，由转向和加减速辅助系统来执行特定的驾驶操作	系统	驾驶员	驾驶员	特定驾驶模式
由“自动驾驶系统”监测驾驶环境						
3	有条件自动化	在驾驶员能响应特定驾驶操作的干预请求时，由自动驾驶系统执行所有的动态驾驶任务	系统	系统	驾驶员	特定驾驶模式
4	高度自动化	在驾驶员不能响应特定驾驶操作的干预请求时，由自动驾驶系统执行所有的动态驾驶任务	系统	系统	系统	特定驾驶模式
5	完全自动化	由自动驾驶系统全天候地完成所有的动态驾驶任务	系统	系统	系统	任何驾驶模式

未来自动驾驶车辆大范围社会化运行局面必然会出现，对交通运输系统而言将是一场变革，道路交通运输系统面临演进换代的挑战。迎接并推动自动驾驶发展，目前国内外面临以下突出问题：一是道路基础设施侧智能供给能力不足。道路交通精细化感知能力欠缺，基础设施与载运工具之间未形成有机智能协同整体，支持自动驾驶的自主管控平台尚未建立，自动驾驶规模化运行的安全性、稳定性等问题突出。二是单车感知的精度很难提升，尽管现在自动驾驶车辆配备了各类传感器，如视频、微波、毫米波雷达、激光雷达等，但依然存在误判的风险且很难做到完全避免，如谷歌的无人驾驶汽车撞人事件。智慧的道路基础设施可以为车辆提供超越人类驾驶员的感知范围和精度。总之，对于支撑自动驾驶社会化运行的新型道路基础设施的研究，我国尚处于起步阶段，国外也无现成的先进技术和经验可借鉴，需要适时将自动驾驶研究的支持重点向基础设施侧智能供给研究及综合集成落地应用研究转移。

数字化基础设施支撑智能网联汽车技术发展与应用

汽车智能化水平的不断提高也加速促进了城市智能交通系统建设和传统汽车产业的升级。车辆与基础设施的深度融合可以让自动驾驶汽车适应各种复杂环境与行驶状况，使整个系统更安全、更稳定。为了匹配自动驾驶技术的发展，道路基础设施扮演的角色和功能将用来消除单车智能感知存在的技术瓶颈制约。

当前，以 5G 车联网技术为核心的道路数字化基础设施平台建设、应用与推广已作为发展现代城市交通系统的重中之重，具有广泛的市场前景。数字化道路基础设施综合利用传感技术、网络技术、计算技术、控制技术和信息处理技术对道路环境、车辆运行和交通出行状况进行全面感知，实现多个系统间大范围、大容量的数据交互，对每一辆汽车进行全程监控，对每一条道路进行全时空调控，以提高道路通行效率和交通安全水平。目前，5G 和 C-V2X（Cellular-Vehicle to Everything）等宽带移动互联网通信技术和标准发展迅速，并向传统交通行业和汽车行业广泛渗透，促进了汽车、智能移动终端、交通基础设施、交通参与者等交通要素之间的实时信息共享，从而为现代城市智能交通、车联网及智能汽车的形成、发展、推广和应用提供了技术基础和市场前景，更能够进一步促进智慧交通产业与现代城市交通系统的健康发展。在车联网体系框架下，一方面，模式识别、网络通信、信息融合等极大地促进了交通信息采集、处理和传输的便捷性和有效性；另一方面，智能感知、路径规划、决策控制等机器人领域的最新技术也广泛应用于汽车之上，促使其朝着网联化、自动化的阶段大步迈进。智能汽车、路侧设施和移动终端（智能手机 / 智能平板）是车联网系统中最关键的环节。智能汽车和智能移动终端通过车载单元或手持设备单元（On Board Unit，OBU）的多模式通信（Dedicated Short Range Communication，DSRC）/C-V2X/ 5G 方式，与路侧单元（Road Side Unit，RSU）和其他道路汽车等进行信息交互；智能汽车、智能移动终端和交通管理中心（Traffic Management Center，TMC）之间也可以通过基于 C-V2X/5G/DSRC 的车联网系统进行信息交互。通过车联网系统，可以将传统交通中的各个要素连接起来，使交通系统和道路车辆更加智能化，如下页图所示。

影响自动驾驶与车路协同发展的基础设施相关关键技术主要包括：环境感知技术、融合与预测技术、V2X 通信与网络技术以及交通系统协同优化技术等。

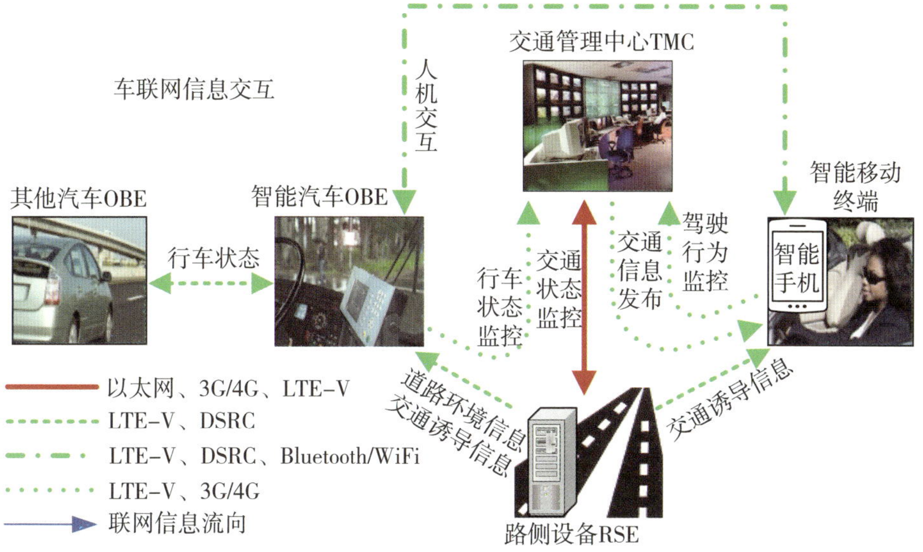

基于车联网的智能汽车与智慧交通

环境感知技术利用摄像头、毫米波或激光雷达等传感器感知周围环境，通过提取路况信息与检测障碍物为智能网联汽车提供决策依据。目前，自动驾驶在环境感知技术方面主要有三大流派：Google Waymo、GM Cruise、百度等公司以激光雷达为主；苹果、Uber 与 Roadstar 等公司以多传感器融合为主；而特斯拉、驭势科技与 AutoX 等公司选用的是以摄像头为主的技术方案。其中，激光雷达凭借其高分辨率，成为越来越多自动驾驶车辆的标配传感器。此外，高精度地图与定位作为自动驾驶车辆进行环境感知的另一重要手段，可以弥补激光雷达在复杂路况识别等方面的误差。现阶段，国内外几大图商都在积极推进面向自动驾驶的高精度地图，旨在为自动驾驶车辆提供精度更高的定位方案。

融合与预测技术利用多种传感器的感知数据在边缘计算单元和中心平台端融合处理，进行行驶环境的采集与分析，并对交通参与者的运动状态进行预测，从而为车辆的驾驶行为提供辅助决策。鉴于多种传感器技术各有优劣，尚不存在某单一传感器满足所有工况需求的方案。例如，摄像头的硬件技术已相对成熟，但所需的算法识别准确率仍有待提高；激光雷达的点云算法实现较易，但硬件成本高、环境适应性差。因此，需对毫米波雷达、激光雷达及摄像头等多种传感器的数据格式、频率以及精度等多项指标进行融合处理。在此基础上，利用多源融合的数据，不断实时地监督车辆运动状态与周围环境信息，对交通参与者行为、路网交通状态、车辆运行轨迹等进行高效识别与预测，有助于交通参与者在充分考虑实际行驶环境的同时生成最优的参考轨迹。

V2X 通信与网络技术是将车辆与一切事物相连接的新一代信息通信技术，其中 V 代表车辆，X 代表任何与车交互信息的对象，当前 X 主要包含车、人、交通路侧基础设施和网络。V2X 交互的信息模式包括：车与车之间（Vehicle to Vehicle，V2V）、车与路之间（Vehicle to Infrastructure，V2I）、车与人之间（Vehicle to Pedestrian，V2P）、车与网络之间（Vehicle to Network，V2N）的交互。V2X 通信及组网如下图所示。

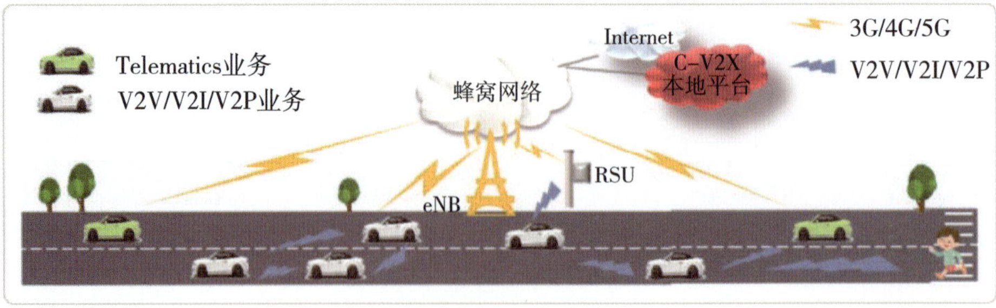

V2X 通信及组网示意图

借助于人、车、路、云平台之间的全方位连接和高效信息交互，通过 C-V2X 车载终端设备及智能路侧设备的多源感知融合，对道路环境实时状况进行感知、分析和决策，在可能发生危险或碰撞的情况下，对智能网联汽车进行提前告警，提升行驶安全，典型的交通安全类应用有交叉路口来车提醒、前方事故预警、盲区监测、道路突发危险情况提醒等；通过动态调配路网资源，实现拥堵提醒、优化路线诱导，为城市大运量公共运输工具及特殊车辆提供优先通行权限，提升城市交通运行效率，特别是区域化协同管控的能力，典型的交通效率类应用包括前方拥堵提醒、红绿灯信号播报和车速诱导、特殊车辆路口优先通行等；还可以通过多种信息发布渠道为公众提供出行服务，全面提升政府监管、企业运营、公众出行水平的手段，典型应用包括突发恶劣天气预警、车内电子标牌等；此外，还能支持各种级别的自动驾驶服务，为自动驾驶车辆提供辅助决策能力，提升安全性，并降低车辆适应各种特殊道路条件的成本，加速自动驾驶汽车落地，典型应用场景包括车辆编队行驶、远程遥控驾驶、自主泊车等。

交通系统协同优化技术是基于环境感知技术获取车辆和路侧设施等的实时信息，并通过 V2X 通信技术实现车辆与道路互联互通，整合两者优势协同优化交通系统资源；通过整合车路和道路基础设施优势构建系统平台，对全局宏观层集成、交通走廊层集成、路段层集成、关键节点层集成的交通系统进行决策与优化，并向车辆和路侧控制单元发布交通状况信息及诱导或控制指令，使车辆能够与其他车辆及路侧设施设备进行协同运作。目前，交通系统协同优化技术在交通系统运营方面的研究和应用主要集中在高速公路入口与出口区域和城市道路信号交叉口处的交通流运行与管控等领域。

我国智能网联汽车发展现状

智能网联汽车的研究和发展已被提升到国家战略高度，智能网联汽车成为汽车产业重点转型攻克的方向之一。2015 年 5 月，国务院印发《中国制造2025》规划，提出了智能网联汽车的长远期发展目标和发展重点。此后，国内智能网联汽车发展的政策支持主要分为两个方面。一是标准技术支持。2017年4月，工信部等部委发布《汽车产业中长期发展规划》，提出加大智能网联汽车关键技术攻关、开展智能网联汽车示范推广；同年12月，发布《国家车联网产业标准体系建设指南（智能网联汽车）》，提出分阶段建立我国智能网联汽车标准体系战略目标；2018年3月，印发《2018年智能网联汽车标准化工作要点》，推进智能网联汽车技术标准研究与制定；2018年6月，工信部与国家标准委联合印发了《国家车联网产业标准体系建设指南（总体要求）》《国家车联网产业标准体系建设指南（信息通信）》和《国家车联网产业标准体系建设指南（电子产品和服务）》系列文件，为车联网产业链确定锚点，营造有利于车联网企业发展的环境，迎接未来发展制高点。中国通信标准化协会、全国智能运输系统标准化技术委员会、中国智能交通产业联盟、车载信息服务产业应用联盟、中国汽车工程学会及中国智能网联汽车产业创新联盟等标准化组织都已积极开展C-V2X相关研究及标准化工作，目前智慧交通相关标准体系已基本完善。二是战略支持。2018年12月，工信部印发了《车联网（智能网联汽车）产业发展行动计划》，提出将充分发挥政策引领作用，分阶段实现车联网（智能网联汽车）产业高质量发展的目标。2019年7月，交通运输部印发《数字交通发展规划纲要》，提出要加快5G在交通体系中的应用，推动交通感知网络的建设，推动自动驾驶与车路协同技术研发，开展专用测试场地建设；2019年9月，中共中央、国务院印发《交通强国建设纲要》；2020年2月，11部委联合发布《智能汽车创新发展战略》正式稿；3月4日，中共中央政治局常务委员会强调，要加快推进5G网络、数据中心等新型基础设施建设进度。多部委多次联合发布相关政策法规，传达出国家推动相关产业融合创新发展的决心。

工信部、交通运输部、住建部、国家发改委以及地方政府等均在积极推进国家级和城市级智能网联测试示范区工作。据不完全统计，截至2020年4月，工信部授权国家级测试示范区和先导区共11家；交通运输部授权3家；工信部与交通运输部联合授权3家；住建部授权3家，2020年将新推进3家；国家发改委推进上海基于智能汽车云控基础平台的“车路网云一体化”综合示范建设项目；除此之外，还有超过30个城市级及企业级测试示范点。初步形成了封闭测试场、半开放道路和开放道路组成的智能网联汽车外场测试验证体系。

从国家政策层面看，国家已经将发展车联网作为“互联网+”和人工智能在实体经济中应用的重要方面，并将智能网联汽车作为汽车产业重点转型方向之一。未来，中国智能网联汽车将会得到长足发展，并将激发更多的企业进入智能网联汽车领域。

智能网联汽车发展展望与建议

提升道路基础设施智能供给能力，推动自动驾驶社会化运行应用落地，符合国家经济社会发展的重大需求，符合强国建设纲要，符合国家中长期科技发展规划纲要、“十四五”国家科技创新规划等国家重大科技战略部署。

随着智能汽车与基础设施之间信息交互的增加，车辆技术开发需要与基础设施建设运营、交通规划保持密切的交流与协同，基础设施的发展将不得不面临巨大难点和挑战。基础设施的更新升级可能是复杂且昂贵的，但它不仅有利于自动驾驶的发展，而且可以让现在的人工驾驶更加安全与高效。与此同时，基础设施是数十年甚至是百年工程，技术发展的不可预测性会对基础设施规划、设计、建设以及资金带来巨大挑战。基础设施方案一旦大规模部署，将直接影响甚至定义未来几十年自动驾驶汽车的发展。因此，自动驾驶和基础设施之间的沟通与协同至关重要。

目前，基于车联网系统的智慧交通和智能汽车研究已取得一定进展，车-车 / 车-路通信、车载路况感知、车联网体系框架和各种测试平台搭建等关键技术也取得了一些成果，并在小规模的实际道路示范应用中逐步开展和实施。但目前仍存在以下问题和不足。

通信标准和数据协议不完善

目前，世界上多家 IT 产业巨头针对车联网通信技术提出了标准，主要有 C-V2X、5G、DSRC。以北美地区为代表的 DSRC 车联网通信技术已广泛应用于多个测试平台，产品和技术相对较成熟。C-V2X 和 5G 标准发展迅速，且最大优势在于能重复使用现有的蜂窝式基础建设与频谱，不需要布建专用的路侧设备，但目前尚没有成熟可靠的芯片和设备用于车联网平台测试。

城市智能交通基础设施的可扩展性和可开发性程度不高

现代城市智能交通系统对基础设施的集成性、开发性和信息处理能力提出了更高要求。一方面，要满足城市交通运行、监督、管理、服务等综合业务需求；另一方面，对系统软硬件设施的计算单元和计算资源提出了更高要求。

信息安全与设备认证机制缺失

车联网系统的安全机制和相关技术标准的建立仍需进一步完善。随着车联网系统研究与应用的逐渐展开，车载设备、路侧设备、信息中心以及个人终端的部署将越来越普遍，但信息安全隐患也随之而来。目前的 IT 行业、智能交通行业和汽车厂商还没有准备好解决车联网设备和数据潜在的信息安全问题。

针对以上问题，未来基于数字化道路基础设施智能网联汽车技术的发展趋势和研究重点如下。

多模式宽带移动通信技术与标准融合应用

围绕车联网通信技术和标准的研究与制定，各国政府和企业部门针对C-V2X、5G、DSRC、WIFI、蓝牙等进行了不同程度的探讨。每种通信技术各有优缺点，而且不同的信息交互主题应用，相应的通信需要和技术要求也不同。因此，集成多种通信手段互补与融合模式是未来数年内车联网系统发展的硬性需求。

新一代智能交通基础设施与装备的集成优化

从车联网系统的大规模集成测试到实际应用，需要结合每个城市的交通运行特点、现有道路交通基础设施以及交通应用主题的定义和描述。车联网系统的基础设施与装置应充分满足交通行业运行、监督、管理、服务和市场化发展的需求，为市交管局、交委、城投、公共交通等部门提供可扩展的信息支持和应用服务。智能交通基础设施和装备的核心是建设具有集成式和开放式的路侧设备、车载设备和数据中心并优化现有业务系统。

自主感知与智能网联一体化的智能汽车协同发展

传统汽车行业正朝着汽车智能化、网联化的方面发展。近年来，汽车产业和IT产业的结合越来越紧密，在智能交通系统产业化推广的牵引下走向融合。传统的智能汽车技术也从单一的自主感知模式发展到车路协同感知和控制模式，且更加重视车联网信息与驾驶人的交互优化设计，突出“人机协作”和“人机交互”的一体化车载终端系统。

以宽带移动互联网、智能汽车和智慧交通等应用示范元素为重点，结合未来交通及产业发展的实际需求，在选定的示范区内开展智能路网基础设施、新一代宽带通信网络设施及试验验证环境、智能车载终端 / 移动终端及交通大数据平台的信息交互项目建设。在此基础上，提供基本的产品研发支撑、网络测试和系统级试验验证等服务。具体实现如下目标：

- 完善智能路网基础设施、网络通信环境和模拟仿真试验验证环境等基础环境建设。
- 对接更多城镇的综合数据，融入城镇综合运行大数据平台，并对数据进行分类，提供不同的车联网应用服务。
- 通过示范区的引领示范作用，实现以智能交通、智能汽车为主要元素的未来道路及智慧出行服务。
- 引进更多的车企参与到示范项目中，开展智能辅助驾驶及自动驾驶研究，同时重点做好示范区试验验证场地的建设，对外提供应用示范、技术验证等服务。
- 探索构建产业生态体系，组建产业联盟，制定相关行业标准与技术规范，为国家推动通信、汽车产业的协调发展，促进产品和系统自主可控，完善行业标准体系和管理制度等提供全面的支撑服务。

中国公路学会

撰稿人：张　华

7

调节人体免疫功能的中医药机制是什么？

目前，病毒感染性疾病、人类衰老性疾病、肿瘤等已成为现代医学研究的焦点和难点，疫情肆虐全球，严重影响了人民健康和生命安全。“未病先防”将成为医学发展的大方向；而中医药扶正祛邪可以通过调动人体包括免疫功能在内的保护功能来维护健康；在治疗机制上能够多层次、多靶点、多途径作用于机体，调节机体免疫功能，在养生保健、疾病预防和治疗中有重要的应用价值。在此次抗击疫情中，以中医药为主的中西医结合治疗已经成为中国方案的亮点。

虽然免疫学的基础研究取得了令人瞩目的成就，医学也在突飞猛进地发展，但在许多疑难重症的防治方面仍显不足。系统性红斑狼疮、类风湿关节炎、强直性脊柱炎等自身免疫性疾病仍然困扰着患者；多器官功能衰竭、脓毒血症、弥散性血管内凝血等危重病依然死亡率较高。这些重大、疑难疾病的发生、发展和转归均与免疫密切相关。面对诸多疑难重症，中医药通过整体观念指导下的辨证论治，往往会收到较好的治疗效果。因此，通过中医药对机体免疫功能调节作用的研究，不仅可以加强对于中医免疫作用的认识，使中医药在重大免疫性疾病防治上发挥作用，还可以丰富免疫学研究内容，深化中医药理论的研究进展，推动创新性中药新药的发现，也让海内外更加了解中医药，促进中医药走向世界。

张伯礼

中国工程院院士，天津中医药大学校长

中医药如何调节人体免疫功能?

免疫(Immunity),即“免除疫病”,是指机体监视和识别“自己”与“异己”物质,并通过免疫应答反应及时清除病原体、人体自身所产生的衰老、变异、损伤和死亡细胞,降解和排斥进入体内的抗原物质,防止疾病发生,维持机体的正常生理功能。中国古代,早在公元前700多年的《周礼》中即有“疫病”一词的记载,迄今为止中医对疫病的防治有了更深入的认识(下图)。查阅《中国疫病史鉴》可以看出,从西汉至今两千多年来,中国已经历过三百多次疫病。在没有疫苗和抗病毒药物的年代,正是中医药卓有成效的防治作用,才能短时间内在局部区域遏制住了疫情的流行,这也是从古至今中国从未发生过诸如鼠疫、西班牙大流感、黑死病等瘟疫暴发而夺走数

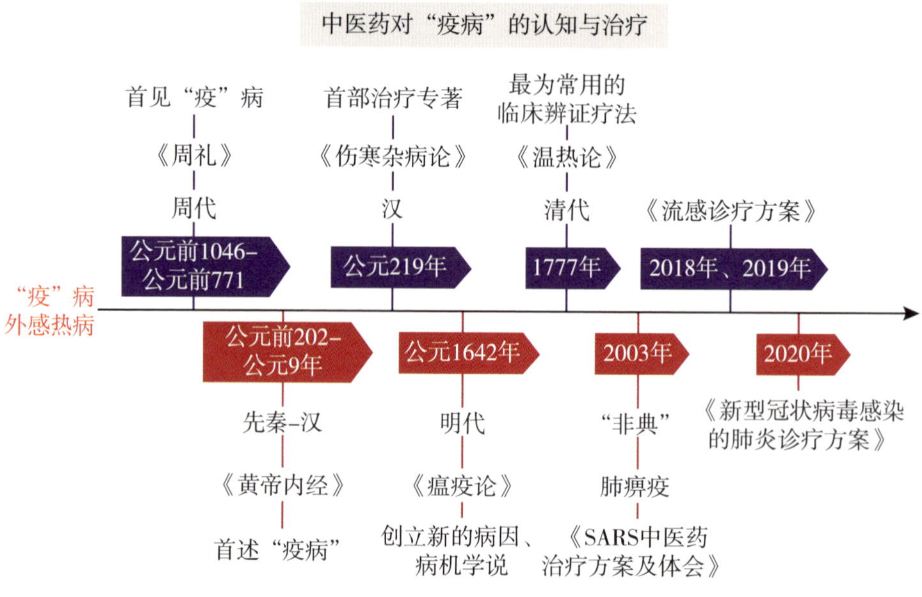

中医药与“疫病”的千年对决(罗卓 绘)

千万人生命惨剧的原因。可见，中医药对我国千百年来历次瘟疫危害的防治发挥了重要作用，对中华民族的生存繁衍做出了不可磨灭的贡献。

在 2020 年的新冠肺炎（COVID–19）疫情防治中，诸多的临床实践证明中医药在中国抗击新冠肺炎过程中发挥了重要作用，其能够有效缓解新冠病毒引起的肺炎症状，减少轻症向重症发展，提高治愈率、降低病亡率，促进恢复期人群的机体康复。目前，临床上针对新冠肺炎患者的治疗基本以支持疗法或对症疗法为主，还未出现作用效果明显的抗病毒西药。在这一背景下，中医药以其扶正增强机体免疫的特点，兼具副作用少、价格低廉的优势，成为了这次疫情防控的一大亮点。虽然世界范围内存在不同的声音，尤其是西方某些群体对于中医药治疗新冠肺炎的效果及安全性存在迟疑，但中医药在防控此次疫情中的贡献不可磨灭，必将在防治“疫”病的历史长河中添加浓墨重彩的一笔。

与西医治疗的观点不同，中医药作为几千年来中华民族用于防治疾病的主要武器，其显著特征是强调通过祛邪扶正来调节机体阴阳平衡，增强自身免疫能力，来抑制多种疾病的发生发展（下页图）。中医典籍《黄帝内经》中记有“正气内存，邪不可干”的理论，是中医对免疫概念的最早描述。中医学将人体的防御和清除各种有害因素的作用称为“正气”，相当于人体的免疫力；将破坏人体自身或与环境间相对平衡的各种有害因素归结为“邪气”。中医学认为人体是一个有机的整体，任何疾病的发生和发展都是人体在与致病因素的正邪斗争中因正不敌邪引起机体阴阳失衡所致。近年来，人们十分重视以临床实践为基础发展起来的中医药治病疗效和作用机制理论，并且越来越多的中医药作用机理为现代研究所揭示。随着现代免疫学的快速发展和中医药基础研究的进步，人们将中医宏观整体观念与现代免疫学的微观研究方法相结合，有力地阐释了中医药调节机体免疫的部分科学内涵。

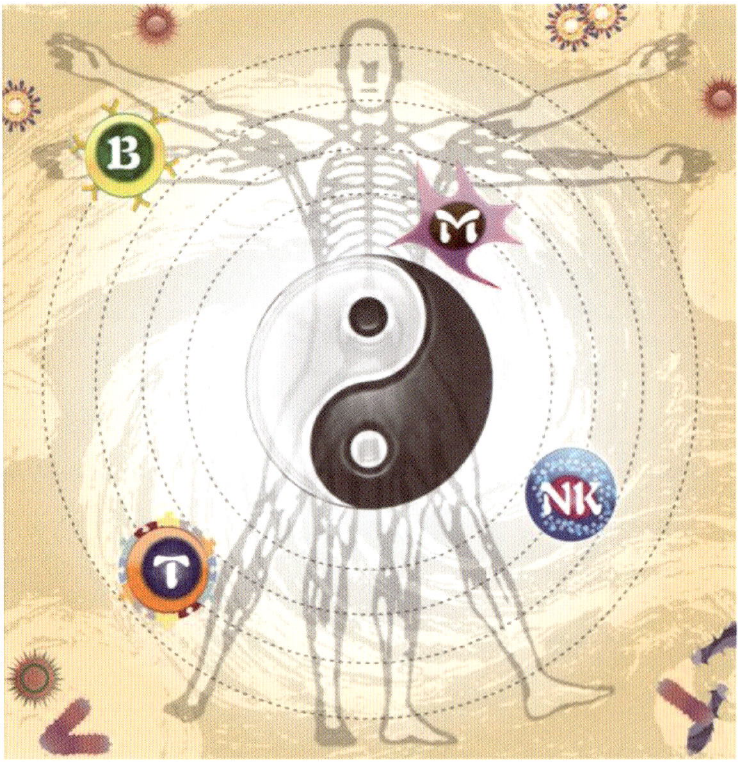

中医阴阳平衡的整体观与现代免疫系统学说（段文君　绘）。人体维持阴阳平衡，体内免疫系统形成正气，将病原微生物等致病因素拒之体外。B、T、M、NK 分别代表不同类型的免疫细胞：B 细胞、T 细胞、巨噬细胞、自然杀伤细胞。

中医阴阳平衡的整体观与现代免疫系统学说

中医理论核心之一是认为健康是机体保持生理功能的动态平衡，机体自身的内在功能在防治疾病中能够发挥重大作用。实际上，人们所说的致病因素不仅包括病原菌及病毒等有形的物质，也包含七情内伤、风寒暑湿等六淫邪气等无形的因素。中医治病重视各种内外病因，提及正气犹如体内保护健康的卫士，其作用涉及五脏六腑所有功能，监视和防御来自病原体的攻击，清除体内产生的受损、变异、衰老及死亡细胞，调整人体的气血阴阳平衡，稳定内环境，保持健康。如果邪气占了上风，就会导致五脏六腑经络血脉等的生理功能发生异常，人体阴阳平衡协调关系将受到破坏，出现各种临床疾病症状。同时，中医藏象学说认为人体各脏腑之间存在相反相成、克中有生的关系，即所谓“亢则害，承乃制，制则生化”。也就是说，机体每一生理功能的完成都是多脏腑之间相互制约或协调作用的结果，如果某一脏腑功能失调，可能产生对其他脏腑器官有害的影响，导致疾病的发生。而现代医学免疫学理论也认为人体的免疫调节过程同时存在促进和抑制两个相反的作用和现象；同时，人体的免疫反应过低和过高都会影响人体的健康水平，这种免疫功能在机体中的调节作用与中医学阴阳平衡和脏腑生克的整体观念具有一致性和契合点。

另外，现代免疫学理论认为人体的免疫系统由免疫器官和体内诸多免疫相关细胞和活性成分组成。与之相对应，中医理论中的正气含有先天和后天之气，后天之气包括氧气和水谷精微，是含有线粒体细胞产生 ATP 的原料。ATP 将球状细胞骨架组装成纤维状细胞骨架，支撑呼吸道上皮细胞和消化道上皮细胞的缝隙连接，防治外来物质的侵入，发挥固涩作用。ATP 组装的纤维状细胞骨架支撑血管内皮细胞紧密连接，防治血浆白蛋白等血浆成分漏出，发挥固摄作用。气在各脏腑推动脏腑功能，如心、肝、脾、肺、肾五脏之气和六腑之气，发挥各脏腑器官的特定的生理功能，还能够通过经络的沟通和气血的运行，执行防御、稳定和监视的免疫功能。近年来的科学研究证明，中医学的各脏腑经络系统与现代医学的神经 – 内分泌 – 免疫系统功能相关。在这个经络 – 神经 – 内分泌 – 免疫网络中，每个系统都有自己的一套独立的结构、通路和功能。同时，每个系统之间又有联系，通过特定的信息传导相互作用和影响，调节特定的免疫作用，影响整个机体的健康状况。

伏“疫”能手中医药的免疫调节作用特点

辨证论治

现代医学的进展取得了令人瞩目的成就，但对支气管哮喘、慢性咽炎及神经性皮炎等体质因素相关疾病及自身免疫性疾病等诸多疑难重症的防治仍然显得不足。这些疾病的发生发展和诊治与机体免疫功能密切相关。西医在临床治疗常采用单一免疫促进剂或免疫抑制剂，从一个侧面来纠正免疫反应的过度与不足，具有一定的局限性。而采用中医药治疗往往能够取得较好的治疗效果。这是因为中医治疗疾病的基本原则是辨证论治，在辨证论治后可以根据不同的治疗原则采用不同治疗方法；同时中医治疗常用复方，其特征是一副药方中含有多种中药材，不同的中药材针对机体正邪力量对比不同情况进行治疗。如在流感、新冠肺炎的防治中，在病毒没有进入机体之前，用玉屏风散补肺气和脾气，巩固呼吸道和消化道黏膜屏障，发挥预防作用。针对早期病毒侵袭呼吸道和消化道黏膜时，辨证为卫分，对有呼吸道症状者用银翘散、桑菊饮等经典名方或金花清感、莲花清瘟等复方，清除侵入呼吸道黏膜的病毒；对有消化道症状者，用藿香正气散清除侵入消化道黏膜的病毒。对病毒损伤了消化道黏膜，大肠杆菌脂多糖入血引发的中性粒细胞活化、黏附于血管壁、释放炎性因子和致热源，临床见发热、咳、呼吸困难者，辨证为气分，用麻杏石甘汤或含有麻杏石甘汤的清肺排毒汤等抑制炎性因子释放，清除黏附白细胞，抑制白细胞向血管周围组织中的浸润。对血管内皮损伤、血管内皮细胞缝隙连接断裂和质膜微囊增加引起的血浆白蛋白等血浆成分漏出，出现微血管周围水肿，引发神昏、脉细、舌绛等临床表现时，中医辨证为营分，用清营汤既可解除白细胞与血管壁的黏附，抑制炎性因子释放，清气分热；又能抑制血浆白蛋白漏出，解决营分问题；还可抑制血管基底膜损伤，抑制出血，发挥先安未受邪之地的作用。当血管基底膜损伤、血细胞漏出到血管外、又有血小板黏附时，中医辨证为血分，用犀角地黄汤清热凉血、止血活血，既保护血管基底膜、减少出血，又抑制血小板黏附，防治弥漫性血栓，防治 DIC 的发生。中医治疗以新冠肺炎为代表的热病时，不是仅仅只针对病毒，不将新冠肺炎看成一个疾病，而是通过对新冠肺炎侵袭机体的不同阶段，依据各阶段的主要病理变化及其临床特征进行辨证，并依据辨证结果采取针对性治疗，更精准地诊断和治疗疾病。

扶正祛邪

中医治病的核心原则是扶正祛邪，并在此原则下采用不同的治疗方法实施临床治疗。例如，身体弱的人在冬天户外容易感冒，中医称为“寒邪”易感体质，常采用中药复方参苏饮治疗。该方中的人参、茯苓是健脾益气的“扶正”成分，而苏叶、葛根则有疏风解表的“祛邪”作用。事实上，中医治病的过程更强调“扶正”的作用。一些研究成果显示，老百姓常说的双目赤痛、口舌生疮等“上火”症状，其部分病理过程与情志应激引起机体免疫失衡导致潜伏 I 型疱疹病毒（HSV-1）激活复发有关。对此，一些清热解毒中药具有很好的“降火”作用，虽然其并不具备直接抑制 HSV-1 的作用，但可以通过调节免疫功能抑制潜伏疱疹病毒的复发，达到抗病毒作用效果（下页图）。

清热解毒中药通过调节免疫功能抑制潜伏疱疹病毒的复发（成罗卓　绘）

双向调节作用

中药另一个奇妙的特点在于具有免疫双向调节作用，即同一味中药或复方可能使免疫抑制或者亢进两种极端病理现象向正常转化，这对中药维持机体免疫的平衡与稳定具有重要意义（下页图）。例如，黄芪具有明显的免疫双向调节作用，在机体处于免疫抑制或免疫低下时，黄芪可以促进多种免疫细胞的功能和免疫分子的生成，同时对变态反应引起的变异性哮喘具有一定的免疫抑制作用。中药本身含有多种生物活性成分，它们各自可能分别具有免疫增强或免疫抑制作用，因此在不同的生理或病理状态下对免疫系统展现出不同的调节作用。此外，中药的配伍使用也使得其对免疫具有灵活的调节作用。玉屏风散由防风、黄芪和白术三味中药组成，体质虚弱、免疫力低下时，服用玉屏风散可增强机体免疫力，预防感冒和反复呼吸道感染；但该复方也具有较好的免疫抑制和抗炎活性，可明显减少因免疫系统紊乱引起的过敏性鼻炎和荨麻疹反复发作。

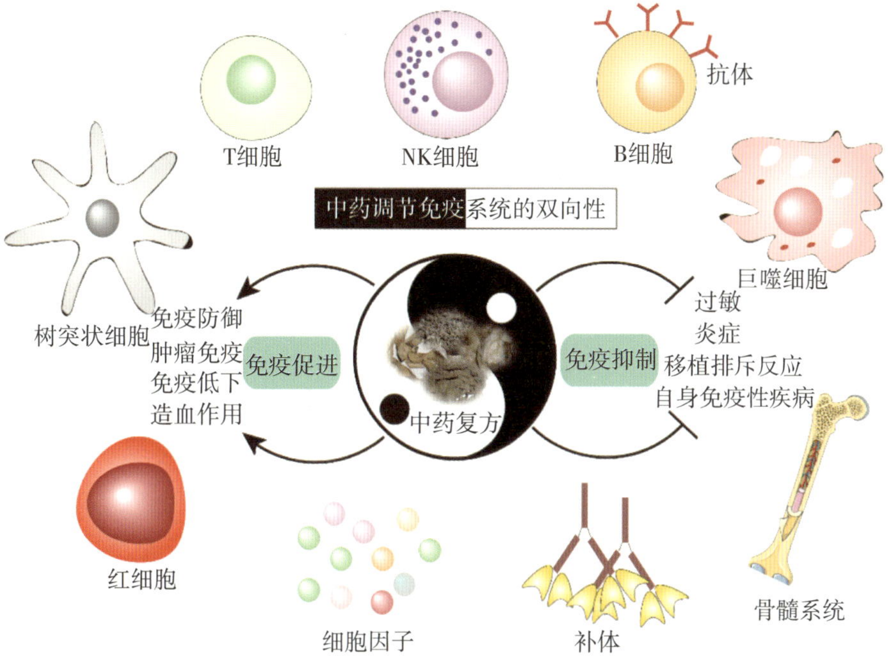

中药对机体免疫系统的双向调节作用（欧阳淑桦　绘）。中药对免疫系统具有双向调节作用。一方面，中药具有免疫抑制作用，对自身免疫性疾病、过敏反应和组织移植排斥反应等具有较好的临床效果；另一方面，中药可以通过促进免疫，参与调控机体免疫防御，在预防肿瘤及提高造血功能等方面发挥作用

多靶点作用

机体的细胞由6700多个蛋白构成，这些蛋白的网络异常是固有免疫和获得性免疫异常的病理基础。一个成分可以作用于1个或若干个蛋白，但是不足以调控网络异常。中药十分复杂，化合物种类多，中药单方或复方可通过活性成分群作用于多靶点、多环节，对异常网络进行调控。另外，同一成分也可作用于不同环节的不同靶点而产生协同增效作用。正是由于中药的这种多成分作用于多靶点、单成分作用于多靶点的特性，使其生物活性形成网络协同起效，体现了中药治疗疾病的整体观。很多抗病毒中药都是通过不同成分作用于病毒感染的不同阶段而协同起

效的。例如，黄芩素、连翘酯苷、绿原酸、表告依春等中药活性成分具有调节机体免疫力和直接抗病毒等多靶点作用。又如，九节茶提取物制备的清热消炎宁，一方面可以利用其有效成分调节情志状态、增加机体的先天免疫，从而降低机体对病毒的易感性；另一方面可以通过抗炎成分抑制病毒引起的炎症反应。机体的免疫过程包括免疫监视，T 淋巴细胞及 B 淋巴细胞等免疫活性细胞识别抗原，产生活化、增殖、分化等免疫应答反应并将抗原破坏和清除的全过程。中药多成分的特点可能赋予它们同时作用整个免疫过程不同阶段的可能性，发挥多靶点协同调节免疫功能的作用（下图）。

中药的作用贯穿机体免疫反应的每个阶段（段文君　绘）。中药中的多种成分可能同时作用于免疫过程的不同阶段和不同靶点，体现多靶点的作用特点

中药成分对免疫系统的调节作用方式

一些中药制剂进入人体后，其中的某些活性成分可能具有直接调节免疫器官或免疫细胞的作用，也可能通过间接作用发挥治疗效果。

已有研究证明，一些中药对免疫器官及功能具有直接影响。机体发生免疫反应及执行免疫功能的机构是免疫器官，其质量与免疫功能密切相关。很多研究发现，中医提出的“肾生髓”理论与现代免疫学中骨髓的有关机制具有密切相关性。现代免疫学中的骨髓在一定程度上可以理解为中医所说的“髓”。骨髓分布于所有的骨髓腔内，具有造血功能和免疫功能。骨髓内的造血干细胞是红细胞和各种免疫细胞的前体细胞。B 淋巴细胞和巨噬细胞等免疫细胞在骨髓中分化成熟。此外，骨髓也是机体产生免疫反应的重要场所。二次免疫应答时，记忆 B 细胞会迁移至骨髓，分化为效应 B 细胞，产生大量抗体释放入血清，发挥免疫作用。因此，有些补肾中药可通过补肾气强骨髓，直接提高机体的免疫力。

另外，也有一些中药的活性成分可以直接作用在免疫细胞。例如，研究证明六神丸和槐杞黄颗粒等中药复方能提高巨噬细胞的吞噬功能和 NK 细胞的杀伤功能；桂枝茯苓胶囊通过增加适应性免疫 T 淋巴细胞的数目和亚群比例来增强适应性免疫应答，从而调节机体免疫能力。

近年来的一些研究结果提示，一些中药经人体服用后，在血液中并不能检测到明显的活性成分，但是这些中药却可以通过影响肠道菌群达到免疫调节的效果。肠道是人体内最大的免疫器官，肠道微生物与肠道黏膜不仅共同构成了人体重要的免疫屏障，肠道黏膜中的淋巴组织和弥散的免疫细胞也参与了先天免疫与后天免疫的应答反应。科学研究发现，七味白术散、加味大承气汤、黄芩汤对黏膜上皮有一定的保护作用，可调节肠道免疫功能。此外，中药中的一些多糖成分在肠道内滞留，在增殖益生菌的同时也能够直接发挥调节肠道免疫的作用。肠道共生菌群数量庞大，其菌群状态影响肠道黏膜系统的免疫能力，益生菌与有害菌竞争性争夺营养物质，可抑制致病菌的繁殖。此外，共生菌群能够将膳食纤维酵解生成短链脂肪酸，是肠道细胞主要的能量来源。科学实验与临床观察发现，中药能够改善肠道菌群，增强肠道黏膜系统的免疫能力，并通过肠脑轴、肠肝轴等发挥防治抑郁、脂肪肝等多种疾病的作用（下页图）。2017年，研究人员发表在《科学》杂志上的一项研究发现，中药中的黄酮类化合物通过肠道微生物的降解产生具有活性的代谢产物，该产物被机体吸收后可增强机体的抗病毒免疫反应。此外，研究人员还强调，微生物降解黄酮类化合物产生的脱氨基酪氨酸虽然不能直接杀死流感病毒，但却是打开机体免疫系统和增强抗病毒免疫应答的关键组成部分。黄酮类化合物是很多中药的有效成分，这一重要发现部分揭开了中药有效防治流感病毒的神秘面纱。

中药通过免疫调节防治的主要疾病类型

目前，病毒性传染病、肿瘤和免疫异常性疾病已成为现代医学研究的重点和难点。这些疾病的发生发展均与机体免疫功能密切相关，在中医整体观下辨证论治，利用中药的多层次、多靶点、多途径调节机体免疫功能，无疑在这些疾病的预防和治疗中能够显示出重要的应用价值。

中医药防治感染性疾病

传统中医将由细菌或病毒引起的传染病称为“瘟病”或“疫病”。病毒的致病机理主要为对宿主细胞直接损伤或引起调亡、改变细胞正常功

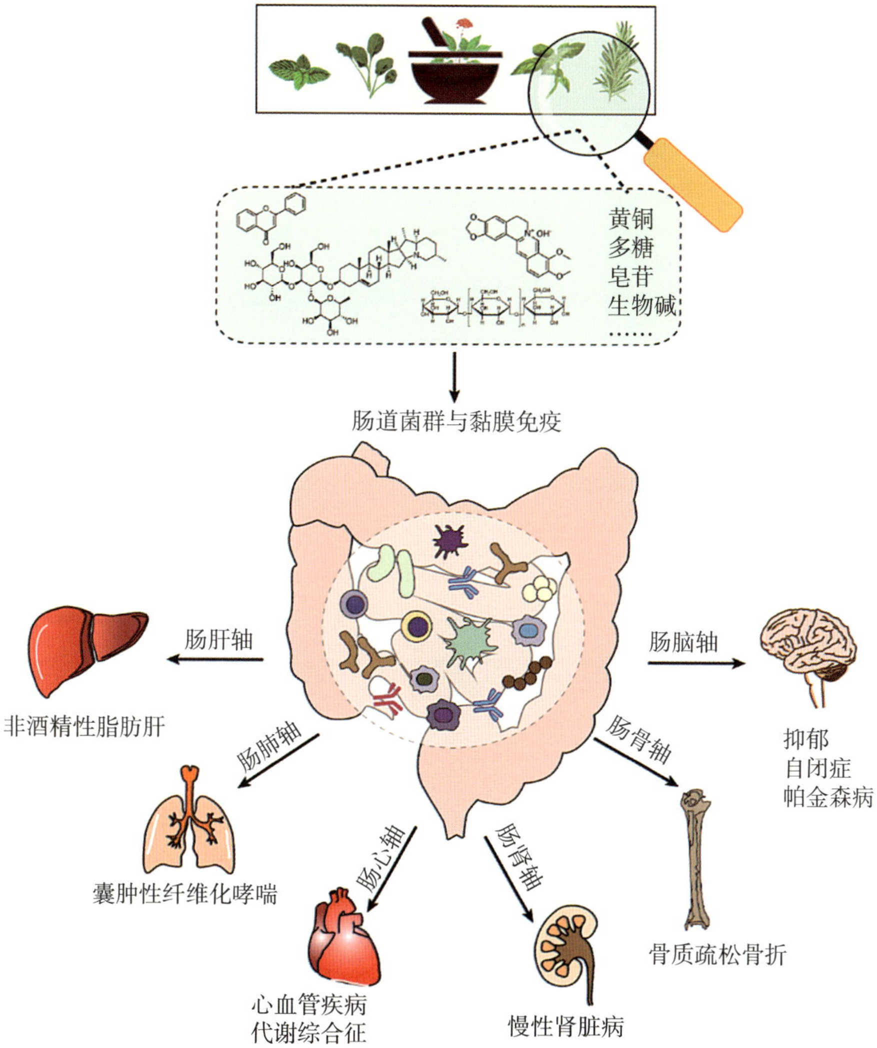

中药通过调节肠道菌群免疫治疗多种疾病（闫昌誉、欧阳淑桦　绘）。一些中药对肠道菌群具有调节作用，同时可改善肠道黏膜免疫，对多种疾病具有显著的防治作用

能、引起过度炎症反应或病理损伤及免疫抑制等致病过程。与西医治病侧重不同，中医药治病重在扶正祛邪，在治疗中以人为本，兼顾个体差异，内外兼治，在抵抗病毒瘟病时，将病毒侵袭机体与机体相互作用的不同阶段分为卫、气、营、血等不同阶段，再针对不同阶段的主要病例环节，如病毒在呼吸道或消化道黏膜的卫分（下页图）；引起白细胞与血管壁黏附、炎性因子释放的气分；微血管渗出的营分；血管基底膜损伤的血分，分别采取具有清宣卫分、清气分热、清营、凉血止血活血等治法，解决了现代西医尚无法解决的白细胞与血管壁黏附、微血管渗出引起的血浆白蛋漏出、血管基底膜损伤引起的出血问题，在新冠肺炎和 SARS 治疗中收到了良好的临床疗效。

中医药防治肿瘤

中医学认为，肿瘤是外感六淫邪毒，客于脏腑经络。外邪之所以可以入侵人体而致瘤，关键在于正虚。中医在肿瘤的治疗上强调祛邪和扶正相结合，以扶正为主，通过调节脏腑、阴阳、气血、经络等功能，可以有效预防肿瘤的发生、发展和转移，改善肿瘤患者的临床症状，并提高其生活质量。现代医学也认为，肿瘤的发生发展与肿瘤微环境中的巨噬细胞、NK 细胞、树突状细胞和 T 细胞等免疫细胞的作用密切相关。PD-1/PD-L1 等免疫疗法已被证实是治疗肿瘤发生发展的有效方法之一，并被《科学》杂志列为 2013 年的十大科学突破之一。目前，肿瘤的治疗思路不再是单纯机械性地追求消灭或缩小肿瘤体积，而是同时要综合考虑减少患者治疗的毒副作用、增强机体免疫和改善精神状态等。中医药治疗肿瘤的特点在于整体性、平衡性、多系统和多靶点，可通过作用于不同免疫细胞发挥预防和治疗肿瘤的作用（下页图）。

在肿瘤微环境中，免疫系统中的 T 淋巴细胞在调控肿瘤生长中发挥重

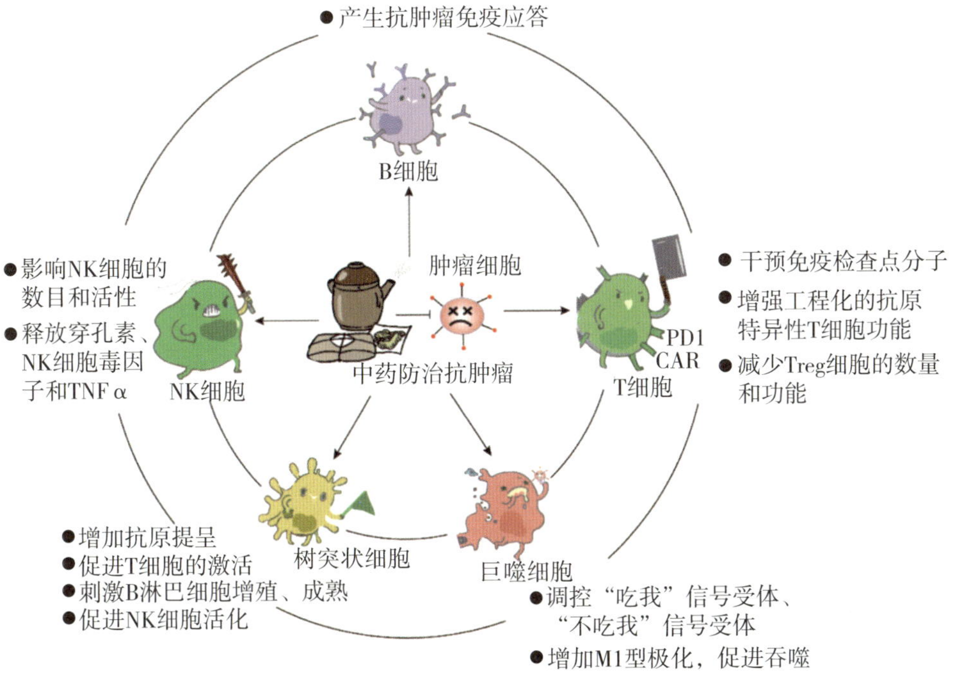

中药抗肿瘤免疫调节作用（吴燕萍、欧阳淑桦 绘）。肿瘤的发生发展与肿瘤微环境中的巨噬细胞、NK 细胞、树突状细胞和 T 细胞等免疫细胞的作用密切相关。中医药可以通过作用不同免疫细胞发挥预防和治疗肿瘤效果

要作用。活化的调节性 T 细胞可主动抑制 T 淋巴细胞的免疫功能，与恶性肿瘤的进展呈正相关。近年来的研究已逐渐证实，人参皂苷、甘草多糖、黄芪多糖和灵芝多糖等一些中药及其活性成分可以通过减少抑制性 T 细胞的数目，抑制肿瘤增殖、迁移和分化作用而发挥治疗效果。也有科学研究证明，消瘰丸、健脾化瘀方、芪玉三龙汤、肺积方等中药复方和黄芪多糖、人参皂苷、虫草素等中药活性单体成分可协同 PD-1/PD-L1 小分子抗体药物起到增强疗效的作用。因此，寻找和发现具有免疫调节的中药将成为今后中药抗肿瘤作用研究的关注点。

巨噬细胞是肿瘤微环境中浸润最多的一种免疫细胞，其活性是影响肿瘤生长的重要因素之一。巨噬细胞可极化为 M1 型巨噬细胞和 M2 型巨噬

细胞。M1 型巨噬细胞可通过吞噬作用直接抑制肿瘤生长，或分泌促炎因子促进辅助性 T 细胞的免疫作用，具有较强的肿瘤杀伤能力。而 M2 型巨噬细胞则通过分泌抗炎因子、抑制 T 细胞免疫和促进血管生长等作用促进肿瘤的生长。目前的研究发现，中药黄芪中提取的活性成分黄芪甲苷 IV 和野茼蒿提取物等可明显抑制 M2 型巨噬细胞的极化，抑制肿瘤的生长、侵袭和迁移。《太平惠民和剂局方》中的逍遥散由柴胡、当归、白芍、白术、茯苓、甘草、生姜和薄荷组成，在临床上早已用于肝郁脾虚型乳腺癌患者的辅助治疗，减轻化疗的毒副作用。在其作用机理研究中，研究人员发现逍遥散能抑制 M2 巨噬细胞的生成，同时提高 M1 型巨噬细胞对肿瘤细胞的吞噬能力，改善肿瘤免疫环境。

中医药防治衰老性疾病

随着年龄的增长，机体的免疫功能逐渐减弱，增加了衰老及与衰老相关疾病的风险。在机体衰老进程中，激活的胶质细胞释放炎症因子和神经毒性因子，可导致神经元损伤，引起神经退行性疾病。神经退行性疾病主要有阿尔兹海默病、帕金森病、肌肉萎缩性侧索硬化症、亨廷顿氏病、小脑萎缩症、多发性硬化症、原发性侧索硬化及脊髓性肌萎缩症等。到目前为止，还没有一种西药可以有效治疗神经退行性疾病。用中药治疗炎症介导的神经退行性疾病逐渐成为研究热点。一些研究发现炎症反应与神经退行性疾病有密切关系，抑制神经炎症可以对神经退行性疾病起到治疗作用。小胶质细胞和星形胶质细胞是脑内的免疫细胞，是固有的免疫细胞，长期定居在脑实质内。激活后的小胶质细胞和星形胶质细胞能够释放炎症因子和细胞毒性因子，导致神经元变性死亡。科学研究证明，一些中药提取物能够抑制小胶质细胞和星形胶质细胞的活化及炎症因子和细胞毒性因子的释放，从而保护神经元，降低神经退行性疾病的发生与发展（下页

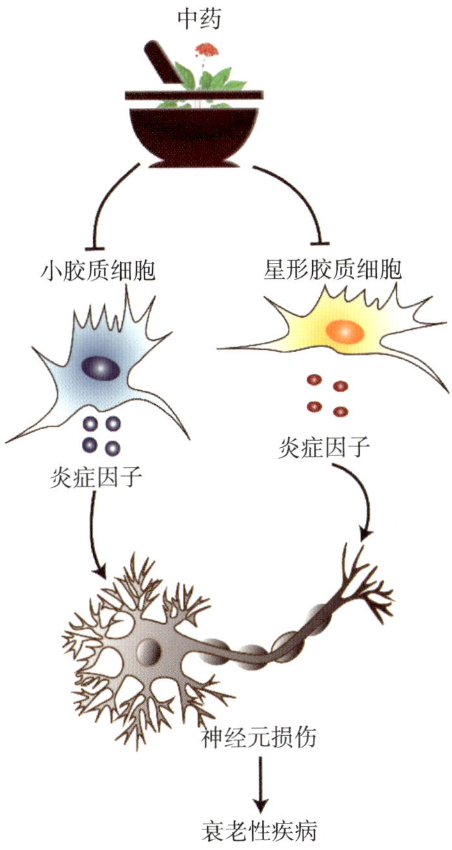

中医药通过调节免疫防治衰老性疾病（孙洁　绘）。中药提取物能够抑制小胶质细胞和星形胶质细胞的活化及炎症因子的释放，从而保护神经元，降低阿尔兹海默病、帕金森病等神经退行性疾病的发生与发展

图）。因此，合理利用中医药，可以增强机体的免疫力，从而防止神经退行性疾病发生与发展，对于改善人群健康、提高生活质量具有重要意义。

中华中医药学会

撰稿人：何蓉蓉　李怡芳　栗原博　欧阳淑桦　吴燕萍
段文君　梁　磊　罗　卓　孙　洁　闫昌誉

8

植物无融合生殖的生物学基础是什么？

杂种优势是生物界普遍存在的现象，已被广泛应用于水稻、玉米等主要作物生产当中，为保障我国粮食安全做出了重大贡献。目前，在杂交稻中首次引入了无融合生殖特性，成功实现了无融合生殖杂交水稻“从0到1”的突破。但是目前的策略仍然面临结实率低以及诱导率低等问题，因此深入挖掘无融合生殖过程的关键基因、研究并解析无融合生殖的生物学基础，是培育杂种优势固定作物的关键前提，为未来简化育种程序、降低杂交作物生产成本、扩展杂种优势利用和保障世界粮食安全奠定基础，具有极其重要的科学意义和应用前景。

胡培松

中国工程院院士

在自然界中，已发现有400多种植物可以通过无融合生殖产生种子，但主要农作物并不在其列。如果能将无融合生殖这个特性引入农作物，只要得到一个优良的杂种单株，就能凭借种子迅速在生产上应用，使得作物的育种过程由繁到简，杂交品种由少到多，大大促进杂种优势的利用，提高粮食产量和质量。但是，无融合生殖涉及生殖发育的多个过程，发生机制极其复杂，多年来经过多国科学家的研究依然进展缓慢。破解无融合生殖的生物学机理，为未来实现杂种优势固定奠定理论基础，具有非常重要的科学意义和应用前景。

钱前

中国科学院院士

无融合生殖引领农业新革命

杂种优势利用

在生物界中，两个遗传基础不同的品种间或相近物种间进行杂交，其杂交子一代在生长势、生活力、适应性和产量等性状上优于双亲，这种现象就是杂种优势。很早以前，人类就已经意识到了生物中存在着杂种优势并运用了这种优势。比如，骡子是马和驴的杂交种，既具有驴的负重能力和抵抗能力，又有马的灵活性和奔跑能力，早在明朝时期，就被大量杂交繁殖作为役畜。

在植物中同样存在着广泛的杂种优势现象，育种家培育了大量杂交作物并推向市场，如目前商业化玉米基本都是杂交品种。另外，广为公众所知的就是杂交水稻的成功培育与应用。水稻是雌雄同花作物，无法像玉米等雌雄异花作物那样可以通过人工（或利用机械）去除母本自交系的雄花，以另一自交系（父本）的花粉进行授粉大量获得杂交种。因此，单纯依靠人工去雄来大规模完成杂交水稻制种是不现实的。且 20 世纪 60 年代学术界流行的经典遗传学观点认为，水稻是自花授粉作物，不存在杂种优势，进行杂交水稻研究似乎没有“前途”。

但是，袁隆平仍矢志不移地在做杂交水稻的研究。1970 年，袁隆平及其助手李必湖在海南三亚最先发现一株雄性不育野生稻，其自身花器中雄性器官发育不完善，不能形成正常的花粉，但雌性器官发育正常，能接受外来花粉而受精结实，后被命名为“野败”。“野败”的发现，使得杂交过程中最为麻烦的“去雄”这一步可以省略，为水稻雄性不育系的选育、三系法杂交水稻的研究成功打开了突破口，使得大规模生产杂交稻种子从不可能变成了现实，也使中国成为世界上第一个在水稻生产上利用杂种优势的国家。

1973 年，石明松在湖北仙桃的“农垦 58”大田中，发现了光敏感雄性核不育水稻“农垦 58S”，拉开了两系法杂交稻的序幕，不仅简化了制备

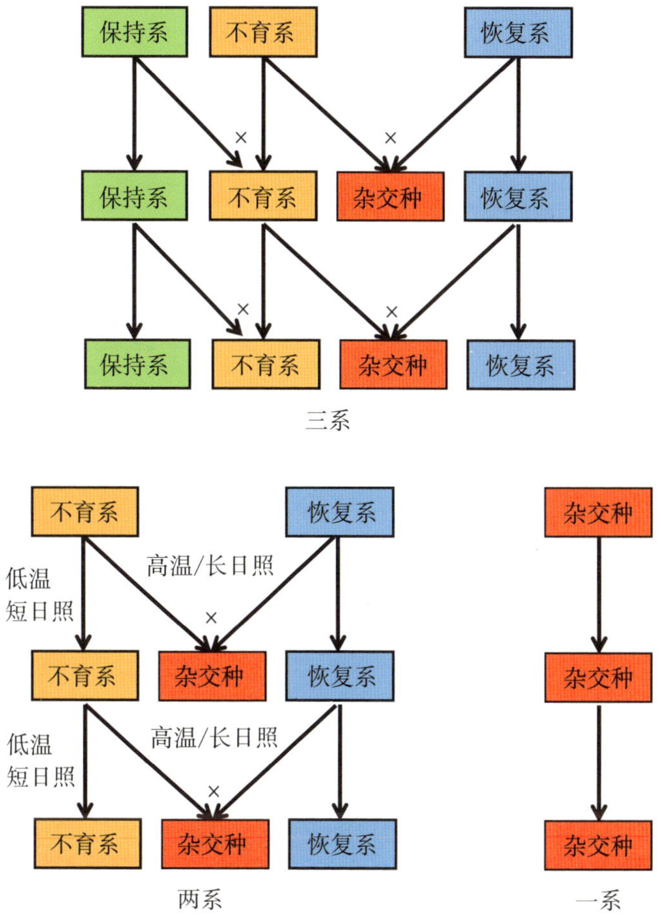

三系法、两系法和一系法杂交育种技术流程示意图

杂交种的过程、降低了制种成本，而且还扩大了可杂交的范围，是继三系法杂交稻之后水稻遗传育种上的又一重大科技创新。杂交稻的培育成功及大面积种植，使得水稻产量在原有基础上提高了 20%，产生了巨大的经济效益和社会效益，为我国的粮食安全提供了重要保障。目前，杂交水稻的生产应用是中国在世界上少数一直处于引领地位的科学技术。此外，水稻的三系法和两系法杂交系统，也为其他自交植物提供了成熟的商业杂交模式，影响深远。

作物杂种优势利用

杂交制种遇难题

虽然杂交稻被广泛应用于农业生产，但是杂交稻中来自父亲与母亲的基因会在生殖发育时期发生遗传信息的重组交流，杂交种自交产生的后代就会显示出性状分离，出现“龙生九子，各不相同”、后代高矮胖瘦参差不齐的情况，杂种优势消失殆尽，这也是为什么农民不能像常规稻一样通过自留种到来年再种植的原因，农民每年必须重新购买种子。对于育种家和制种企业而言，也必须每年进行烦琐的杂交制种工作，需要

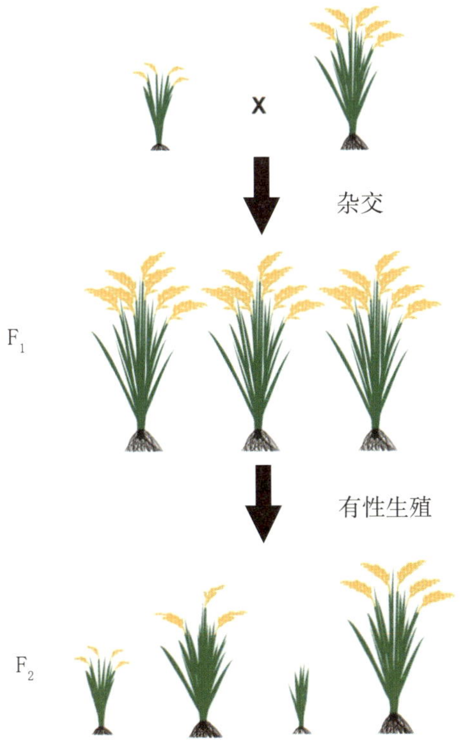

杂交后代分离示意图

耗费大量的人力、物力和土地资源，而且还存在着受天气影响导致制种失败的风险。杂交种的价格往往是普通种子的6~10倍以上，之所以这么贵绝不是因为育种家和经销商黑心，而是因为制备杂交种花费的成本本来就很高昂，这制约了杂交稻的进一步推广应用。那么，有没有什么方法可以让杂交种自然结出来的种子还是和它一样，完全保留杂种优势呢？这样就可以大幅降低杂交种的制种成本和风险，大面积推广杂交种种植，提高作物产量和品质。

作物育种发展新方向

自然界中还真存在通过种子进行无性繁殖的情况。无融合生殖是不经精卵细胞融合而产生胚和种子的一种生殖方式，是以种子形式进行繁殖的无性生殖方式，“开有性之花，结无性之果”。1841年，Smith首次报道山麻杆属的无性结籽现象。20世纪30年代以来，科学家们就已经意识到无融合生殖在育种上的巨大应用价值，Navashin等科学家就先后提出了利用无融合生殖固定杂种优势的设想。

1987年，袁隆平院士根据当时杂交水稻的研究进展，提出了杂交水稻育种的战略设想，即在育种方法上，从利用胞质不育系的“三系法”到利用光（温）敏核不育系的“两系法”，进而到利用无融合生殖的“一系法”。其中的一系法，就是通过无融合生殖途径，利用远缘杂种间的杂种优势。这样“育种工作者只要获得一个优良的F1杂种单株，就能凭借种子繁殖，迅速大面积生产上推广”。无融合生殖获得的种子在遗传上与母体植株完全一致，是母体植株的克隆，可随世代更迭而不改变基因型，性状也不发生分离。

将无融合生殖引入农作物可以固定杂种优势、缩短育种周期、扩大杂交范围，每年仅繁殖、制种费一项就可节约上百亿元，具有重要的经济和社会价值。此外，无融合生殖在远缘杂交和物种进化中具有独特作用，对于理解无性繁殖向有性繁殖转变发生的进化事件同样具有重要的理论研究意义。鉴于水稻无融合生殖研究在理论研究，特别是在育种实践上具有重要的战略意义，20 世纪 80 年代，我国将“水稻无融合生殖的研究”列入“863”高科技计划，全国上下研究得如火如荼，要在“一系法”上做出突破。国际上的研究也是热火朝天，20 世纪 90 年代就已有几十个国家 200 余个实验室从事无融合生殖研究。1995 年在美国召开了国际无融合生殖大会，大会发表声明“如果将无融合生殖运用于作物改良，将给农业带来质的飞跃，其将使第一次绿色革命相形失色”。由于无融合生殖巨大的应用前景，美国洛克菲勒基金会曾长期支持无融合生殖研究攻关。国际水稻研究所、国际玉米小麦改良中心等国际知名机构都先后启动了“无融合生殖研究计划”。但是，尽管投入巨资，经过了多国科学家近一个世纪的努力，无融合生殖形成的机制依然不清楚，也未能将无融合生殖成功应用于作物育种。由于其机制研究太过困难，关于无融合生殖的研究逐渐沉寂，不再

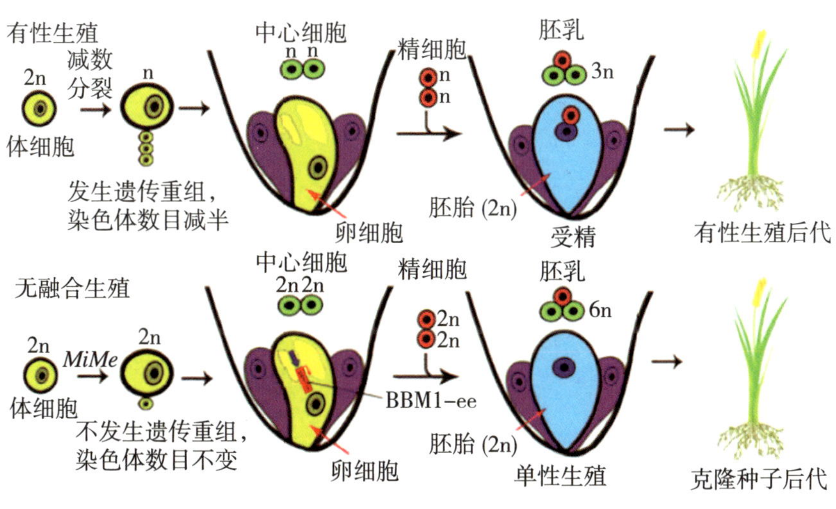

美国的无融合生殖示意图（引自 *Nature* 杂志）

成为研究热点。

2019 年，将无融合生殖特性引入作物的研究迎来了曙光。基于近十几年来对植物减数分裂及单性生殖等生殖发育的基础研究以及最近基因编辑技术的发展，美国和中国科学家几乎同时通过人工设计的方式各自独立地在无融合生殖固定杂种优势研究领域取得突破：一是美国加州大学 Venkatesan Sundaresan 研究团队发表于《自然》杂志上的研究成果，通过同时编辑减数分裂时期的三个基因以及结合卵细胞中异位表达 BBM1（即“减 3 加 1”策略），在常规稻中创建了无融合生殖体系；二是中国农业科

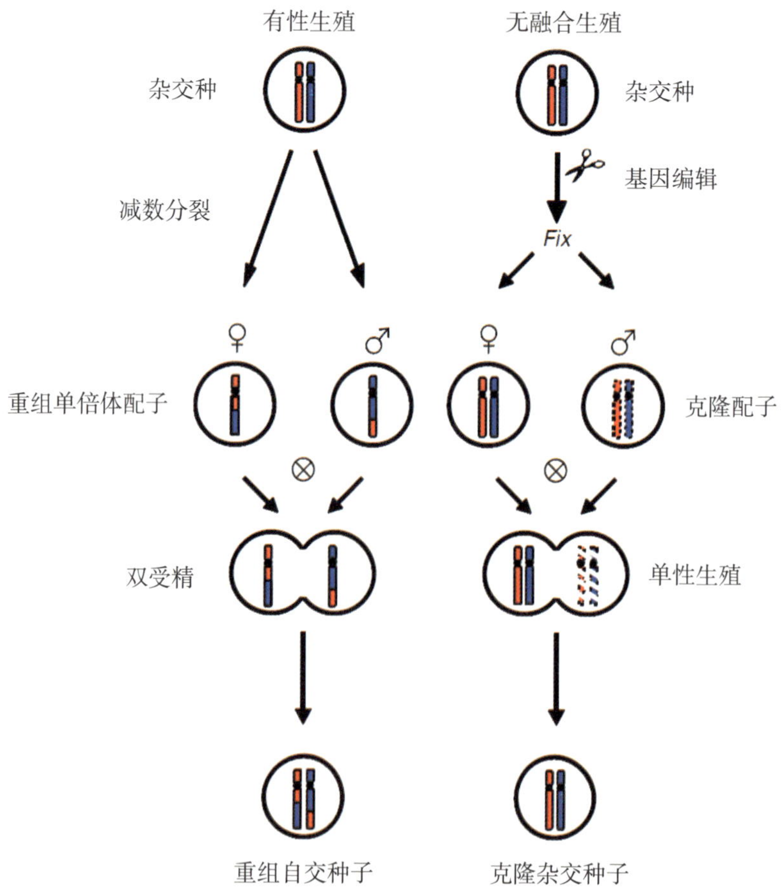

我国无融合生殖示意图（引自《自然 · 生物技术》杂志）

学院中国水稻研究所王克剑团队和中国科学院遗传与发育生物学研究所程祝宽团队合作在《自然·生物技术》杂志发表的研究成果，直接在杂交稻中同时编辑减数分裂时期的三个基因及一个受精相关基因 MTL（即“减 4”策略），首次在杂交稻中创建了无融合生殖体系，获得了杂交稻的克隆种子，实现了杂交水稻无融合生殖从无到有的突破。由于编辑的都是内源基因，如果结合 DNA-Free 基因编辑技术，还可以实现无外源成分导入的无融合生殖。这项成果标志着中国在国际无融合生殖这一前沿研究领域竞争中拔得头筹，再一次世界领先。袁隆平院士评价道“这个工作证明了杂交稻进行无融合生殖的可行性，是无融合生殖研究领域的重大突破，具有重大的理论意义。希望研究人员再接再厉，努力解决还存在的问题，早日将一系法杂交水稻应用到生产。”这两项成果发表后受到国际科学界和作物育种界的广泛关注,《自然·生物技术》杂志评论认为“这很可能是第二次绿色革命，它将改变育种的格局”“这项技术将降低种子生产成本，保证粮食安全”。这为杂交种自我繁殖系统的发展奠定了基础，开辟了利用无融合生殖固定杂种优势研究以及作物育种发展的新方向。

目前的困境

尽管以上研究成果证明了在杂交稻中进行无融合生殖的可行性，但依然存在植株结实率低、无融合生殖诱导效率低的问题，还无法直接应用于田间生产，有待进一步研究来解决现有问题。无融合生殖研究涉及遗传进化、育种学、品种资源、细胞学、胚胎学、分子遗传学及生物技术等多门学科，关于植物无融合生殖机制研究的难点主要有以下几个方面：

一是无融合生殖发生机制不清楚。在植物界存在的有性生殖、无性生殖和无融合生殖三大系统中，无融合生殖是最缺乏研究而又具有特殊价值的一种生殖方式。现有的结果表明，无融合生殖涉及植物生殖发育过程中的多个关键环节，受到大量生殖发育基因的调控与影响。但是对于到底有多少基因，以及是哪些基因参与了无融合生殖过程，其分子作用机理是什么，依然还毫无头绪。此外，无融合生殖在远缘杂交和物种进化中具有独特作用，同样具有重要的理论研究意义。

二是无融合生殖材料不易获得。无融合生殖的发生往往是兼性无融合生殖，即子代中有性生殖和无融合生殖可以同时存在，这就为无融合生殖材料的鉴定及获取带来极大困难，而普通策略又难以直接筛选到无融合生殖突变体。相关无融合生殖材料的缺乏及不确定性也进一步抑制了无融合生殖发生机理的研究。

三是无融合生殖研究手段特殊。常规的基因功能研究通常都是通过图位克隆来获得基因，再进行进一步的分子功能研究。图位克隆首先需要通过杂交、利用遗传重组的发生建立分离群体，才可以进行基因克隆。而自然界无融合生殖经常与表观印记相关，杂交转移时经常不育，难以进行后代遗传学分析与研究。此外，无融合生殖还抑制了减数分裂遗传重组的发生，因此难以通过常规的技术手段来克隆相关基因，这为如何寻找到无融合生殖相关基因带来了极大难度。

关于推动植物无融合生殖的生物学基础研究的政策建议

将植物无融合生殖分子机理研究作为国家长期资助项目

作为 2020 年评选出的十个重大科学问题之一，在 5~10 年的短时间内，关于无融合生殖的生物学基础是什么的问题可能无法完全解决，需要更多的基础奠定和更长时间的研究。鉴于无融合生殖研究对世界农业的革命性影响，美国和澳大利亚等多国科学家于 2014 年重新启动“杂种优势捕获计划”国际联合攻关，比尔盖茨和梅琳达基金会第一期投入 1450 万美元用于支持无融合生殖攻关。建议国家自然科学基金委员会设立专项基金，长期支持相关研究，确保该项研究能在激烈的国际竞争中保持领先地位。建议国家发展改革委、科技部在国家“十四五”和“面向 2035”科技战略规划中积极布局，将植物无融合生殖作为农学学科在未来一段时间内的战略规划重点，继续保持我国在无融合生殖研究领域的现有优势，寻求新的突破。

加快现有无融合生殖体系在生产上的应用

鉴于涉及无融合生殖的基因主要参与减数分裂和生殖发育等生殖发育过程，相关基因功能较为保守，目前在水稻中得到的研究成果对在其他农作物中研究并建立无融合生殖体系具有重要参考意义。目前建立的无融合生殖体系虽然存在结实率降低及无融合生殖诱导不充分的问题，但是其产生的后代都为杂合基因型完全固定的四倍体或克隆种子。因此，即使在不了解无融合生殖生物学基础的情况下，依然可以在不以种子为主要收获对象的蔬菜、饲用作物等农作物中开展当前无融合生殖诱导系统的应用探索。建议国家发展改革委鼓励并协调全国科研院所等单位参与到相关应用的研究和推广中来，配套资金支持联合攻关，促进在多种主要农作物中进行无融合生殖系统的建立、优化和应用，尽早应用到农业生产，着眼全球，推动新一轮农业革命，为保障世界粮食安全和国家利益做出应有的贡献。

系统梳理挖掘原有无融合生殖资源

无融合生殖现象广泛存在于自然界，目前已经在超过 400 多种植物中被发现，20 世纪 80 年代至 2000 年左右我国也投入大量经费开展相关资源的搜索，并发现了一大批可能是兼性无融合生殖材料，需要重新发掘与整理，以现有的技术手段进行再鉴定，系统研究并分析其形成机理，为建立新的无融合生殖策略奠定基础。

加强原创知识产权的申请和保护

虽然无融合生殖作物的推广应用将会大幅度降低作物生产成本，保障粮食安全，但是由于其可以自我繁种，更易发生知识产权侵权事件的发生，因此亟须加强相关领域的知识产权的布局和保护工作。建议国家发展改革委配套相应的资金，鼓励专利律师等专业人才参与进来，提前做好国内外专利布局工作，并且切实保护知识产权，打击侵权行为。

注重无融合生殖领域的人才培养

建议各高校和科研院所积极引进和自主培养植物无融合生殖相关领域具有国家级称号的高水平人才，提升师资队伍建设水平和人才培养质量，综合提高研究生的培养质量，争取双一流学科建设的支持。

名词解释

内源基因：生物体自身基因组内的基因。

基因编辑技术：是一种能比较精确地对生物体基因组特定目标基因进行修饰的新兴技术。

三系杂交稻种子生产：需要雄性不育系、雄性不育保持系和雄性不育恢复系的相互配套。不育系的不育性受细胞质和细胞核的共同控制，需与保持系杂交，才能获得不育系种子；不育系与恢复系杂交，获得杂交稻种子，供大田生产应用；保持系和恢复系的自交种子仍可作保持系和恢复系。

两系杂交水稻生产：只需不育系和恢复系。其不育系的育性受细胞核内隐性不育基因与种植环境的光长和温度共同调控，并随光、温条件变化产生从不育到可育的育性转换，其育性与细胞质无关。利用光温敏不育系随光温条件变化产生育性转换的特性，在适宜的光温时期，可自交繁殖种子。

中国农学会

撰稿人：王克剑　王　春

9 如何优化变化环境下我国水资源承载力，实现健康的区域水平衡状态？

水资源是基础性自然资源、战略性经济资源和生态环境的控制性要素。我国水资源时空分布不均，与人口、经济等布局不相匹配，是世界上水问题最复杂、最具有挑战性的国家。复杂的水问题已对可持续发展构成了重大制约。实现经济社会的高质量发展，迫切需要强化水资源刚性约束，因水制宜、量水发展。

经过长期探索，我国将建立水资源承载力监测预警机制作为落实水资源刚性约束的重要途径之一。水资源承载力是指在某一发展阶段，以维护生态环境良性发展为前提，通过水资源的合理配置和高效利用所能支撑的区域经济社会发展的最大规模。区域水平衡状态则表征一定时间尺度上水循环过程所形成的区域水分收支和蓄变关系。水平衡状态不仅影响水资源承载力，而且是区域水资源开发利用是否超过水资源承载力的“指示器”和“晴雨表”。在变化环境下有效提升水资源承载力、实现健康的区域水平衡，是推动生态文明从理念走向实践、保障国土综合安全、促进绿色发展的基本前提之一。

如何强化水资源刚性约束，切实做到以水定城、以水定地、以水定人、以水定产，目前仍面临诸多难点。本文在分析我国水资源特点和发展情势的基础上，讨论了水资源承载力的复杂性、动态性等特征，概述了国内外相关研究进展和趋势，分析了强化水资源刚性约束面临的主要问题，提出要围绕区域水平衡和水资源承载力的动态监测、评价和预警，提升水资源承载力、优化水平衡状态的集合对策，以及水资源刚性约束条件下的国土空间开发利用和保护修复战略目标与发展路径等方向开展系统深入的研究。

张建云

中国工程院院士，中国水利学会副理事长，南京水利科学研究院名誉院长，

长江保护与绿色发展研究院院长

强化水资源刚性约束，实现健康的区域水平衡

我国水资源的基本特征

水资源是基础性自然资源、战略性经济资源和生态环境的控制性要素。水资源在国家“五位一体”建设格局中具有战略性支撑地位。我国地理气候条件特殊、人多水少、水资源时空分布不均，是世界上水问题最为复杂、最具有挑战性的国家。我国水资源总量较为丰富，多年平均水资源量达 2.84 万亿立方米，但人均、亩均占有量分别不足世界平均水平的 1/3 和 1/2。在时空分布方面，南多北少、东多西少格局显著，降水、河川径流高度集中于汛期，汛期 4 个月河流径流量占到全年的 50%~60%（下图），且年际波动较大。另外，我国水资源与土地、人口、经济要素的匹配性差，

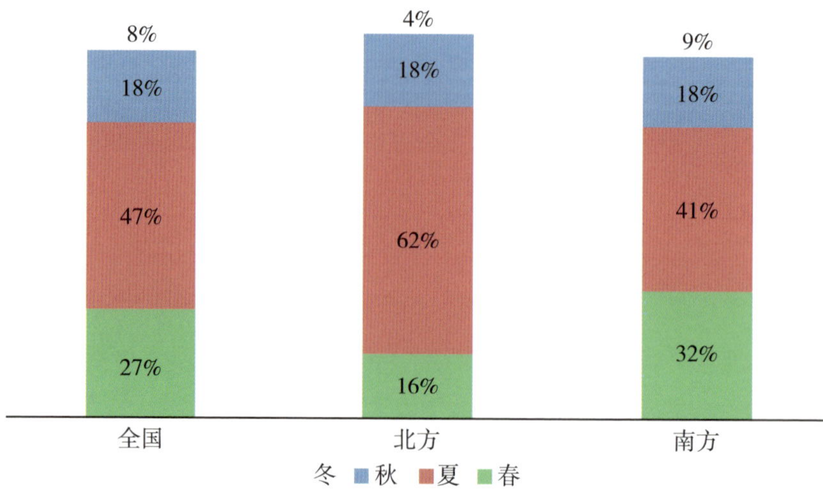

我国水资源时程分布特征

如北方地区占全国 19% 的水资源，却承载了全国 46% 的人口、64% 的耕地面积和 45% 的 GDP。黄淮海地区更是以 7% 的水资源承载了 35% 的人口、39% 的耕地和 32% 的 GDP（下图）。

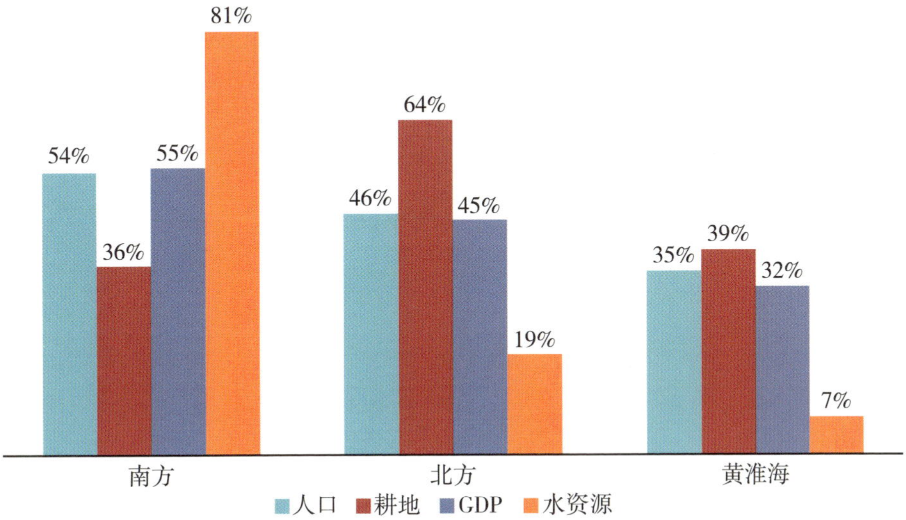

我国水资源禀赋与社会经济要素匹配情况

改革开放以来，随着经济社会高速发展、城镇化快速推进，我国水资源开发利用规模和强度持续提高，全国用水量从 1980 年的 4407.6 亿立方米增加至 2018 年的 6015.5 亿立方米，增长了 36.5%。但水资源开发利用的集约性不高、保护力度不足，部分地区水资源过度利用，干扰了正常的水循环过程，导致区域水平衡状态异常，产生水资源短缺、水生态损害和水环境污染等复杂严峻问题，制约了经济社会的高质量发展。据统计，目前全国超过 30% 河流的中下游存在生态水量不足的问题，全国地下水超采面积约 30 万平方千米。同时，水污染呈现出长期性和复杂性，据《2018 年全国水资源公报》，全国 124 个湖泊中，Ⅳ ~ Ⅴ类和劣Ⅴ类湖泊分别占评价湖泊总数的 58.9% 和 16.1%；2833 眼地下水监测井（浅层地下水为主）中，Ⅳ类、Ⅴ类水质监测井分别占评价监测井总数的29.2%和46.9%。

在全球变化环境下，水循环要素和区域水平衡关系发生变化，经济社会发展模式和用水方式的持续调整，又导致水资源支撑条件动态变化，进一步影响了我国水资源与经济社会发展要素之间的匹配性。气象观测资料显示，我国北方地区水资源可能会进一步衰减。根据2000年以来的观测资料统计，北方地区水资源量占全国的比例进一步降低至16%，水资源的南北分异将加剧。根据1971—2010年气象干旱强度线性变化趋势分析，我国近50年存在一条明显的西南至东北走向的干旱缺水趋势带。同时，我国西部冰川大范围缩小、永久性冻土退化趋势比较明显，江河源头区冰冻圈蓄水能力下降。《中国冰川资源及其变化调查（2010年）》显示：与20世纪80年代末第一次冰川普查相比，全国冰川面积缩小了7.4%（下图）。

新疆“一号冰川”

与此同时，我国城镇化推进迅速，1980 年我国人口城镇化率为 19.4%，2019 年达到 60.6%（下图），城乡人口格局已发生根本性变化，人口和经济更加集中在京津冀、长三角、珠三角等国家级或区域性城市群，经济社会对水资源系统的压力和影响将更趋复杂。

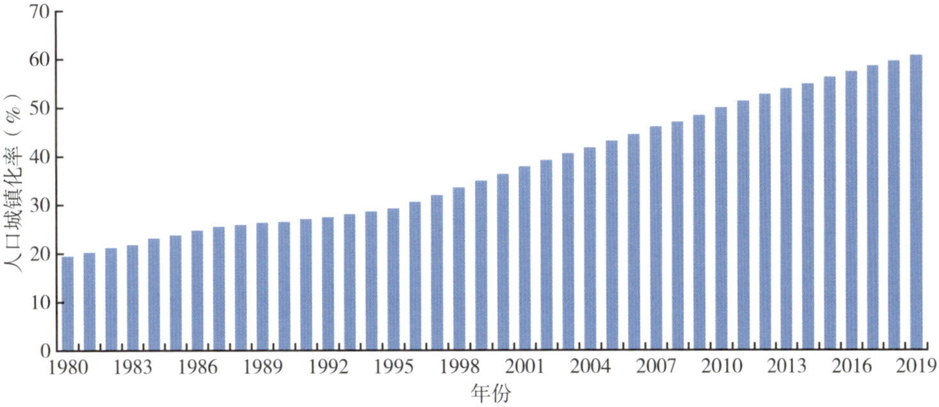

我国城镇化率进程

未来一个时期是我国生态文明建设和经济社会高质量发展的加速期，对水资源的高效集约利用和严格保护也提出了更高要求。因此，亟须针对变化环境，科学研判未来水循环要素时空演化规律，深化对水资源承载力及其动态变化科学机理的认识，研究提升区域水资源承载力、优化水平衡状态的集合对策，用水资源承载力来约束和引导人口、城市及产业发展，推动水资源利用方式由粗放向节约集约转变。

水资源刚性约束的内涵与特点

水资源是一种可再生资源，但其对经济社会发展的支撑能力并非是无限的，经济社会的可持续发展需要考虑水资源的制约作用。国际上比较公认的水资源开发利用程度警示线是40%。而水资源承载力的提出使得水资源的刚性约束从就水论水拓展到资源－生态－经济社会复合领域，为从源头上落实水资源刚性约束提供了方法和手段。

水资源承载力是可持续发展中的资源承载力在水资源领域的应用和发展。1985年，联合国教科文组织提出了资源承载力的定义，即用来表示一个国家或一个地区资源的数量和质量对该空间内人口的基本生存和发展的支撑力。水资源承载力是资源承载力在水资源领域的具体应用，是以水资源为限制因素，以维护生态环境良性发展为前提，通过水资源的合理配置和高效利用所能够支撑的区域经济社会发展的最大规模。

根据定义，水资源承载力往往与一定的生态建设和环境保护目标相对应，不同的生态环境保护目标将产生不同的水资源承载力。所以，水资源承载力并非是一个纯粹客观的概念，而是具有一定的主观性。水资源承载力的主观性来自于对水资源－生态环境－社会经济复合系统认知的局限性，因此，对于何为“区域经济社会发展的最大规模”“水资源的最大可开发规模”等问题的界定是逐步深化的。

水资源承载力具有动态性，涉及资源、生态和经济社会，而影响水资源承载力的自然条件以及社会经济条件和生态环境因素等均是动态的。气候变化导致水循环要素及水平衡状态变化，将改变可利用水量规模、水环境容量并影响其时空分布；经济社会的发展和科学技术的进步也将改变可利用水量，如再生水、淡化海水均已成为新的水源甚至是许多地区的重要来源；而通过优化产业结构、强化用水管控、提升用水效率、提升废污水收集处理、改善河湖水系结构，也能提升水资源承载力（下页图）。

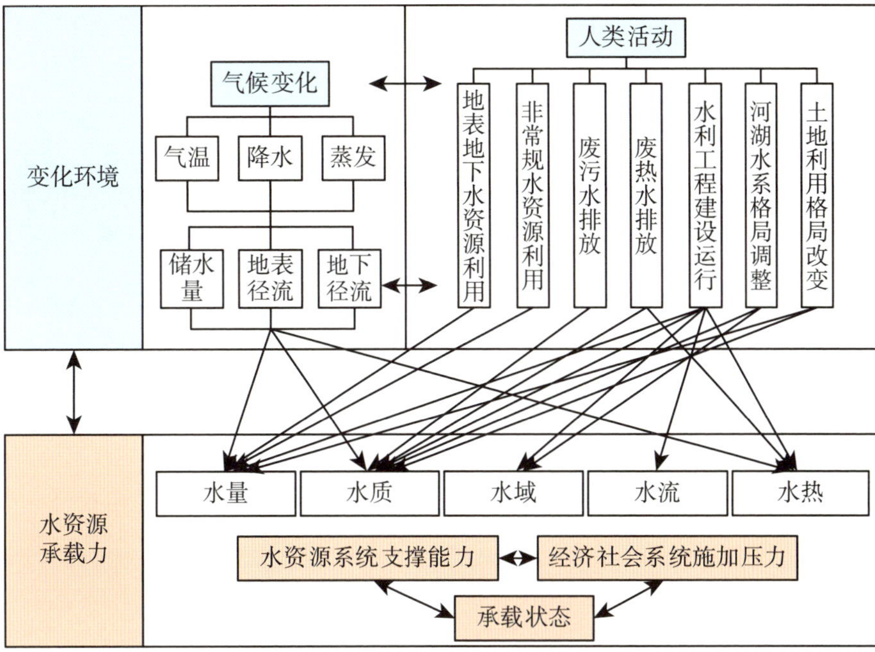

气候变化与人类活动对水资源承载力的影响

在一定时期内，水资源承载力是有限的。首先，区域水资源量及可用水量是有限的，而经济社会发展、工程技术条件和水资源利用效率的提升也不是无限的，因此，区域水资源对经济社会和生态系统的支撑能力虽具有一定弹性，但仍是有限的。换言之，在一定阶段，水资源的约束作用是切实存在的。如果人类对水资源的开发利用规模和强度超过水循环系统的自我修复与调节能力，必定会扰乱正常的水平衡关系，继而引发一系列生态环境问题，反过来就会制约人类自身发展。因此，水资源承载力的核心思想在于从根本上树立起对自然的“尊重”和“敬畏”意识。

研究进展

实际上，国外针对水资源承载力的专门研究为数不多，水资源承载力往往以“水资源供需比”“可利用水量”等概念出现。如 1998 年，Falkenmark 等采用“可利用水量”来表达水资源承载力含义。2013 年，Milano 等采用“水资源供需比”评估西班牙埃布罗河流域水资源满足现状与未来需求的能力。2016 年，Ait-Aoudia 等综合考虑水资源供需因素，确定阿尔及尔水资源可支撑的最大人口数量。2017 年，Djuwansyah 认为水资源承载力是制约印度尼西亚资源环境承载力的主导因素，指出动态评价水资源承载力的重要性。2018 年，Widodo 等评估了增加绿色开放空间提升日本 Yogyakarta 城区水资源和土地资源承载力的效果。

与国外相比，国内相关研究更为活跃和深入，近年国际上有关水资源承载力的科技文献多系我国学者发表。目前，水资源承载力的理论基础、评价方法、预警与调控对策等都得到了极大丰富和拓展，形成了水资源开发规模论、水资源支持持续发展能力论、水资源承载最大人口论等基本概念，提出了经验估算法、综合评价法、系统动力学法和多目标分析法等评价方法。“十三五”国家重点研发计划项目“水资源承载力评价与战略配置”将水资源承载力的内涵拓展到水量、水质、水域、水流和水温五个维度上（下页图），在压力 – 状态 – 响应的框架下建立面向荷载平衡的水资源配置理论与技术方法体系，并提出水资源承载力研究着眼点要从计算“能承载多少人”转到“如何实现空间均衡”上来。在实践上，为强化水资源监管，实现水资源高效利用和有效保护，2012 年，我国实行最严格水资源管理制度，确立了水资源开发利用控制、用水效率控制、水功能区限制纳污“三条红线”，开展了主要江河水量分配和生态水量管控工作。为

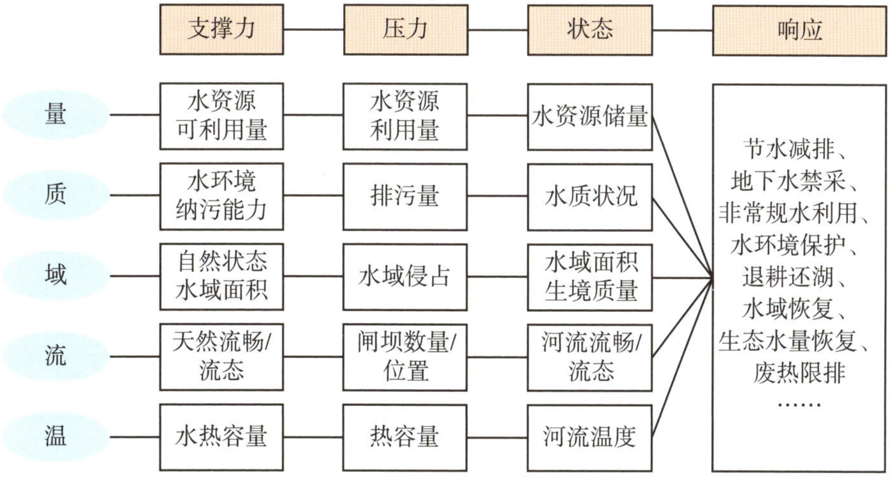

水资源承载力评价内涵［引自王建华，等. 关于水资源承载力需要厘清的几点认识.《中国水利》杂志. 2020（11）：1-5］

使水资源刚性约束能够反馈到经济社会发展规模与布局等方面，2016 年，水利部实施了全国水资源承载能力监测预警项目，选择蚌埠等 10 个试点城市，考虑水量、水质两类要素，核算水资源承载负荷，以用水总量控制目标和地下水可开采量为承载基线，以县域为单元开展了承载能力、负荷核算以及承载状况评价研究。2017 年，中办、国办印发了《关于建立资源环境承载力监测预警长效机制的若干意见》，明确将水资源承载力纳入资源环境承载力监测预警体系。

面临的主要问题

由于水资源 - 生态环境 - 社会经济系统相互作用与反馈的复杂性和不确定性，如何在变化环境下强化水资源刚性约束和实现健康的区域水平衡状态，仍面临若干突出问题和难点，需要面向生态文明建设实践需求，加以系统性研究解决。

一是尚未深入认识区域水平衡与水资源承载力的关系。水平衡是指在一定时空尺度上，水量在循环过程中所形成的收支和蓄变关系，包括补给、排泄、消耗和蓄变量等要素，其基本表达方式是水量平衡方程。水平衡关系实际上表征了水资源的再分配关系，决定着一个地区的水资源构成，并在不同程度上影响和制约泥沙、营养盐、污染物等其他物质和能量要素的运移过程，故具有重要的水文、生态和社会经济意义。同时，在很大程度上，水平衡关系又可作为区域水资源开发利用是否超过水资源承载力的“指示器”和“晴雨表”。因此，水资源承载力与区域水平衡具有密切关系。对区域水资源承载力的认识及承载状态的监测、评价和预警，可以从区域水平衡关系着手。构建健康稳定的水平衡关系，有利于促进水资源的正常更新和流动，维持乃至提升水资源承载力。然而，目前研究尚未系统解析区域水平衡与水资源承载力的关系，也未评估区域水平衡要素变化对水资源承载力及其承载状态的影响，这在很大程度上影响了水资源承载力理论方法的发展和水资源刚性约束机制的落实。

二是尚未系统评估变化环境下水资源承载力的动态变化。气候变化将通过影响降水、蒸发、径流等要素而改变水文循环规律和水平衡状态，导致水循环要素在时间和空间上的重新分布，引起可利用水资源量的变化；同时还可能带来水资源系统环境容量的改变，从而改变区域水资源系统的支撑能力。有“亚洲水塔”之称的青藏高原及周边地区近几十年冰川萎缩，增加了近期河川径流量，降低了流域储水量，引发了对未来水资源状态的担忧。人类活动则是变化环境的另一组成部分。在快速城市化进程中，人口和经济的高度集聚、土地利用与河湖水系格局的剧烈变化会对水资源系统施加压力，通过水资源量消耗、水污染排放和水域空间挤占阻断等降低了水资源承载力。总之，气候变化与人类活动不断影响着水资源－

经济社会－生态环境系统及其互馈关系，通过改变水资源数量、水环境容量、水体水域空间、水动力状态与水热容量等属性，对水资源系统支撑力产生复杂影响，这些影响尚需系统评估。

三是对于如何落实和强化水资源刚性约束、构建健康的区域水平衡缺乏清晰路径。当前，水资源承载力作为生态文明建设的边界约束和引导作用尚未得到充分发挥，亟待在经济社会发展、生态环境保护和水资源开发利用中建立起落实水资源刚性约束、促进健康的区域水平衡发展的有效路径和模式。一方面，经济社会发展、生态保护规划和实践与水资源承载力尚未充分衔接，需要根据区域水资源承载条件和水平衡状态，统筹山水林田湖草，合理确定城乡人口与经济规模并优化布局；另一方面，要完善区域用水总量、入河污染物总量指标与水资源承载状态之间的动态调整机制，在重大水利基础设施建设、跨流域水资源配置、常规与非常规水资源联合调配、水生态保护修复等实践中充分考虑变化环境下的水资源承载力，实现健康良性的区域水平衡。

主要发展方向

强化水资源刚性约束条件，构建健康良性的区域水平衡状态，有利于从根本上强化水资源开发利用管控、提升水资源利用质效，有利于统筹山水林田湖草生命共同体，科学推进我国国土空间开发利用和保护修复，促进经济社会系统与生态环境系统的协调发展。面对上述问题和挑战，应该着重开展以下几方面的研究。

一是强化区域水平衡和水资源承载力基础要素的动态监测和分析。完善气象、水文、生态综合监测网络，打造立体监测体系，强化区域水循环和水资源承载力基础要素与信息的全面动态监测，有效集成多部门信息资源，健全水资源承载力和水平衡信息共享服务机制，深化对重点区域特别是气候变化影响敏感区、生态环境脆弱区、重点经济带和城市群等的水资源承载力及水平衡关系变化规律的诊断分析。

二是完善水资源承载力评价及预警理论与方法。剖析水资源、生态环境和经济社会系统的相互作用机理，探讨水资源承载主体与客体有关要素间的相互作用与反馈关系，分析影响因素的不确定性，研究水资源承载力的弹性及可能阈值，研判不同区域水资源超载的根源，明确水资源开发利用上限，科学制定并实施水资源超载管控措施。

三是构建提升区域水资源承载力、优化水平衡状态的集合对策。研判变化环境下区域水资源承载力和水平衡状态演化规律，评估气候变化和人类活动对水资源承载力和水平衡关系的影响；分析水资源支撑力与压力各要素的特征，耦合区域水循环和社会经济发展因素，综合解析水资源承载力的调控机制；针对我国重点区域，提出有效提升水资源承载力、实现健康的区域水平衡关系的集合对策。

四是提出水资源刚性约束条件下的国土空间开发利用和保护修复战略目标与发展路径。目前，我国正加快建立国土空间规划体系，将主体功能区规划、土地利用规划、城乡规划等融合为统一的国土空间规划，实现“多规合一”（下页图），这是我国规划体系的重大改革。水资源承载力是国土空间的集聚开发、分类保护和综合整治的基础支撑，必须按照“以水定城、以水定人、以水定地、以水定产”的原则，将水资源作为国土空间规划的刚性约束，使水资源成为“一张图”的底色，通过统筹自然资源各要素，制定并优化国土空间开发利用和保护修复的战略目标和发展路径。

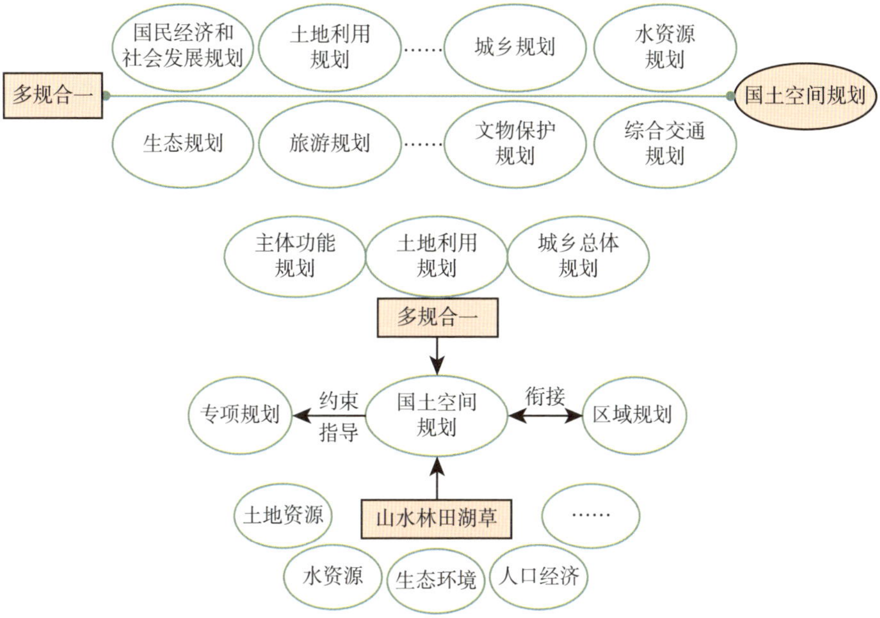

“多规合一”国土空间规划

中国水利学会

撰稿人：张建云　王银堂　胡庆芳　金君良

10

如何建立虚拟孪生理论和技术基础并开展示范应用？

虚拟孪生是一种新的仿真技术形态，近年来随着物联网、大数据、人工智能、虚拟现实等现代信息技术不断融入建模仿真领域而出现。虚拟孪生集成运用物理机理建模、智能行为建模、组织演化建模等建模仿真技术，构建具有空间精确映射、虚实全息互联、模型全谱适应、自我演化学习、持续调整优化等特点的高逼真度仿真系统，通过自身运行演化和与真实世界不断交互反馈，动态模拟、全面监测、精准预测真实世界的状态和行为，不断对真实世界施加影响和调节，使真实世界更加可控、优化和高效。

虚拟孪生解决了信息、物理、社会深度融合过程中数字系统与物理系统间无缝连接、海量数据的融合与挖掘、智能生命体的行为与情感表达、社会群体智能的建模与仿真、人机之间虚实之间自然交互等问题，在现实世界和虚拟世界之间建立了交互共融的桥梁，被认为是未来智能时代的核心技术和基础设施，引起了世界各国高度关注，已开始应用于智能制造、智慧城市、智慧医疗等领域。未来将形成“虚拟孪生 +”模式，广泛运用于人类社会城市化、全球化和工业化的方方面面，成为人类解构、描述、认识世界的新型理论武器和技术支撑，在新一轮工业革命浪潮和人类社会改造的进程中发挥重要作用。

沈旭昆

北京航空航天大学新媒体艺术与设计学院院长

虚拟世界 孪生未来

在知识爆炸的今天，物联网、大数据、人工智能、虚拟现实等新一代信息技术席卷全球，人类社会正在加速向虚拟化方向发展，在信息空间中创造虚拟世界的能力也在不断提升。这些虚拟世界能事无巨细、纤毫毕现地呈现真实世界，还能自我运行、自我演化，接收来自真实世界的信息并进行对比，诊断和预测真实世界的状态并施加影响和调节，从而使真实世界变得更加高效、有序。这就是虚拟孪生技术，它是连接真实世界和虚拟世界的桥梁，目标是促进虚拟世界与真实世界平行发展、交互作用、相互融合。

虚拟孪生发展历程

虚拟孪生发端于制造业，脱胎于数字孪生。其发展主要经历了三个阶段。第一阶段是数字样机阶段，是虚拟孪生的最初形态，即对机械产品整机或者具有独立功能的子系统进行数字化描述，如电脑辅助设计 CAD 模型。第二阶段是数字孪生阶段，最早是由格里夫斯（Grieves）教授 2003 年提出“镜像空间模型”，定义为包括实体产品、虚拟产品及两者之间连接的三维模型。2010 年，美国国家航空航天局在太空技术路线图中首次引入了数字孪生的概念，目的是实现飞行系统的全面诊断维护。2011 年，美国空军实验室提出面向未来飞行器的数字孪生范例，指出要基于飞行器的高保真仿真模型、历史数据及实时传感器数据构建飞行器的完整虚拟映射，以实现对飞行器健康状态、剩余寿命及任务可达性的预测。目前，数字孪生在制造业已被广泛接受，作为一种实现物理产品向信息空间映射的关键技术，它通过充分利用布置在产品各部分的传感器，对产品进行数据分析与建模，将产品在不同真实场景中的全生命周期过程反映出来，近乎实时地呈现产品的实际情况。第三阶段即是本文所说的虚拟孪生阶段，将孪生的目标对象从物理产品扩展到了智能制造、智慧城市、人工社会等更宏大、更丰富的场景。当前人类的认知范围内的真实世界是包含了人类社会、人工系统、自然和人造环境等在内的复杂系统，存在物理实体、智能实体、组织实体三类对象，而数字孪生的目标仅仅是物理实体，其定义并不涵盖对智能实体行为、人类组织形态、人工系统演化等领域的描述，也缺乏虚实动态实时互动，因此在数字孪生的基础上，融入智能生命实体、社会组织实体的相关研究内容，形成了虚拟孪生的概念。

虚拟孪生是近年来随着物联网、大数据、人工智能、虚拟现实等现代信息技术不断融入建模仿真领域而出现的一种新的仿真技术形态。它以真实世界中物理实体、智能实体和组织实体为对象，集成运用物理机理建模、智能行为建模、组织演化建模、认知情感建模等建模仿真技术以及传感器、物联网、移动互联网等数字技术，对真实世界中各类实体的特征、行为、形成过程和性能等进行描述和建模，构建具有空间精确映射、虚实全息互联、模型全谱适应、自我演化学习、持续调整优化等特点的高逼真性仿真系统，通过自身运行演化并与真实世界不断交互反馈，动态模拟、全面监测、精准预测真实世界的状态和行为，不断对真实世界施加影响和调节，如下页图所示。

虚拟孪生与数字孪生以及近年来出现的虚拟现实、平行仿真等概念和热点问题有相似之处，但又有所不同。数字孪生主要通过传感器实现目标对象在真实世界向虚拟世界的映射，重点考虑对物理实体数字化建模与数据分析，侧重于已知的物理规律、物理本质的虚拟化；平行仿真将目标对象与其所处的环境统一建模，重点考虑组织实体模型如何建立、如何运行、如何演化，侧重于人类社会或人工系统的运行规则、演化机制的虚拟化；虚拟现实（VR）及相关的增强现实（AR）、混合现实（MR）（简称

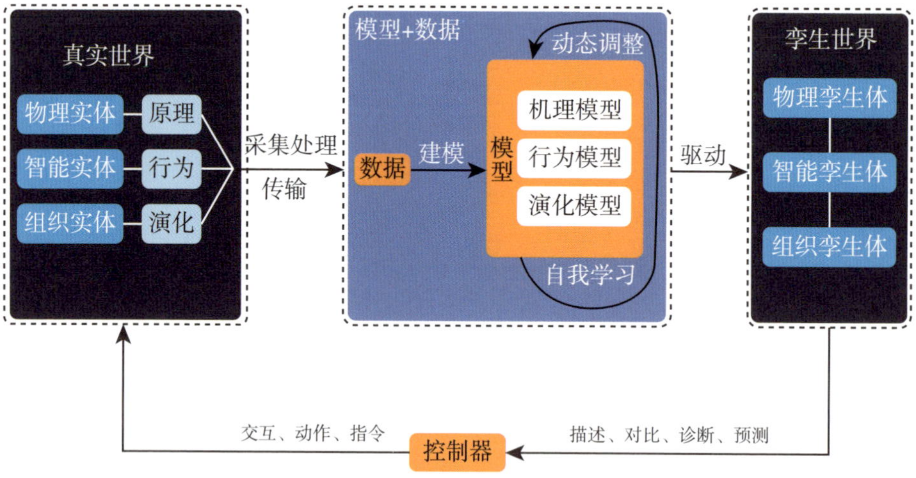

虚拟孪生定义

3R）等概念，实现以沉浸式体验为特征的人机交互，被视作真实世界通往虚拟世界的入口，侧重于人类感知与交互行为的虚拟化。虚拟孪生综合了以上几个概念的特点和优势，在系统内部不仅实现物理机理的仿真，还能实现智能实体的行为仿真和认知仿真，以及组织实体的群体智能和演化仿真，并通过虚拟现实的交互手段反馈作用于真实世界。相对而言，虚拟孪生更侧重于智能行为和认知行为的虚拟化，也就是说它虚拟的是真实世界中存在于人类大脑当中原本就“虚拟”的那一部分，这一部分可能是经验、直觉、顿悟等，恰恰是实现智能化的关键，同时体现了人类社会不断向虚拟化发展过程的完备性。

虚拟孪生解决了信息、物理、社会深度融合过程中数字系统与物理系统间无缝连接、海量数据的融合与挖掘、智能生命体的行为与情感表达、社会群体智能的建模与仿真、人机之间虚实之间自然交互等问题，将加速与人工智能（AI）等新兴技术融合发展，广泛应用于智能制造、智慧城市、文化创意等新型场景，为未来人类数字化智能化社会的建设提供了新的思路和手段。

但是，虚拟孪生的研究总体上还处于起步阶段，急需系统梳理分析当前相关理论与技术研究进展，构建虚拟孪生理论与技术支撑以及应用理论体系，研究提出虚拟孪生系统的建设内容、实现流程、关键技术和应用准则，为未来虚拟孪生的进一步落地应用提供理论和方法参考。

虚拟孪生研究进展

目前，虚拟孪生研究工作在以下五个方面取得了进展。

物体几何外形智能数据获取

虚拟孪生首先需要生成与真实世界一致的几何外形，主要通过光学和立体视觉的方法获取几何外形和结构数据。基于光学的几何获取设备在几何测量方面精度已经优于 10^{-2} 毫米数量级，其中激光扫描和结构光获取较为成熟。立体视差法根据三角测量原理，利用对应点的视差可以计算视野范围内的立体信息，这种方法对于特定物体材质等表面属性的获取也达到非常逼真的程度。基于视觉的几何获取在一些无明显纹理，或者重复性纹理场景下，由于很难找到“像对”，具有较大的技术难度。

在表面属性的获取方面，很多学术机构和工业界的团队都在研发相关捕获设备，主要通过不同光照和视点条件的图像获取物体的表面属性。目前对于静态及不透明物体的材质等属性获取较为成熟，主要的难点在于动态物体或半透明物的表面属性获取，目前尚无商品化产品出现。

物理实体机理建模与仿真

目前，虚拟对象的物理表现及其物理模型研究主要集中在运动学和动力学方面，物质的许多物理特征（如材料特征），爆炸、切割等物理现象，柔、黏、塑、流、气、场等物质对象的物理特征与交互响应的实时逼真表现还存在许多理论问题。提取表现某类物理特征和物理现象的新型物理模型，构造其物理引擎及核心算法芯片（physics processing unit，PPU），可以带来原创性、平台工具性成果。

复杂系统智能行为统一建模框架

随着虚拟技术应用领域的不断扩展，研究将基于化学、生物学和生命科学的人体器官的生理、化学、生物进化演化模型，基于脑科学、人工智能以及情感计算虚拟人（或智能体）模型，基于大数据和深度学习的系统认知和预测模型，基于演化计算的大规模群体智能行为模型等进行统一描述并构建集成建模框架，使虚拟孪生在与真实世界在几何、物理、生理、认知、情感方面高逼真性的基础上具备自我进化演化的能力，进而对人体、城市和社会等复杂系统的规划、建设、管理等领域产生颠覆性影响。

虚实交互与协同

交互与协同是虚拟孪生的关键环节，虚拟实体通过传感器数据监测物理实体的状态，实现实时动态映射，再在虚拟空间通过仿真验证控制效果，并通过控制过程实现对物理实体的操作。虚拟孪生中的交互与协同包括物理 - 物理、虚拟 - 虚拟、物理 - 虚拟等形式，涵盖人、机、物、环境等多种要素。其中，物理 - 物理交互与协同使物理设备间相互通信、协调与协作，以完成单设备无法完成的任务；虚拟 - 虚拟交互与协同连接多个虚拟模型，形成信息共享网络；物理 - 虚拟交互与协同使虚拟模型与物理对象同步变化，并使物理对象根据虚拟模型的直接命令动态调整。当前，虚拟孪生深层次交互与协同方面的研究还比较少，仅在实时数据采集、人机交互等理论上有部分研究。

3R 技术，是一类以沉浸式体验和多感知互动为特征的人机交互技术，是实现虚拟孪生交互与协同的有效手段。但当前的研究仅局限在将 3R 作为人机交互的手段或视觉呈现的接口，未来还需要进一步研究如何将 3R 技术结合到虚拟孪生架构中，为虚拟实体、物理实体和人的深度信息交互与协同提供支持等问题。下图是一种基于 3R 技术的虚拟孪生虚实交互框架。

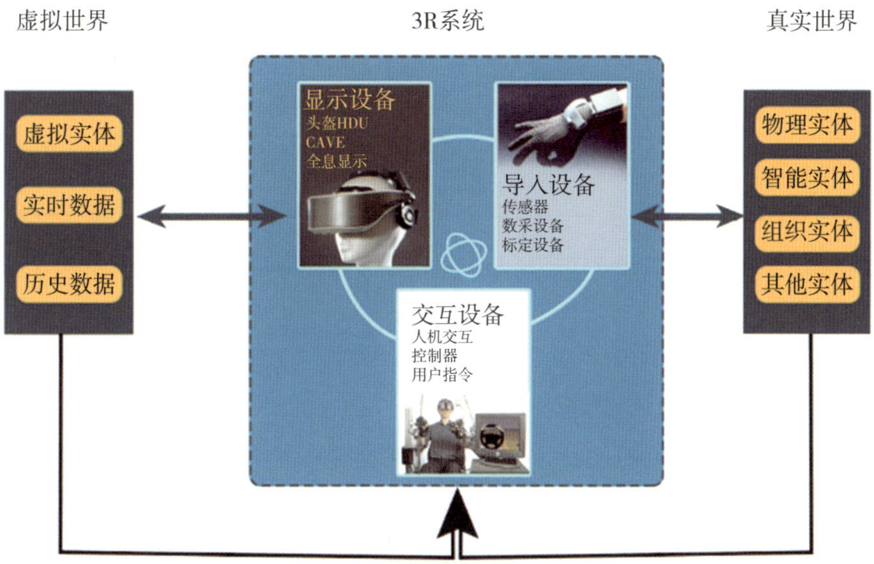

基于 3R 的虚拟孪生虚实交互框架

虚拟孪生通用原型系统与支撑软件工具

目前，虚拟孪生在智能制造、智慧城市、智慧医疗等领域已开始应用，但还没有出现标准的参考技术架构和通用原型系统，云制造、云仿真等体系架构可以作为虚拟孪生平台的参考，但复杂系统的虚拟孪生牵涉人、机、物、环境诸多要素，具有分布、异构、并行等特性，人工智能资源和能力的虚拟化、服务化以及如何融入云架构是下一步努力的方向。虚拟孪生的构建运行需要大量软件支撑工具，而我国高端 CAD、CAE、MES、PLM、CAPP 等工业软件，各行业细分领域高端设计、仿真、控制等专业软件，认及大数据平台、物联网平台、可视化平台、人工智能平台等通用平台市场基本上被国外厂商垄断，急需加强研发，形成突破。

虚拟孪生技术架构

建立虚拟孪生的首要任务是创建高逼真性的虚拟模型，不仅要真实地再现实体的结构、属性、功能，还要体现实体的状态、行为和社会规则。传统的建模仿真方法无法精确地对整个虚拟孪生系统进行描述，虚拟孪生包含多种多样的子系统，同时使用物理仿真、离散事件仿真、基于智能体仿真、演化仿真、认知仿真等多种手段，并集成在一个技术架构下运行。

下图是虚拟孪生一个通用的参考技术架构，从下到上分为五层，即物理层、数据层、模型层、功能层、应用层。

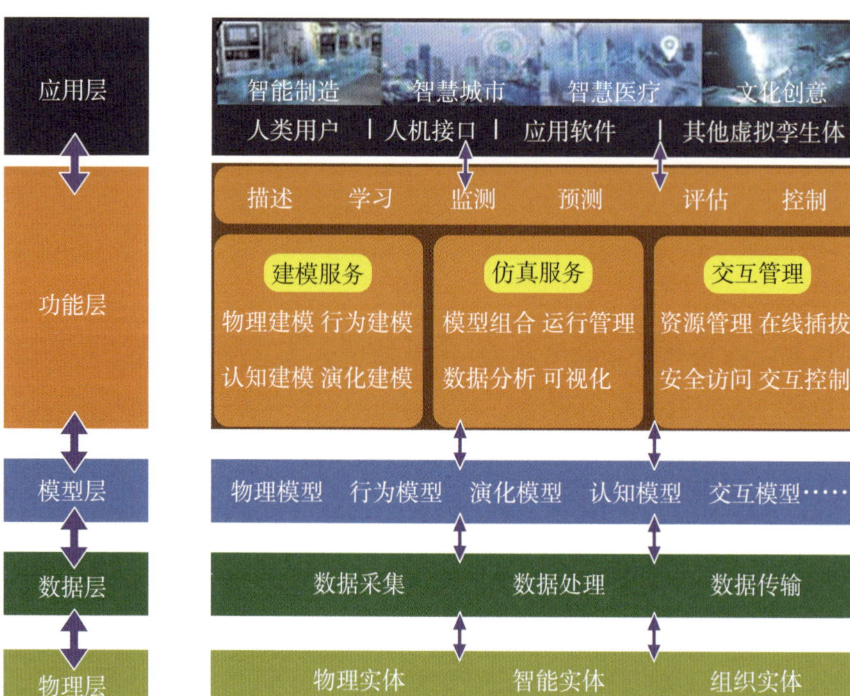

虚拟孪生参考技术架构

物理层是与虚拟孪生对应的物理实体、智能实体和组织实体等目标对象所处的现实世界，通过传感器、计量设备等数据采集手段达成与数据层之间的信息传递。

数据层的功能主要包括数据采集、数据处理和数据传输，连接目标对象与模型，实现对目标对象的状态感知和控制。

模型层是虚拟孪生的核心，包含各类实体的仿真模型，如物理模型、行为模型、演化模型、认知模型、交互模型等，通过模型的运行，实现对真实世界的再现和仿真。

功能层包括两个子层，服务层提供建模、仿真和交互三类服务。建模服务涉及目标对象的物理建模、行为建模、认知建模、演化建模等。仿真服务包括模型组合、运行管理、数据分析、可视化等。交互服务包括拟资源接口管理、安全访问、在线插拔和交互管理等。在以上服务的基础上，提供虚拟孪生对真实世界描述、学习、监测、预测、评估、控制等能力。

最上层是应用层，包括智能制造、智慧城市、智慧医疗、文化创意等领域中人类用户、人机接口、应用软件以及其他相关的虚拟孪生体。

通过这个技术架构，可以生成不同物理实体、智能实体和社会实体的虚拟孪生体，接受来自真实世界的实时信息并反过来作用于真实世界，实现虚拟与真实的交互共融、协同进化。

虚拟孪生应用领域

工业制造

随着新一代信息技术（如云计算、物联网、大数据等）与制造业的融合与落地应用，世界各国纷纷发布了各自的先进制造发展战略，如美国工业互联网和德国工业 4. 0，与此同时，在“制造强国”和“网络强国”大战略背景下，我国也先后出台了“中国制造 2025”和“互联网 +”等制造业国家发展战略，其目的都是促进新一代信息技术和人工智能技术与制造业深度融合，推动实体经济转型升级，实现智能制造。虚拟孪生作为制造业智能化的核心技术之一，受到了越来越多的关注和研究，取得了一定的技术积累和预先应用，正在向大规模扩展应用阶段发展。

虚拟孪生的应用贯穿于整个产品生命周期，不同阶段采用不同的主流技术。例如在产品的设计阶段，使用虚拟孪生可提高设计的准确性，对产品的结构、外形、功能和性能（强度、刚度、模态、流场、热、电磁场等）进行仿真，验证产品在真实环境中的性能。在个性化定制需求盛行的今天，设计需求及其变更信息的实时获取成为企业的一项重要竞争力，可以实时反馈产品当前运行数据的虚拟孪生体成为解决这一问题的关键。

在产品的制造阶段，使用虚拟孪生体可以缩短产品导入时间、提高设计质量、降低生产成本、加快上市速度。制造阶段的虚拟孪生是一个高度协同的过程，通过数字化手段构建起来的数字生产线，将产品本身的虚拟孪生同生产设备、生产过程等其他形态的虚拟孪生实时交互，实现生产过程的仿真、参数关键指标的监控和过程能力的评估，并能实时反馈到物理生产线进行调控。

在产品的运维服务阶段建立虚拟孪生，可实时监测、分析目标对象所生成的传感器数据，并利用仿真来预测故障和诊断问题，使操作人员能立即采取行动，纠正问题并优化产品性能。

此外，虚拟孪生可以对整个工厂进行建模仿真，分析和优化生产布局、资源利用率、产能和效率、物流和供需链等，达到提高生产能力和降低生产成本的目的。

城市空间

目前，虚拟孪生体已经从制造领域逐步延伸拓展至城市空间，深刻影响着城市规划、建设与发展。城市作为国计民生的重要载体，将成为虚拟孪生技术最重要的应用领域之一。

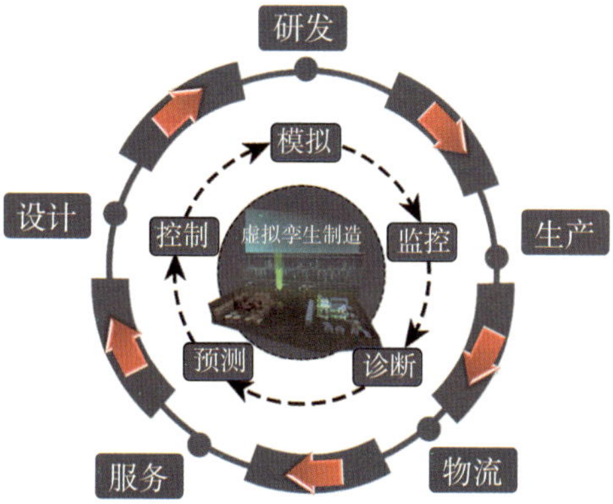

虚拟孪生制造

虚拟孪生城市是虚拟孪生技术在城市层面的广泛应用，通过建造基于精准映射、虚实交互、数据驱动、软件定义、智能干预的城市信息模型（CIM），使城市全要素全状态数字化、实时化、可视化，达成全域立体感知、万物可信互联、泛在普惠计算、数据驱动决策等目标，使模拟、仿真、分析城市的实时动态成为可能，最终实现数字城市与现实城市同步规划、同步建设，达成城市管理决策与服务的协同化和智能化。

虚拟孪生城市是在城市累积数据从量变到质变，在感知建模、人工智能等信息技术取得重大突破的背景下，建设新型智慧城市的一条新兴技术路径，是城市智能化、运营可持续化的先进模式。随着信息通信技术的高速发展，当前社会已经基本具备了构建虚拟孪生城市的能力，将成为城市综合决策、智能管理、全局优化、持续迭代更新的创新平台。

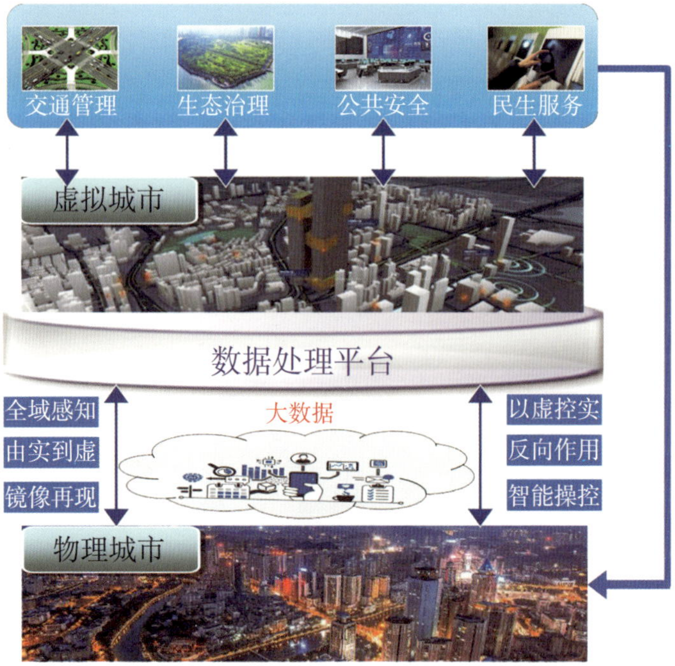

虚拟孪生城市

军事战争

从历史经验看，军事历来都是最新技术的发展者和应用者。虚拟孪生作为一种信息技术发展的新兴技术，在战场上的应用是最有前景的军事领域应用。2011 年 3 月美国空军研究实验室（AFRL）的一次演讲明确提到了数字孪生。2012 年美国空军与美国航空航天局合作召开了数字孪生技术研讨会，近年来美国海军立项了舰艇数字孪生体项目，从这些情况可以看出数字孪生体技术在军方的重视程度。

军事战争从上到下可以分为战略（决策）、战役、战术三个层次，虚拟孪生技术作为一种能使战争进程和战争效果显性化进而辅助于战争决策的一种新理论和新技术，适用于所有战争层面的应用，但在现阶段主要是满足战役层面指挥决策和战术作战训练方面的需要。

战役层面主要是指在各级战役指挥官的指挥下，由各军兵种协同完成战役任务。战役级的虚拟孪生战场对战场环境、作战装备、作战人员、支援装备等进行建模，通过真实战场的数据对实时态势进行预估预判，并对实际战争中的部队施加控制和调节。

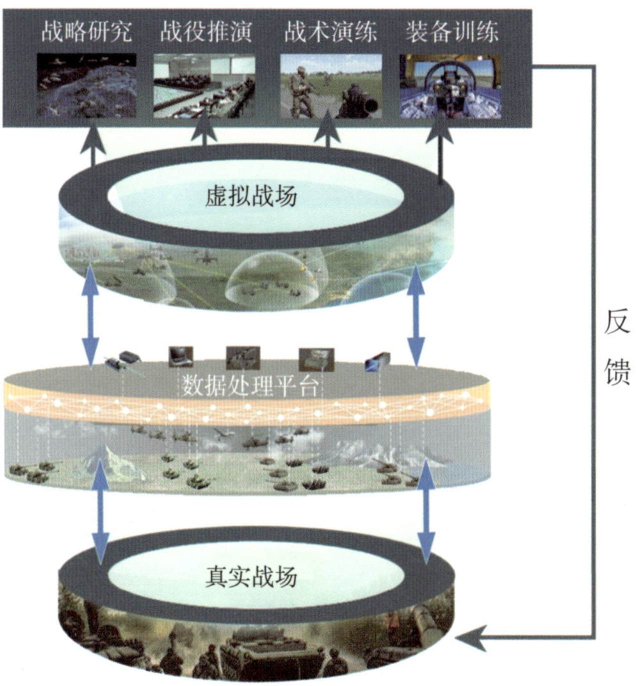

虚拟孪生战场

随着无人作战装备与系统的应用和普及，未来战争中有可能出现以有人装备为核心、众多无人装备参与的作战群，或由无人装备独立构成的作战群来完成战役级作战任务。战场指挥官远离战场，但可通过面前的数字孪生体来完成战役指挥任务，从而达成战役目标。这将是数字孪生战场的一个典型应用场景。

战术层面的数字孪生由基本的战场环境数字孪生、单兵作战装备（或其他类型的军事装备）的数字孪生、作战效果的评估等部分组成。常见的半实物模拟器、“反恐精英”（CS）真人游戏等已具备虚拟孪生的某些特征，实现了虚实之间的实时互动，也在军事训练中也得到了部分应用。

虚拟孪生未来展望

近代以来的人类历史已发生了分别以机械化、电气化、信息化和智能化为特征的四次工业革命，当前人类社会正处于向智能化转型的前夜。纵观历次工业革命，技术因素都起到了主导作用，这种技术因素在技术经济学中被称为“通用目的技术”（GPT）。通用目的技术（GPT）是指一种单一的通用技术，在其整个生命周期中具有以下公认的四个特征：①最初有很大的改进余地；②最终被广泛使用；③具有多种用途；④并具有许多溢出效应。目前普遍认为，蒸汽机、电和内燃机、计算机分别是前三次工业革命的 GPT。毫无疑问，作为物联网、大数据、人工智能、虚拟现实等现代信息技术的集大成者，虚拟孪生技术满足 GPT 的四个充分必要条件，将成为第四次工业革命的通用目的技术体系之一。

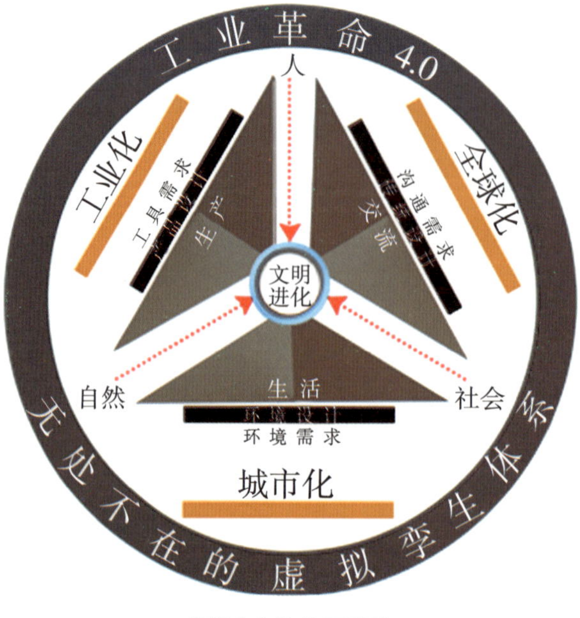

虚拟孪生的作用意义

虚拟孪生为跨层级、跨尺度的现实世

界和虚拟世界之间建立了交互共融的桥梁，是物联网、大数据、人工智能、虚拟现实等新型信息技术不断融入建模仿真领域而出现的一种新的仿真技术形态。未来虚拟孪生技术将贯穿城市化、全球化和工业化的方方面面，形成“虚拟孪生 +”的应用模式，发展为无处不在的虚拟孪生体系，成为人类解构、描述、认识世界的新型理论武器和技术支撑，在新一轮工业革命浪潮和人类社会改造的进程中发挥重要作用。

中国仿真学会

撰稿人：沈旭昆　庞国锋　胡　勇

第二篇

工程技术难题

1

如何开发新型免疫细胞在肿瘤治疗中的新途径与新技术？

我们知道免疫细胞治疗是非常重要的，现在常见的如肿瘤患者使用 T 细胞治疗，但它有一定的局限性。我们要探索能不能发现更多的免疫细胞治疗技术，比如关于树突状细胞的研究，因为树突状（DC）细胞是公认的体内最强的抗原递呈细胞，它能够诱导特异性的细胞毒性 T 细胞的免疫，这对肿瘤治疗至关重要。目前 DC 治疗技术还有待开发，因为仍需要解决一系列的问题，这个细胞在体内量比较小，它在体外如何进行扩张激活然后回输到患者体内，尤其是个体化肿瘤的细胞免疫治疗它可以发挥非常重要的作用。

林东昕

中国工程院院士，中国医学科学院北京协和医学院肿瘤医院病因及癌变研究室主任

突破免疫治疗的困境——DC 细胞技术

癌症是困扰人类健康的重大问题。目前，人类已经发现的癌症超过 500 种，尽管可以通过手术、放疗、化疗进行治疗，但大多数患者无法承受治疗毒副作用和低有效率，仍死于癌细胞的复发和转移，总体治愈率不超过 20%，各种治疗手段延长患者生命平均不超过 4 个月。20 世纪末，人类首次利用肿瘤浸润性淋巴细胞（TIL）对黑色素瘤患者进行过继性 T 细胞治疗，拉开了免疫细胞治疗的序幕。2011 年始，DC 治疗性疫苗、嵌合抗原受体 T 细胞疗法（CAR–T 疗法）等免疫细胞技术相继获得美国食品药品监督管理局（FDA）批准，临床效果显著，极大促进了免疫细胞治疗技术的科研攻关和临床应用。“癌症免疫疗法”被 *Science* 杂志评为 2013 年最伟大的科学突破。采用免疫细胞进行癌症的预防和治疗，已成为当前应对癌症的最佳方法之一。

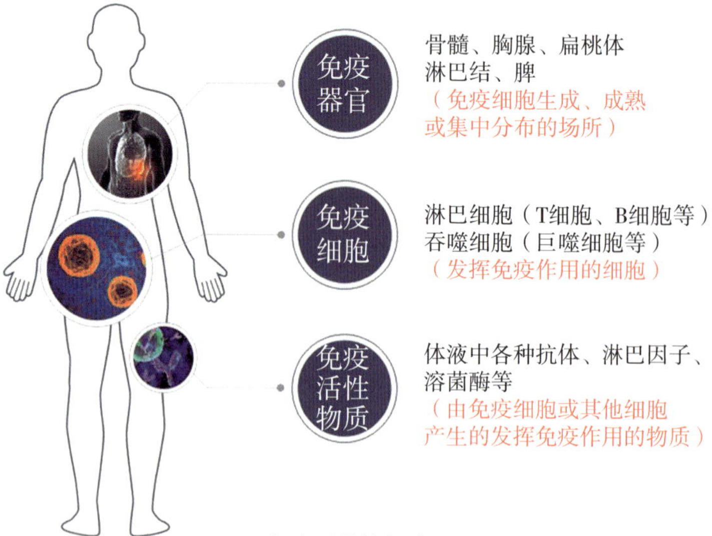

免疫系统的组成

免疫系统是人体的防卫体系，一方面是清除外在的入侵因素，比如外来的细菌和病毒；另一方面是清除身体内在的威胁，比如因为各种因素产生突变而对人体有害的细胞。主要由免疫器官、免疫细胞以及免疫分子构成。免疫器官是产生免疫细胞的地方，免疫细胞会随着血液在人体内不断巡逻，清除对人体有害的各种病原微生物，保证人体的健康。如果将人体比作一个国家，包括新型冠状病毒在内的病毒、细菌和寄生虫等就是入侵的敌人，免疫系统就是国防体系，其中免疫器官就是武装部和训练基地；免疫细胞和免疫分子就是各兵种的指挥官和士兵，其作用是发挥抗感染、参与炎症反应以及清除外源性病原体等。但是人类的免疫力并不是一成不变的，随着年龄增加，免疫器官会不断萎缩，无法产生足够的新生免疫细胞，并且随着年龄的增长，免疫系统灵敏度变差，同时对外界侵入的病毒及自身变异的细胞识别能力变差且杀伤力降低，无法有效清除，因此很多疾病便会产生。

免疫细胞治疗类型

免疫细胞治疗有多种类型，目前最常见的有自然杀伤细胞（NK 细胞）、自然杀伤性 T 细胞（NKT 细胞）、肿瘤浸润性淋巴细胞（TIL 细胞）、抗原特异性细胞毒性 T 细胞（CTL 细胞）、嵌合抗原受体 T 细胞疗法（CAR-T 疗法）、T 细胞受体工程化 T 细胞（TCR-T）等疗法。尽管肿瘤免疫治疗种类众多，但绝大多数都是通过 T 细胞发挥抗肿瘤作用，例如 T 细胞移植、肿瘤抗原或者 DC 细胞的免疫。目前常用的肿瘤特异性 CTL 包括：TIL、DC 诱导的 CTL 及基因修饰的 T 细胞（TCR-T 和 CAR-T）。

T 细胞占据淋巴细胞总量的 80%~90%，除普通非特异性免疫细胞治疗之外，其他免疫治疗均涉及 T 细胞，大部分细胞治疗均是间接或者直接利用 T 细胞免疫对肿瘤进行治疗的过程。尤其是在最新免疫治疗技术中，免疫检查点抑制剂与 CAR-T 细胞治疗充分利用了 T 细胞强大的免疫功能，对肿瘤细胞进行精准的免疫应答。

但 T 细胞并不是天生就具备杀伤肿瘤的能力，它必须知道哪些细胞是肿瘤细胞，即获得肿瘤靶细胞的抗原信息，一旦 T 细胞被贴上杀伤特定肿瘤细胞的标签之后，便会被武装成爆发力很强的战士，与此同时免疫系统迅速复制出大量的同类 T 细胞，形成杀伤特定癌细胞的“T 细胞战士兵团”，并高效率地发挥免疫能力，有效地清除肿瘤细胞。

DC 细胞技术应运而生

传统方法制备的 T 细胞普遍存在靶向不足，细胞活化状态差，免疫抑制等问题，制备稳定、安全、有效的特异 T 细胞成为治疗肿瘤的难点。要解决这个难题，DC 细胞技术便应运而生。

DC 细胞是已知功能最强大的抗原递呈细胞，是人体免疫系统抵御外来病毒和细菌或者癌细胞的指挥官。DC 主要在外周血内监视人体，当有细菌、病毒、真菌或者坏死的细胞以及肿瘤细胞出现时，DC 会吃掉这些“入侵者”，向人体 T 细胞或 B 细胞等免疫细胞发出带有“入侵者”准确信息的通缉令，引起免疫系统一系列的级联抵御机制。DC 连接了天然免疫和获得性免疫两条途径，可同时调动免疫系统内的多种细胞协同合作。因此，鉴于 DC 在免疫系统中的关键作用，近年来以 DC 为基础的肿瘤免疫疗法进行得如火如荼。

从发现免疫细胞至今，在近百年的时间里，人们对免疫细胞的研究不断深入，免疫治疗被人们寄予厚望。近几年对多种免疫细胞的功能及其在癌症治疗中的应用，不断得到令人鼓舞的结果。所有这些成果，都基于不同种免疫细胞最大限度发挥了它们的潜能。而 DC 细胞又是免疫细胞的重中之重，其功能和作用原理如下：

DC 细胞是免疫系统的指挥官。知己知彼，因此，要识别癌细胞，需要找到特异性癌细胞抗原，也就是我们所认为的癌细胞标志物，这是癌细胞的致命弱点。面对“专搞破坏”的敌人——癌细胞，免疫细胞有一套自己的工作流程。DC 细胞在体内发现癌细胞抗原，识别递呈抗原、激活 T 细胞杀伤癌细胞。它通过自身的 1 号手臂（MHC- Ⅰ）将抗原信息直接传递给 CD8+T 细胞，产生抗原特异性细胞毒性 T 细胞，介导抗原特异性细胞毒性效应。同时，DC 细胞还可以通过其 2 号手臂（MHC- Ⅱ）将信息传递给精兵部队队长——辅助性 T 细胞，后者召唤军队里的特种部队——细胞毒性 T 细胞和天然杀手 NK 细胞，以求它们用以最快速度绞杀癌细胞。

DC 细胞能够驯导幼稚 T 细胞成为 CTL 细胞，还可与 NK、NKT 及 B 细胞相互作用，激活免疫系统。基于该原理，通过 DC 细胞负载癌抗原制备的 DC 疫苗被广泛用于癌症临床研究，以 DC 为基础的肿瘤免疫治疗在

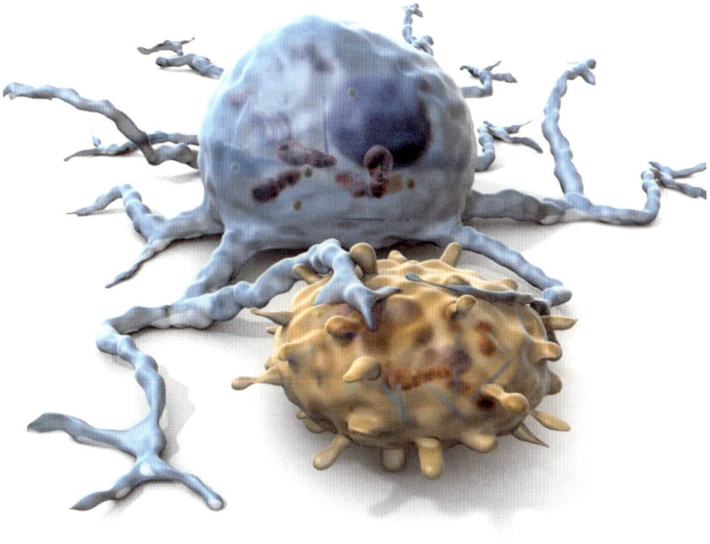

树突状细胞（蓝）向 T 细胞（黄）呈递抗原（引自 *Science* 杂志）

美国、德国、日本等发达国家获得推广。2010 年，美国食品药品监督管理局批准丹瑞（Dendreon）公司自体 DC 细胞疫苗（Provenge）上市，可用于治疗晚期前列腺癌。日本厚生劳动省官方宣布将 DC 免疫疗法列入 A 级先进医疗技术，并已用于上万例晚期癌症病症的临床治疗。德国政府认可的 DC 细胞制备实验室，运用 DC 免疫疗法已累积治疗数千名患者。美国宾夕法尼亚大学卡尔 H. 琼研究团队数据显示，对个性化 DC 疫苗治疗产生响应的Ⅲ / Ⅳ期卵巢癌患者的两年生存期达到 100%，一名晚期患者已 5 年无癌，而对该疫苗无响应的患者其两年生存期为 25%。

截至 2020 年 3 月，在美国国立卫生研究院管理的“Clinical trail”临床数据登记平台显示，以“Dendritic Cells”（树突状细胞）为关键词共有 1071 项治疗临床试验登记，包括 56 项高于临床Ⅲ期产品试验登记。在研发地域方面，美国、中国、欧盟是开发 DC 细胞治疗的主要国家和地区，在美国开展的临床试验有 503 项，其中中国为 103 项。目前中国已经成为仅次于美国的 DC 研发国家。

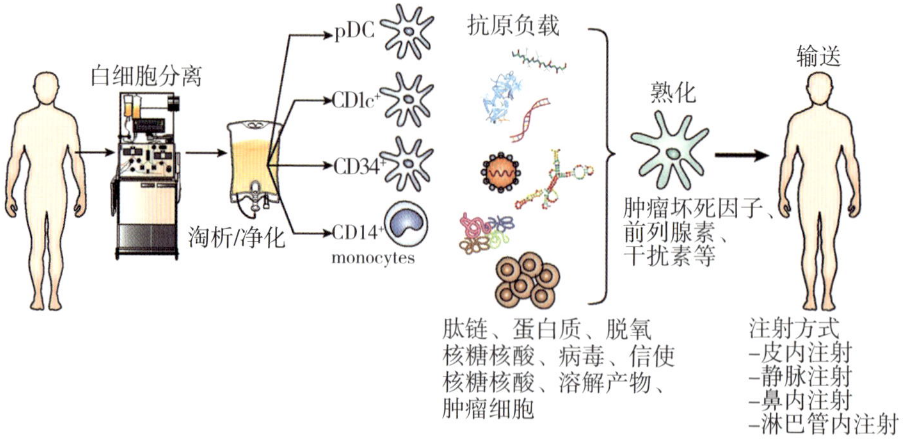

DC 肿瘤疫苗是将肿瘤细胞的脱氧核糖核酸，核糖核酸，肿瘤细胞裂解物，肿瘤抗原蛋白 / 多肽等致敏 DC 细胞，利用 DC 强大的呈递功能，激活患者体内的 T 细胞免疫应答，从而发挥治疗肿瘤的作用。（引自 *The journal of Immunology* 杂志）

DC 细胞技术的主要发展方向

尽管 DC 细胞治疗技术已获得各发达国家不同程度的认可，DC 细胞疫苗在经历上千次临床试验后证实，该产品安全性高，但有效性还需提升，而有效性与 DC 细胞本身的数量、活性、归巢能力、抗原负载效率等都密切相关，解决这些问题，DC 细胞才能发挥其最大价值。主要的技术发展方向归纳为以下几类：

（1）提升 DC 细胞数量：人体原代 DC 细胞数量少且不增殖，无法满足临床应用需求。常规技术则需采集患者 100 ~ 400mL 外周血，加工后获得单核细胞衍生的 DC 细胞（MoOc）加以利用，这令患者身体负担较重。加强原代 DC 细胞大量扩增培养技术才能更好地满足临床应用需求。

（2）强化 DC 细胞活性：临床试验中，部分受试者对自体 DC 治疗性疫苗完全没有反应，一方面是其负载的抗原免疫原性差，另一方面是 DC 活性不足，受限于常规制备方式和用量，这些活性数据无法提前获取，因

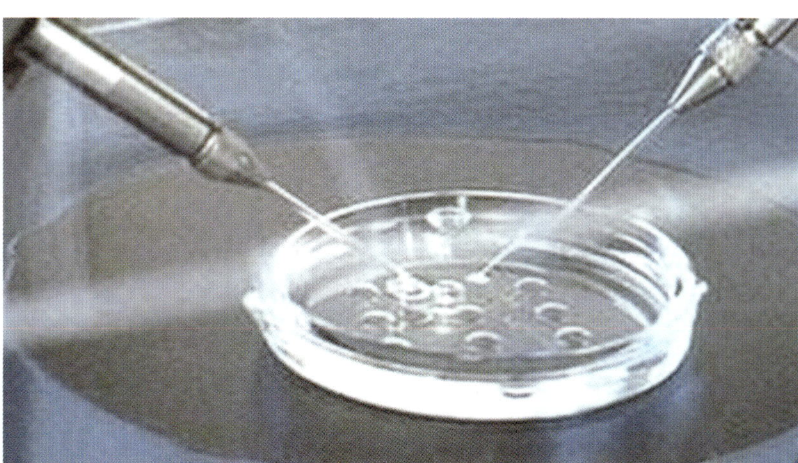

体外细胞培养（引自 BBC News）

而无法进行针对性改进。在探索以原代 DC 细胞为基础的同时，可扩增细胞毒性 T 淋巴细胞、自然杀伤细胞、NKT 等多种效应细胞，且效应细胞高表达活化受体而低表达抑制型受体，可有望解决肿瘤免疫逃逸和免疫耐受问题。

（3）优化 DC 细胞抗原负载能力：常规 DC 疫苗通过肿瘤细胞裂解物或多肽处理 DC 细胞以负载抗原，其有效负载率、有效抗原多样性及持续性等方面有待提高。未来将通过负载多种癌症或病毒抗原，产生的 DC 疫苗及 DC 诱导的免疫效应细胞，具有治疗多种肿瘤及病毒感染性疾病的巨大潜力。

（4）建立 DC 细胞数据库：通过制备、研究并存储人类 DC 细胞，形成包含细胞及大数据的资源库。样本数量越大，就可以越快在较短时间内为晚期癌症患者找到匹配的 DC 细胞，提供 HLA 异体配型服务，快速用于癌症治疗干预。

细胞治疗是生物医药产业最具发展潜力的领域之一，是未来生命健康产业发展的重要方向。细胞治疗作为颠覆性创新技术，攻克癌症、慢性疾

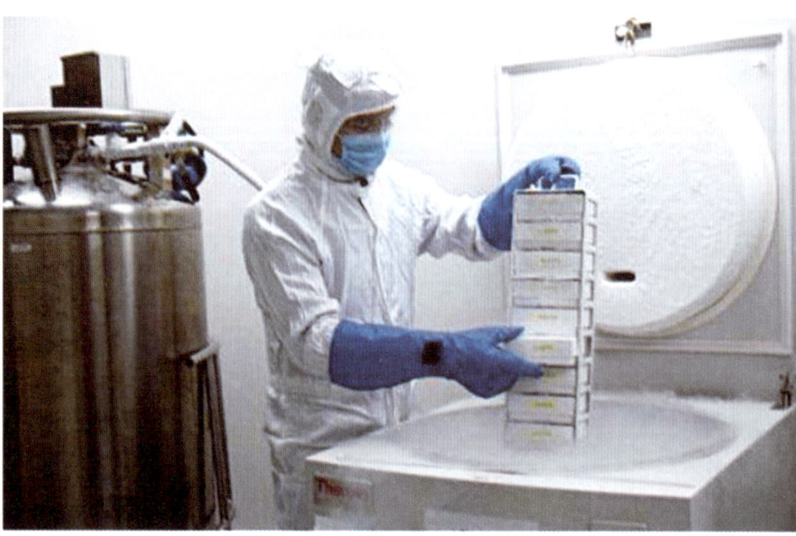

细胞存储（引自科技讯）

病、早衰等重大疾病。预计到2030年，全球细胞市场将达到万亿美元规模。与此同时，我国对健康产业，尤其是细胞技术和产品的临床治疗给予了大力支持，国家级主管部门及地方陆续颁布多项利好政策。

中国免疫细胞治疗技术发展现状

2019年国家卫生健康委员会先后发布了《生物医学新技术临床应用管理条例（征求意见稿）》旨在规范生物医学新技术临床治疗与转化应用，促进医学进步，保障医疗质量安全，维护人的尊严和生命健康。《体细胞治疗临床治疗和转化应用管理办法（试行）》旨在规范和促进体细胞治疗临床治疗及转化应用。意见稿进一步明确了医疗机构作为责任主体，进行体细胞治疗等新技术的临床治疗，获得安全有效性数据后，可以申请临床应用并收费等问题。

国家发展和改革委员会在《"十三五"战略性新兴产业发展规划》《"十三五"生物产业发展规划》中，对推动免疫细胞、干细胞技术发展作出了明确部署，支持干细胞库等一批生物产业创新发展平台建设。积极对接粤港澳大湾区、长三角一体化、京津冀等国家重大区域战略，面向产业发展基础良好、竞争力较强的珠三角、长三角、京津冀等优势区域加强生物产业创新能力建设平台布局，推动细胞产业等重点生物医药领域集聚发展。2019年7月，国家发展和改革委员会发布《关于推动我国细胞产业高质量发展的提案》答复函，明确将积极推进免疫细胞治疗等细胞技术的创新示范应用，同卫生健康委、药监局等部门，重点突破一批关键核心技术，推动一批规模化、标准化、规范化的技术研发、生产制备、质量检测、示范应用等支撑平台建设，有效促进细胞相关技术成果转化和产品上市应用，全面提升人民群众健康保障水平。同年11月，国家发展和改革委员会正式发布了《产业结构调整指导目录（2019年本）》，自2020年1月1日起施行。新版《产业结构调整指导目录》由鼓励类、限制类、淘汰类三个类别组成。其中，在关于医药产业鼓励类别中，新技术、新药以及医疗器械被大量纳入。与2011年版和2016年版目录相比，儿童药、短缺药以及基因治疗药物、细胞治疗药物等首次被增加进鼓励类目录。

我国在细胞治疗领域制定的一系列重要的政策和法规均显示我国对细胞治疗政策上的大力支持。各地方政府和产业园区也积极响应，纷纷出台支持政策，扶持生物医药产业，特别是以免疫细胞治疗和干细胞治疗为代表的细胞治疗新技术。

虽然我国对细胞治疗等新技术大力支持，但当前的研究主要还集中在基础研究领域。因此，未来将主要集中解决如何将免疫细胞应用于临床的问题。

（1）建立有效的临床前模型：肿瘤药物的开发依赖于临床前模型来进行药物作用靶点和机制的探究、给药方式和剂量以及药物安全评估。临床前模型的应用已经助力多个肿瘤治疗和免疫治疗的重要发现，包括靶向细胞毒性T淋巴细胞相关蛋白4（CTLA-4）、程序性死亡受体配体1（PD-L1）、程序性死亡受体1（PD-1）的抗肿瘤效果。然而人肿瘤免疫的生物学情况并不能很好地反映在临床前模型中。最主要的区别在免疫细胞组成、肿瘤抗原、免疫细胞抑制状态的复杂性。只有发展新型临床前模型，如人源化小鼠模型、基因工程小鼠、类器官、人肿瘤干细胞来源的成球培养和离体技术等，才能实现高效率的产品开发。

（2）建立有效性、安全性评估体系：传统临床研究的客观缓解率（ORR）、无进展生存期（PFS）、总生存期（OS）等终点，并不是十分适用于评估免疫治疗。治疗目的方面，使用免疫治疗是为了持久的治疗效果和更长的生存期，但是在目前的临床研究评估体系里，还缺乏对应的方法。由于没有明确的分析手段，则需要更长时间的随访才能获得有力的结论。此外，免疫治疗有特殊的临床进程，比如：治疗的延迟效应和假性进展，未来需要大量的临床数据验证和不断的修改，来建立有效性及安全性的评估体系。

（3）加强伦理审查工作：免疫细胞治疗涉及伦理问题，在将相关研究成果转化为临床应用的过程中，还会使患者面临一系列风险。为进一步规范免疫细胞相关的研究和应用，我国应加强伦理审查规范和监管法规的建设，对相关行为进行严格控制，旨造福民众的前提下，最大限度地保护各方权益。

（4）免疫细胞临床应用管理体系有待完善：目前部分免疫治疗技术的发达国家已建立了较为完善的免疫疗法指导原则，而我国在这方面的行动还比较缓慢。国家卫生健康委员会正在研究制定相关体细胞治疗技术临床研究管理办法，参考干细胞管理模式，会同国家食品药品监督管理总局完善体细胞治疗临床研究的组织形式、工作机制、结果论证、成果转换等制度设计。加大技术支撑力度，会同国家食品药品监督管理总局研究制定体细胞制剂制备、临床研究和临床应用管理相关的质量标准和管理规范，为做好体细胞治疗管理工作提供技术支撑，研究解决临床研究向应用转化的衔接机制问题。

细胞免疫治疗是癌症治疗最重要的一项技术突破，给无数患者带来了新的希望，但是实际应用中还存在很多难题和困境。DC 细胞技术的出现，将有望解决传统细胞免疫治疗的问题，进一步提高细胞免疫治疗的可行性。美国、德国、日本为主的国家已率先将 DC 细胞技术应用到临床治疗中，并在诸多临床案例中取得了一定的效果。随着我国细胞技术的发展和管理体系不断完善，相信在不远的将来，我国免疫细胞技术将处于国际的前列，而免疫细胞治疗将会被列为癌症治疗的常规治疗手段，造福广大患者。

中华医学会

撰稿人：乐爱平

2 水平起降组合动力运载器一体化设计为何成为空天技术新焦点？

想利用涡轮机动力，轧燃发动机动力，超燃发动机动力以及其他新形势的动力来支持我们发展运载器，让我们从地面到比如说 20 千米以内的空间以及今后的临近空间，在遥远甚至到星空去做长途的飞行，这就可以打通我们从地面到常规意义上的航空以及航天的融合，当然由于这个技术的难度非常大，目前还没有完全的应用到实际中来，不过我相信通过创新发展，关键技术攻关以及集成验证，会对我们航空航天技术的新发展做出重要的贡献。

尹泽勇

中国工程院院士，中国航天发动机集团科委主任

空天技术新焦点——重复使用天地往返技术

天地往返运输总体技术是指能够实现往返于宇宙空间和地球之间，或可以在外层空间不同轨道之间飞行、执行任务后能返回地面并可以多次使用的先进航天运输系统技术。该项技术依托于先进动力、人工智能、超材料等前沿科学技术，实现天地往返飞行器在全速域、全空域的自主飞行，对“进入空间”“在轨飞行”“返回地面”等不同任务阶段的不同飞行环境具有自适应、高灵活度和多次往返的能力。

重复使用天地往返技术是航天运输技术发展的前沿方向。经过几十年的发展，一次性运载火箭技术已经相对成熟，但还面临着高安全、高可靠、低成本、快速发射、运载能力提升等挑战。相比之下，重复使用航天运输系统能够往返于宇宙空间和地球之间，或在外层空间轨道之间飞行、执行任务后能返回地面并可以多次使用。该技术通过采用重复使用设计理念和简易发射方式，能够有效缩短发射周期、提高发射灵活性，同时能够大幅降低发射费用，实现自由进出空间、高效利用空间、和平开发空间的

航班化天地往返系统构想图

目标。因此，重复使用航天运输系统技术的研究一直是航天运输领域研究的热点和难点，对于满足未来空间开发等需求具有重要意义。

世界各国对重复使用天地往返技术的积极探索

自20世纪五六十年代以来，人类就一直在开展运载火箭的重复使用概念和技术的探索研究。相关技术专利文献分析表明，以美、俄、中、德等为代表的多个国家都开展了相关研究，该技术研究领域涉及全球近300家机构，覆盖材料、控制、动力、防热等技术方向，当前各主要航天大国和地区已拥有不同程度的重复使用技术储备。美国航天飞机是世界上第一种往返于地球和宇宙空间并实现部分重复使用的航天运载器。虽然航天飞机没有实现预期的降低使用成本和满足军民两用需求的目标，但它仍是人类航天技术发展史上的里程碑，极大地推动了先进航天运输技术的发展，为发展先进空天飞行器奠定了重要的技术基础。俄罗斯成功地完成过暴风雪号航天飞机不载人飞行试验，具备一定的重复使用技术能力。欧洲和日本也进行过以“低马赫数进场”和“高马赫数再入”为代表的多次技术级飞行试验，为重复使用技术应用奠定了一定的技术基础。

重复使用航天运输系统的发展路径按照传统运载火箭轴对称式重复使用、升力式火箭动力重复使用、组合动力重复使用三条技术发展途径同步开展研究：火箭动力是发展重复使用运载器的首选推进方式，目前已进入系统级集成演示验证阶段。

火箭发动机技术经过几十年的发展已经相对成熟，已大量成功应用于一次性运载火箭和部分重复使用的航天飞机上，近期较容易实现。以火箭发动机为动力的重复使用运载器能够充分继承现有航天运输技术的成果和经验，是近期重复使用运载器发展的现实目标。围绕火箭动力重复使用运

火箭动力发动机

载器，美国、欧洲、日本等国家和地区先后完成了以低速进场和高速再入试验为代表的多项技术级演示验证，步入了系统级验证阶段。

重复使用运载器近期重点聚焦在两级入轨方案上，与此同时开展单级入轨方案的探索。在单级入轨重复使用运载器的发展史上，已经出现的重点方案或因技术或因资金问题而搁浅，目前仅有“云霄塔”计划在进行相关研究，其精力主要集中在佩刀发动机的技术攻关上。

从世界主要航天国家的发展历程看，美国两个以单级入轨为目标的“X-30”计划和“X-33”计划相继下马，超过 40 亿美元的预算花费打了水漂，这使得各国在 21 世纪发展重复使用运载器的策略上不得不采取更加务实和慎重的态度：即结合自身特点与技术基础，多以两级入轨重复使用运载器为近期发展重点。

组合动力重复使用运载器处于概念研究阶段，首要关键是突破吸气式组合动力技术。当前，涡轮、火箭发动机技术成熟，组合发动机攻关的重点聚焦于“冲压模态”技术，以“X-43A”“X-51A”为代表的超燃冲压发动机已完成飞行验证，将于近期率先应用在高超声速导弹上。而将涡轮、冲压、火箭多模态高度融合设计而成的组合动力发动机应用在重复使用航天运输系统的技术难度较大，需重点突破总体 / 气动 / 推进一体化设计技术，尽快确定优化的组合动力重复使用运载器总体方案。

组合动力发动机是指由两种或两种以上单一类型发动机（例如，涡轮发

组合动力发动机

动机、冲压发动机、火箭发动机等），通过热力循环与结构布局，有机融合形成的新型动力装置。与单一发动机相比，组合动力发动机工作模态更多，飞行高度速度包线更宽，综合性能也更高。目前，组合循环动力技术主要包含火箭基组合循环动力、涡轮基组合循环动力及预冷类组合循环动力等。

水平起降组合动力运载器一体化设计技术研究为何重要

水平起降组合动力运载器采用多种模式组合的动力系统，可在稠密大气、临近空间及跨大气层高速飞行，具有水平起降、按需发射、自由进出空间、重复使用的特征，其载荷投送效率高、任务适应能力强、应急响应速度快、运输使用成本低，是未来自由进出空间、有效利用太空的有效途径，可带动科学技术领域跨越式发展，或将成为国民经济新的增长点。水平起降组合动力运载器作为未来航天运输的重要发展方向，依赖于先进组合动力、先进材料与制造技术等的革命性跨越，可以实现更高性能的空天一体化运输和航班化运营。

重复使用运载器的主流方案采用升力式水平着陆，垂直起降的方式。美、俄、欧、日等世界主要航天国家和地区在发展重复使用运载器的历程中，曾研究过多种构型、多种起降方式的重复使用运载器。目前，除美国

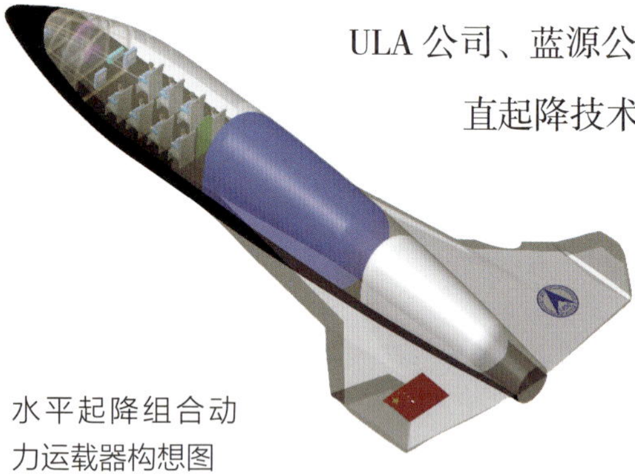

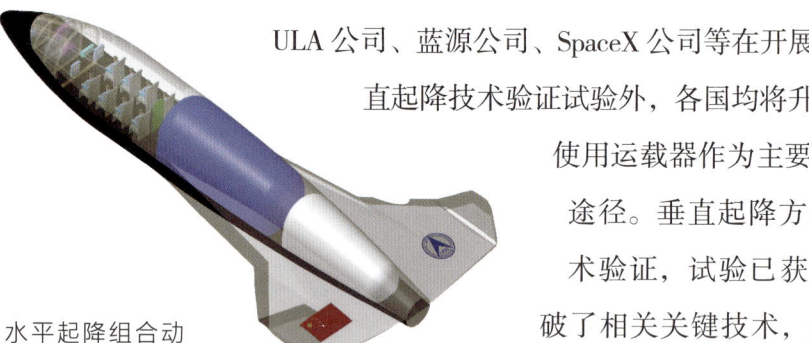

水平起降组合动力运载器构想图

ULA 公司、蓝源公司、SpaceX 公司等在开展伞降和垂直起降技术验证试验外，各国均将升力式重复使用运载器作为主要技术发展途径。垂直起降方式经过技术验证，试验已获成功，突破了相关关键技术，是发展重复使用运载器的有益探索。

水平起降组合动力运载器具有快速、廉价、可靠的特点，可成为低成本天地往返运输工具，具备应急响应发射入轨、在轨维护与按需返回能力，将大力推动空间开发的水平。水平起降组合动力运载器一体化设计技术是支撑未来航天运输系统发展与应用的核心技术之一，是未来先进航天运输系统的重要支撑技术。

通过开展水平起降组合动力运载器一体化设计技术研究，可以保证运载器高性能、高可靠、安全运行，能够以更加经济有效的方式满足航天运输对于运行成本、使用效能和保障能力的需求。通过航班化运营的方式，大大降低发射费用，作为降低航天发射成本的有效途径，实现安全、快速、机动、环保地进出空间，为我国航天高密度发射任务，有效服务国民经济建设，推动社会经济快速发展提供有力的技术支撑。

水平起降组合动力运载器作为前沿技术的代表之一，逐步成为当今航天运输系统的热点、难点和竞争点，国内外从未停止探索创新的步伐。在发展水平起降组合动力运载器一体化设计技术的过程中，将突破先进组合动力、智能飞行控制、轻质防热 / 承力材料、快速维护保障等一大批核心关键技术，推动空气动力、材料、动力、控制等基础学科的发展，促进提升加工、制造、试验等工程的能力。

发展水平起降组合动力运载器，能够大幅提升我国自由进出空间和利

水平起降组合动力运载器飞行构想图

用空间的能力，是深入推进航天技术、实现由航天大国向航天强国迈进的重要内容。发展水平起降组合动力运载器，将进一步服务民生和国民经济，具有十分广泛的应用前景和社会效益。

中国加快推进重复使用航天运输系统发展的前景

我国天地往返运输系统与国外相比，尚处于关键技术的攻关阶段，系统级的研究和验证还未全面启动，缺乏实际的飞行经验，亟须推进重复使用航天运输系统快速发展，可从以下几个方面发力。

第一，我国传统运载火箭率先实现精确回收，解决航区安全、发展绿色航天。2020 年前后对于现役有毒推进剂的运载火箭实现落区精确控制，从而解决航 / 落区安全问题，消除航天发射任务隐患，展示发展绿色航天的大国责任与形象，继而对星罩进行回收。回收技术主要包括伞降回收与栅格舵返回两种方式。

第二，突破水平起降组合动力运载器一体化设计技术依托于先进组合动力、新型推进剂、复合材料、高精度仿真、先进制造等前沿科学技术，使运载器实现更丰富的飞行任务模式、更高的经济性。发展水平起降组合动力运载器一体化设计技术，能够有力支撑未来快速进出空间、深空探测等任务，推动未来航天运输的革命性发展，并对未来产生深远的影响。针对水平起降组合动力运载器的一体化设计技术研究，仍有多项关键技术有待于突破，主要包括：

1）高集成组合循环动力系统一体化设计技术。

2）高协同机体 / 推进一体化设计技术。

3）气动 / 动力 / 控制多学科一体化设计技术。

4）动力 / 环境 / 任务多约束轨迹优化设计技术。

5）能源生成与热管理一体化设计技术。

6）内外流多物理场一体化仿真与试验技术。

7）重复使用防热结构一体化设计与制造技术。

8）预测与健康管理技术。

第三，我国未来新型运载火箭应广泛采用垂直起降技术实现子级 / 助推的回收与复用。我国新一代运载火箭成功首飞之后，火箭发动机等关键系统的可靠性得到了验证，以此为基础开展垂直起降研究具有重要意义。新一代运载火箭等都采用了液氧烃类发动机，选择基于液氧烃类发动机的未来新型运载火箭构型进行回收研制，可以起到以点带面的效果，即突破一型火箭关键技术即可迅速推广到其他型号，应用前景广泛。预计在2021年未来新型运载火箭可实现子级 / 助推的整体垂直回收与复用。

第四，优先发展升力式火箭动力重复使用运载器一级可先期构建重复使用进出空间基础平台。重复使用运载器近期重点聚焦两级入轨方案，其中升力式火箭动力重复使用运载器一级可作为我国重复使用航天运输技术发展的切入点，先期构建具有实际应用能力的重复使用进出空间基础平台。目前已完成以液氧甲烷发动机为代表的关键技术攻关，具备了开展系统级飞行试验条件。预计在2025年升力式火箭动力重复使用运载器一级可实现工程应用。

第五，组合动力技术发展正在尝试用多种途径解决重复使用运载器应用的问题。将组合动力发动机应用于重复使用运载器，需充分利用大气，延长组合动力发动机在大气中的飞行时间，将飞行器的速度增加到一个“极值”。组合动力重复使用运载器现阶段的攻关重点在于确定组合动力技术主攻方向，预计 2040 年可实现组合动力重复使用运载器一级研制，与一次性运载火箭二级构建两级部分重复使用运输系统。

第六，可以通过开展重复使用航天运输系统核心关键技术攻关，进一步提升系统固有性能。总体方面，针对系统设计难度大，多专业间强耦合的特点，需全面开展多学科优化设计工作。气动力 / 热方面，需要采用先进数值模拟、风洞试验、参数辨识及大数据等技术，对气动力 / 热及气动多学科耦合特性进行准确预示。

在结构和热防护方面，需要在复杂使用载荷和环境条件下，保证结构和热防护的完整性，同时具备评价其材料性能、表面状态、结构尺寸等是否满足再次飞行的能力。在动力方面，除要求高性能、高可靠、长寿命之外，还需要具备多次点火、大范围工况调节 / 全任务剖面故障检测、全寿命周期使用维护等功能。在控制方面，需要实现全程稳定控制，以及具备应对典型预期故障和非典型预期故障的能力。

第七，建议通过创新设计理念，建立重复使用航天运输系统的设计准则和评估方法，综合权衡系统的性能和经济性。需要从各技术专业的角度，提出适用于航天运输系统有限次重复使用的设计准则，建立总体和各分系统的核心技术技术指标体系，并明确核心技术指标的评估方法，以达到具备真正重复使用设计能力的目标。还需要在设计过程中有效融入低成本设计理念，在设计初期建立全寿命周期费用模型，完成从方案设计、生产制造、考核测试、发射运行以及使用维护等全寿命周期费用成本测算，明确影响成本的制约因素，在保证高可靠和长寿命的前提下，进一步优化改进设计。

中国宇航学会

撰稿人：陈亦冬　李华光　张文丽

3

如何实现农业重大入侵生物的前瞻性风险预警和即时控制？

中国是世界上受入侵生物危害最严重的国家，已确认的近700种入侵生物每年造成大约2000亿元的经济损失和严重的生态灾难。生物安全是国家安全的重要组成部分，提升生物入侵应对能力是维护国家粮食安全和生态安全的必然选择。“如何实现农业重大外来入侵生物的前瞻性风险预判和即时控制”入选2020年重大工程技术难题，反映了学术界对这一问题的高度重视和广泛共识。

吴孔明

中国工程院院士，中国农业科学院副院长，

中国农业科学院植物保护研究所研究员，

中国植物保护学会名誉理事长

农业入侵生物的风险预判和实时控制

外来入侵生物，是指对传入地的生态系统、栖境、生物、农林牧副渔业生产、人类健康带来危害和威胁的外来物种。一般而言，我们是以政治区划来定义“外来”，以对人类和生态的危害来定义“有害”；简单地说，外来入侵物种就是源自“国境之外”的“有害”生物，一般涉及动物、植物以及植物病害等。外来生物，则是指对于特定的生态系统与栖境来说，任何的非本地生物，通常是指物种出现在它正常的自然分布范围之外的一个相对概念。对于国家来说，是指来自其他国家而本国没有的生物。外来生物是个“中性词”，不涉及是否“有害或无害”；简单来说，就是来自国外的生物。

外来入侵生物的危害

目前，我国农林外来入侵生物已达 650 余种，其中重大入侵生物 120 余种。生物入侵已经成为威胁我国经济安全、粮食安全、生态安全、农产品贸易安全、人畜健康、生态文明建设和农业可持续发展的重要制约因子。

造成严重经济损失，影响农林业生产

外来入侵生物的危害之一是造成严重经济损失，影响农林业生产。据农业农村部外来入侵生物预防与控制研究中心估计，每年因生物入侵遭受的经济损失高达 2000 亿元。据估算，2005 年仅紫茎泽兰、豚草、稻水象

甲、美洲斑潜蝇、烟粉虱、松材线虫、美国白蛾等13种农林重要入侵生物每年造成的经济损失就达570多亿元。一些重大的入侵生物一旦发生，常常造成毁灭性损失，如新发入侵害虫——草地贪夜蛾、番茄潜叶蛾的严重威胁。

案例一：番茄潜叶蛾

番茄潜叶蛾是新近传入我国的一种小型蛾类昆虫，属鳞翅目麦蛾科，主要危害茄科的番茄（包括鲜食番茄、樱桃番茄/圣女果、加工番茄/酱番茄等）、茄子、马铃薯等。幼虫钻入植物的叶片里面取食叶肉，还可以蛀食顶芽、顶梢、幼苗的心叶、花蕾，更可怕的是可在番茄果实里面取食，严重影响番茄、茄子等作物的质量和产量。发生数量比较多或防治不及时的时候，常使番茄幼苗毁种重播，造成番茄减产80%，乃至绝产绝收（下图）。我国是世界番茄生产和出口第一大国，也是第四大主粮作物——马铃薯的生产和消费第一大国，番茄潜叶蛾的入侵和进一步传播扩散，必将对我国的粮食安全和农作物生产安全构成巨大威胁。

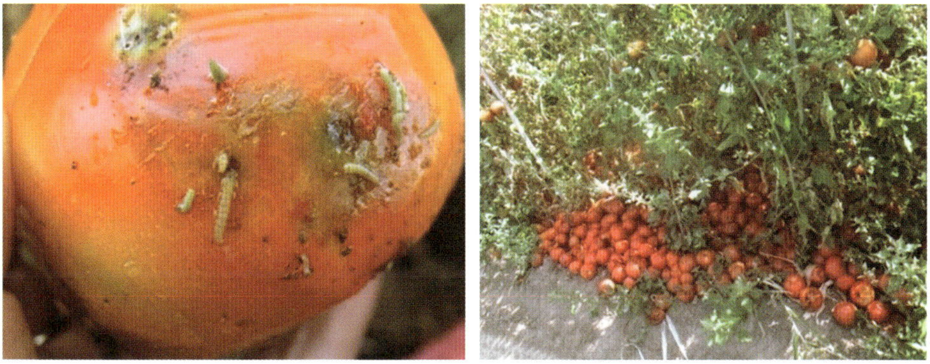

南美番茄潜叶蛾为害鲜食番茄造成满地落果（2017年，新疆伊犁）

案例二：草地贪夜蛾

草地贪夜蛾俗称“秋黏虫”，老百姓称其为“幺蛾子”。该虫属于鳞翅目夜蛾科灰翅夜蛾属，最早在美洲热带和亚热带地区发生，在国际上属于重大农业害虫，已于2019年年初从邻国入侵我国，主要危害玉米、小麦等粮食作物。“幺蛾子”来势汹汹。首先，这种虫子的幼虫取食量惊人，一头幼虫几乎可以毁掉一株玉米苗（下图），入侵我国以来，已经对我国玉米主产区作物生产安全造成严重威胁。其次，这种虫子扩散能力非常强，可以远距离迁飞，一昼夜甚至可以飞行100千米以上。此外，草地贪夜蛾繁殖力强，一头雌虫可以产卵1000~2000粒。2019年草地贪夜蛾发生面积高达1500多万亩，玉米受害面积占比98%，直接经济损失约100亿元；2020年，预计发生1亿亩，预估经济损失200亿~300亿元。

草地贪夜蛾幼虫取食玉米（王振营　供图）

案例三：植物病害

植物病害是指在生物或非生物因子的影响下，植物发生一系列形态、生理和生化上的病理变化，阻碍植物的正常生长、发育进程。植物病害的种类有很多，病原物可分为真菌、细菌、病毒、线虫和寄生性种子植物等。危害我国农业生产的重要外来入侵病原物有小麦矮腥黑穗病菌、大豆疫霉病菌、玉米霜霉病菌、黄瓜绿斑驳花叶病毒、香蕉穿孔线虫等。如小麦矮腥黑穗病由小麦矮腥黑粉菌（*Tilletia controversa* Kuhn，简称TCK）引起，主要危害小麦，可造成农作物矮化、分蘖增多等病症，对小麦生产具有毁灭性危害。该病害起源于北美洲和欧洲，是一种重要的国际检疫性病害，已有40多个国家将其列为检疫性对象。该菌可以通过种子、土壤、空气等多种途径传播，甚至加工成面粉后仍可检出该菌的冬孢子。该菌在土壤中可存活多年，一旦传入将难以根除。种子传播是TCK远距离传播的重要途径，混杂在小麦中的病粒（菌瘿）或病菌冬孢子是病害远距离传播的主要形式。据报道，TCK由美国传入加拿大和瑞典就是通过引种造成的。

棉花曲叶病是世界棉花生产上最具毁灭性的病毒病害，已在巴基斯坦、印度、苏丹、埃及和南非等国的棉花产区广泛流行，造成巨大的经济损失。木尔坦棉花曲叶病毒（*Cotton leaf curl Multan virus*）是引起巴基斯

小麦矮腥黑穗病成株期症状
（引自陈万权，2004）

小麦矮腥黑穗病孢子
（引自 Blair J Goates，1996）

木尔坦棉花曲叶病毒侵染木槿

木尔坦棉花曲叶病毒媒介烟粉虱

坦和印度棉花曲叶病流行的主要病原之一，主要由一种世界性入侵害虫烟粉虱以持久方式传播。2006年首次在我国广东朱槿上检测与鉴定到该种病毒，目前已在我国广东、广西和海南等多地发现该病毒引起的病害，受侵染寄主植物包括朱槿、黄秋葵、棉花和垂花悬铃花等。棉花曲叶病毒病也可以通过嫁接传播，但是不能通过机械传播、接触性传播和种子传播。因此，控制棉花曲叶病毒病首先要做好传毒媒介烟粉虱的防治。

威胁生态安全

外来入侵生物的危害之二是威胁生态安全，造成生物多样性和生态服务功能丧失/降低，导致严重的生态灾难。很多入侵杂草都极容易在入侵地形成“单一的优势群落”，迅速排斥本地物种，如豚草近几年在新疆的那拉提草原迅速形成“单优群落”，面积已逾100万亩；如刺萼龙葵在其入侵地草场的危害面积近1000万亩。与直接经济损失相比，生物入侵对生物多样性及生态系统结构与功能的巨大影响，难以用数字来衡量。

薇甘菊形成的生态灾难及“绞杀”本地植物
（乔曦　供图）

漫山遍野的三裂叶豚草

案 例 四：长芒苋

长芒苋是苋科苋属、一年生的草本植物，原产于北美洲，目前已经入侵欧洲、亚洲、非洲、南美洲和大洋洲的多个国家或地区。我国最早于1985年在北京发现长芒苋，目前已在北京、河北等地有分布。长芒苋极耐干旱和高温，对环境适应性极强，可以在各种环境中生存，甚至能适应恶劣的沙漠环境。它具有强大的生命力，即使刈割后，地下的根还能萌发新株；在翻耕的泥土中，只要留存有些许根、茎的片段，也可以继续萌发生长。它的植株高大，生长速度极快，生长条件适宜时，每天能长5~7厘米，成年的植株最高可达2.5米。它还具有极强的繁殖能力，单株长芒苋可产生10万~60万颗种子，有的甚至高达百万，种子可随风、水流以及人类活动进行传播。种子在5厘米深的土壤中也能萌发新株。正是由于上述这些特点，长芒苋注定会成为危害极大的恶性杂草。一旦入侵农田，长芒苋可通过其发达的根系，与农作物抢夺阳光、水、肥和生存空间，导致农作物大量减产。一旦入侵草地，长芒苋会严重影响牧草的产量和质量，家畜采食了富含亚硝酸盐的长芒苋后，还会引起中毒反应，对畜牧业造成严重

长芒苋形成单优群落

威胁。一旦入侵其他环境，长芒苋极易形成单一优势群落，排挤周围植物的生存空间，对当地生物多样性造成严重破坏。

威胁农产品国际贸易

入侵生物的危害之三是威胁农产品国际贸易，形成贸易技术壁垒。实施卫生与植物卫生措施协议（SPS）和贸易技术壁垒（TBT）中明确规定：在有充分科学依据的情况下，为保护生产安全和国家安全，可以设置一些技术壁垒，以阻止有害生物的入侵危害。对外来生物入侵的防范常常引起国与国之间的贸易摩擦，有时还会成为贸易制裁的重要借口或手段。中国加入世界卫生组织（WTO）后，国际贸易日益频繁，涉及外来入侵生物的贸易摩擦时有发生。近年来我国一些农产品国际贸易受到外来生物入侵的严重阻碍，如日本曾以水稻疫情为由禁止我国北方水稻及相关制品出口日本；美国曾以我国发生橘小实蝇为由禁止我国鸭梨出口美国。我国也十分关注国际贸易中外来入侵生物对我国的冲击，通过设置技术壁垒来阻止农产品进入我国。

案例五：苹果蠹蛾

苹果蠹蛾原产于欧亚大陆南部地区，以幼虫钻蛀到苹果、梨等果实为害，造成严重落果。目前已入侵六大洲 70 个国家，在我国年发生面积约为 75 万亩，造成的经济损失高达 3 亿元 / 年。苹果蠹蛾对非疫区威胁的压力持续增加，潜在经济损失将高达 140 亿元 / 年。由于其危害严重性，苹果蠹蛾被列入我国首批外来入侵物种名单，也曾被欧洲、菲律宾、日本和美国等作为限制进口我国苹果、香梨和樱桃等水果的政治因素。

苹果蠹蛾成虫、幼虫及其危害

威胁人畜健康

入侵生物的危害之四是威胁人畜健康和影响社会安全，还通过改变生态系统服务功能而干扰当地人们的传统生活方式，降低人们对自然生态环境的精神和美学享受，限制人们的户外休闲娱乐活动与旅游。例如，入侵杂草豚草和三裂叶豚草的花粉可引发过敏性皮炎和支气管哮喘等病症。在豚草发生区，每到豚草开花季节，过敏体质者便出现眼鼻奇痒、咳嗽、流涕、打喷嚏、哮喘、呼吸困难等症状，严重者会并发肺气肿、肺心病甚至死亡。再如，红火蚁是一种原产于南美洲巴拉那河流域的危险性害虫。由于其食性复杂、习性凶猛、繁殖迅速、竞争力强，对入侵区域的人体健康、公共安全、农林业生产和生态环境均具有严重的危害性，所以被列为世界上最危险的 100 种入侵有害生物之一。红火蚁也常把蚁穴筑在居民区附近，当蚁穴受到人或牲畜干扰后，常表现出很强的攻击行为。人被其叮蜇后，轻者皮肤受伤部位出现瘙痒、烧灼样疼痛和红肿，过敏体质者可引起全身红斑、瘙痒、头痛、淋巴结肿大等全身过敏反应（见下图），甚至发生过敏性休克而引起死亡。在红火蚁发生密度较高区域，会严重影响人们的农事操作和户外活动。红火蚁还常把蚁巢筑在户外或室内的电缆信箱、变电箱等电器设备中，进而造成电线短路或设施故障，给电力设施安

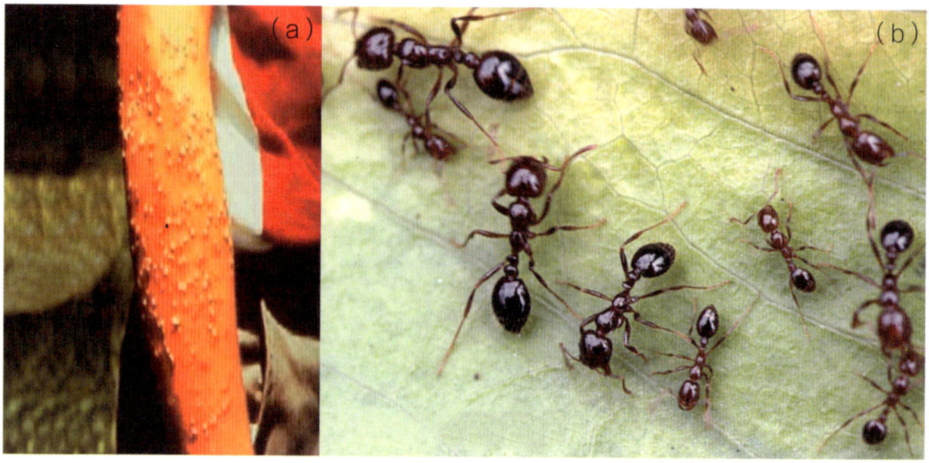

红火蚁及对人的危害：(a) 被红火蚁咬后的症状；(b) 红火蚁

全运行带来隐患。一些水域入侵物种（空心莲子草、水葫芦、藻类等）不仅影响防洪排洪等减灾行动，还严重影响正常防务活动。21 世纪初以来，国际上已把一些暴发型和毁灭性的入侵生物（如农业病虫害）上升到“农业生物恐怖”的高度。

外来入侵生物是如何传入和扩散的

外来生物的入侵是一个复杂的生态学过程，通常包括种群传入、定殖、潜伏、扩散、暴发等几个阶段。它们走出家门，开拓新属地的途径是多样化的，可以凭借自然或人为的方式，总体上可以分为以下三类。

自然传入

自然传入就是在完全没有人为影响情况下物种自然扩散至某一区域。植物种子（或繁殖体）等可以通过气流、水流自然传播，或借助鸟类、昆虫及其他动物的携带而实现自然扩散。例如，入侵植物紫茎泽兰、飞机草虽然主要是通过交通工具的携带而从中越、中缅边境传入我国，但风和水流也是其自然扩散的原因之一。薇甘菊以种子通过气流从东南亚传入我国广东省。一些杂草种子具有芒、刺、钩或者黏液，能黏附在动物皮毛上和人的衣服上传播，如大狼把草、三叶鬼针草、苍耳、刺萼龙葵、少花蒺藜草等杂草种子。苋属杂草如土荆芥、鸡矢藤等种子可被鸟类摄食并随其排泄物传播扩散。动物可依靠自身的能动性（靠近地面迁移、空中飞行等）及气流、水流等自然力量而扩展分布区域。微生物的自然传入方式更多样化，它们既可借助非生物因子如气流、水流进行传播和扩散，还可随其宿主动物、宿主植物（种子、繁殖体等）的活动和扩散而实现入侵，如一些植物病害的孢子可随气流扩散。

有意引入

我国从国外或外地引入优良品种有着悠久的历史，大部分引种以提高经济效益、观赏和保护环境为目的。值得注意的是，在引种的实践中，也难免犯下错误，其中有部分种类由于引种不当而成为有害物种。对外来植物而言，有意引入：作为牧草和饲料（如空心莲子草、凤眼蓝等）、作为观赏物种（如加拿大一枝黄花、圆叶牵牛、马缨丹、南美蟛蜞菊）、作为药用植物（如美洲商陆）、作为改善环境的植物（如互花米草、大米草等），结果引入后抑或形成单优群落排挤本地植物造成物种多样性下降，抑或造成水体环境富营养化等，进而成为必须管控的入侵生物。我国目前已知的外来有害植物中，超过 50% 的种类是人为引种的结果。对外来动物而言，引入的主要目的是用于养殖（如许多螺、贝、虾、鱼、蛙类动物），或用于观赏（如一些龟、鸟类动物）。

无意传入

无意传入，指外来生物借助人类各种类型的运输、迁移活动等传播扩散而发生的，也是与人类活动密切相关的入侵途径。发生无意传入的主要原因是在开展这些活动时人类并未意识到传入外来种的风险。一些物种由于个体微小或发生较为隐秘，常被人们忽视或难以发现，故十分容易随其他物品或植物产品 / 种苗等进行传播，如烟粉虱 B/Q 隐种和西花蓟马随的传播，番茄潜叶蛾随番茄果实和幼苗外销外售的传播等。一些物种与人类引入栽培、养殖的物种外形相似（如杂草种子、鲤科小鱼），或者寄生于其他物种上（寄生生物、病原微生物，如栗疫菌），或者与其他物种共生，这些物种也容易造成生物入侵。还有一些外来种原栽培或饲养于动植物园中（或被人为限制在小区域内），它们逃逸出来成为入侵种（如南苜蓿、圆叶牵牛、多花黑麦草等）。

随着我国经济全球化的快速发展，农产品贸易量增加、人员流动加剧、经济区域化、交通设施网络贯通等，外来入侵生物跨区域传播和扩散风险增强。近 10 年传入的入侵生物近 60 种，每年新发疫情 5~6 种，是 20 世纪 90 年代的 10 倍，口岸截获的外来有害生物种类和频次分别增加 9.8 倍和 51.5 倍。如农业新发重大入侵生物“番茄潜麦蛾事件”（2017 年）和“草地贪夜蛾事件”（2019 年），正严重威胁我国的农产品出口贸易安全和粮食安全。

我国外来入侵生物传入扩散的基本情况和未来态势

我国外来入侵物种传入途径来源广泛，从美洲传入的最多，约占 54%，其中来自北美洲的约占 30%、南美洲的约占 24%；从亚洲其他国家和地区传入的次之，约占 20%；从欧洲、非洲和大洋洲传入的分别占 17%、6% 和 3%。沿海省份和地区首次发现入侵物种的比例最高，超过 70%，其次是边疆省份和地区，约占 20%，而内陆省份和地区的比例最少。

入侵到我国的外来物种占据了各类生态系统，包括农田、森林、草原、灌丛、湿地、内陆水域、海洋到人类生活居住区等，但多发生在人类活动比较频繁、受人类干扰严重的区域。外来入侵物种在我国的分布也存在较大的空间差异，南部及东南部沿海的发达地区外来入侵生物种数较多，内陆和西部地区外来入侵生物种数相对较少，呈现出从东南向西北外来入侵生物种数逐渐减少的总体趋势。入侵种数量较多的地区有广东、广西、云南、福建、江苏、台湾等。

我国有一半以上的非有意外来入侵物种是近 70 年才发现的，入侵物种的增加速度呈明显上升趋势。根据模型初步估计，未来 30 年我国可能还要新增66~90种外来入侵物种。近年来，我国外来入侵物种还呈现新入侵疫情不断突发的特点，如农业新发重大入侵生物“番茄潜叶蛾事件”（2017年）和“草地贪夜蛾事件”（2019年），正严重威胁我国的农产品出品贸易安全和粮食安全。

如何主动应对和预防生物入侵

生物入侵包括外来物种的传入、定殖、建群、扩散和暴发危害等不同阶段，是一个复杂的链式过程。一个新的入侵物种，一旦被发现对农林生产或生态环境造成重大影响，表明它已在某地区扎根危害，想要彻底消灭很困难。因此，抓住生物入侵的早期环节，即在外来物种的传入、定殖和建群阶段就实施严格的、科学的监测与防控，控制生物入侵就能起到事半功倍的作用。因此，对生物入侵进行早期预警，可以最大限度地减少或延缓生物入侵可能带来的生态灾害影响和经济损失。

如何进行早期预判预警

数据集成是研究生物入侵的基础，通过追踪外来物种入侵的历史，分析入侵物种的扩散规律，来预测某一类群的入侵可能性。2000年以来，我国先后建立了中国外来入侵物种数据库、中国国家有害生物检疫信息系统等，为我国有害生物风险评估和早期预警提供了大量的科学信息。有害生物风险分析是外来入侵物种早期预警体系的重要组成部分，包括两个主要内容：一是有害生物风险评估，是关于某个或某类有害生物进入某一国家或地区定殖并造成生态经济影响的可能性（概率）；二是有害生物风险管理，是指外来入侵物种管理相关部门通过采取不同措施，将这种可能性降低到可以接受的水平。

有害生物风险评估是有害生物风险分析的重要内容，主要目的是明确外来物种在传入、定殖、扩散、暴发等不同阶段中的入侵风险，明确其潜在地理分布、入侵可能性、潜在损失等。其中，潜在地理分布区（又称为适生区）的风险评估，能够确定拟引进或输入的物种或者分布局限的入侵种在一定的气候、寄主等条件下可能的地理分布范围。潜在地理分布风险评估能够为入侵可能性风险评估及潜在损失风险评估提供直接的数据，同时也能为风险管理中控制预案的制订提供科学依据。目前，国内外生物的潜在地理分布风险评估主要采用生态学模型来进行预测。

为了提升早期防卫的国家能力，我们需要建立国家级的潜在和新发入侵生物风险预警平台。着眼全球尤其是我国的周边国家、“一带一路”沿线国家和农产品贸易往来频繁的国家，构建跨境入侵生物数据库与信息共享的大数据库预警平台；前瞻性开展重大潜在入侵生物对我国的传入—扩散—危害的预警监测及全程风险评估，并权威性和动态性地及时增补《中华人民共和国进境植物检疫性有害生物名录》；同时发展大数据库分析与处理技术、可视化实时时空发布技术、时空动态多维显示技术，研制稳定、自动识别、收集、转换和共享的软件系统与分析方法，提升入侵生物传入和扩散危害的预警预判和信息分布的决策支撑能力。

如何防止传入

严格实施口岸 / 产地检验检疫。针对入侵种主要借助人类活动尤其是农产品（以及宠物、观赏植物等）通过电商、邮商、微商等的异地销售，进行远距离传播扩散的问题，针对我国还没有发生的外来物种在口岸对进境农产品及其包装物实施严格的检验检疫措施，严防农业有害生物借机传入我国。对于在我国局部区域发生的重大农业入侵种，在农产品采收以后和销售之前实施严格的植物检疫措施，避免带有病斑、虫卵的农产品流入市场，严防重大农业入侵种进一步传播到其他的地域。

如何实现早期发现

对潜在农业入侵种的快速精准检测和实时监测，是早期发现重大农业入侵种，实现提早预防预警的关键。其中，农业入侵种的准确快速检测鉴定是早期发现外来种的先决条件，而准确快速地检测鉴定既需要借助传统的形态学识别方法，也亟须现代化检测鉴定技术的研发，如针对南美番茄潜叶蛾在 DNA 条形码鉴定技术的基础上，进一步研发了靶向该物种的种特异性快速检测鉴定技术，缩短了检测鉴定时间，提高了检测鉴定效率。

野外监测是早期发现入侵种的重要手段，以往主要通过田间实地调查和踏查进行，而随着自动化、信息化以及遥感等技术的发展和应用，通过技术整合融通，研发了入侵生物野外调查数据云采集系统以及基于性信息素诱捕法的远程实时监测系统，实现了重大农业入侵种的及早发现和扩散前沿带的有效监控。例如，针对世界番茄的毁灭性害虫番茄潜叶蛾，通过研究其在世界范围内尤其是近年来在亚洲的扩散历史和扩散趋势，分析其可能传入中国的途径和首次传入区域，并在高风险区域进行持续多年的定点监测，成功地实现了对该害虫的早期监测预警以及西北区前沿扩散带阻截。

为进一步提升风险防范和应对的国家能力，需要前瞻性研发重大潜在和新发入侵生物的实时化、远程化和智能化监测技术。前瞻性开展重大潜在和新发入侵生物的远程探测和点面侦检的实时化和智能化监测技术，如：基于 4G 网络和图像识别等的快速识别技术、脱氧核糖核酸（DNA）指纹图谱及生物传感器的快速分子诊断技术、高空雷达捕获技术和红外光谱探测技术等，以提升重大入侵生物的预警监测能力；并同时在我国“六廊六路多国多港”境内沿线，建立入侵生物的国家级全息化地面监测网络，开

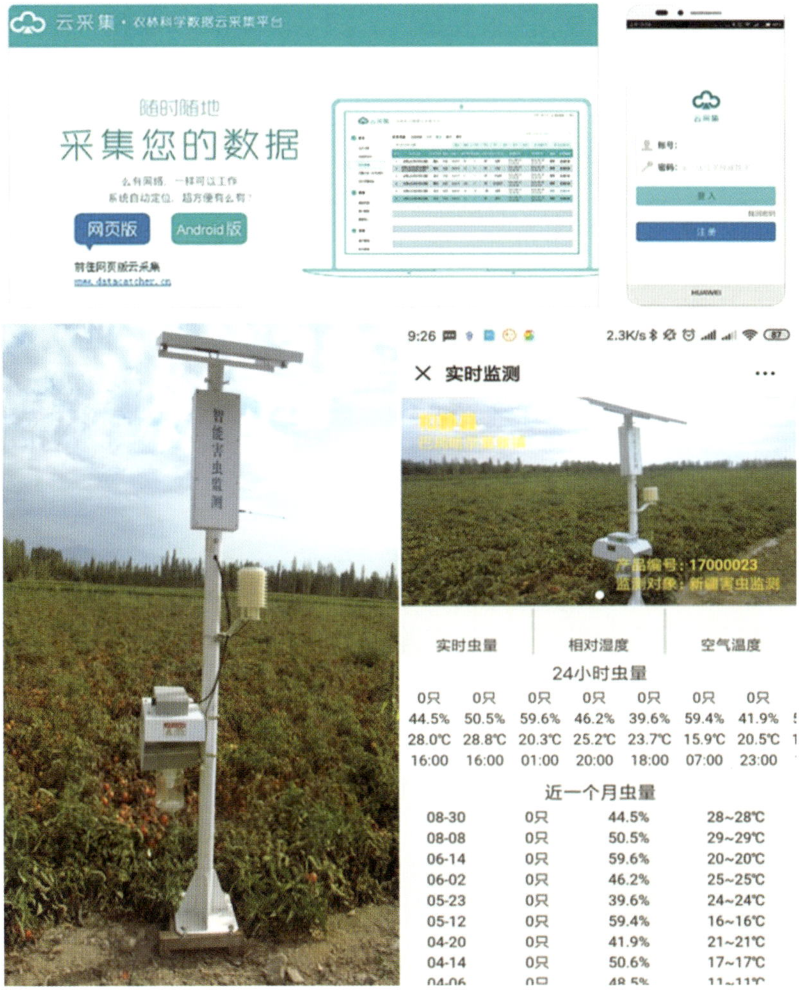

野外调查数据的云采集与远程实时监测

展重大潜在/新发入侵生物的基础性和长期性调查，实现入侵生物的早期发现、实时预警和智能发布。

如何防止扩散

当某种入侵种传入一个新区域的时候，为了防止其进一步传播扩散，避免对当地农业生产和生态环境造成更大的损失和不利影响，我们必须针对其生物学和生态学习性，采取相应的紧急处置和应急控制措施。具体包括：

（1）传入早期的根除。在重大农业入侵种传入的初始阶段，根据靶标种的生物学和生态学习性发生为害特征，在地毯式调查明确其分布范围的基础上，不惜一切代价，采取相应的措施，坚决予以根除。如，针对以幼虫或/和成虫为害作物地上部、幼虫在土壤中化蛹的入侵害虫，可以采用就地喷药灭杀、就地覆膜熏沤、水旱轮作，以及必要的人工捏杀等措施；针对无法在北方野外越冬或食性较为专一的入侵害虫，可以采用低温冻棚、种植非寄主作物等措施。针对入侵病原物，只在农作物的地上部进行为害的，可以采用就地喷药、拔除病株或集中焚烧的措施；针对可以在土壤中存活的病原菌，在采取上述措施的同时，还需对土壤进行熏蒸处理。针对入侵杂草，可以采取除草剂喷杀、人工拔除以及集中焚烧等。

（2）限制和阻断。在调查明确靶标种具体分布范围的基础上，在其分布区域、扩散前沿地带以及高风险区域，建立区域性实时监测网络，包括长期跟踪调查和实时远程监控，建立长期跟踪调查年度档案，严防再次入侵和阻断进一步传播扩散。

俗话说，“请神容易，送神难”。通常，外来种入侵到我国以后是很难灭绝的；而且外来种要么体型微小（如入侵害虫体长不足1毫米，肉眼根本没有办法看到），要么隐蔽性很强（如入侵害虫可以躲藏在幼嫩的植物组织里面、缝隙里或果实里），非常容易随着农产品及其种子和幼苗的调运进行远距离的传播和扩散，如果没能及时发现，或防治不及时，或各自为政，你家防、别家不防，再好的防控都功亏一篑，若病原物种暴发成灾，则会造成颗粒无收的局面。因此，对危害严重、潜在威胁巨大的农业入侵种，必须采取区域性甚至全国范围的联防联控、全区/全国一盘棋，将入侵种尤其是新发入侵种消灭在萌芽阶段。具体包括：集中优势科研单位和研究力量，进一步完善优化防控技术方案；政府相关职能部门、科研人员、普通民众，统一认识，上下一心、全民一心；加强防控物资质量保障，规范物资使用标准；加大信息公开和共享力度，实时分享防控成功经验和失败教训；广泛开展科普宣传和解读以及农民技术培训，提高全民防范意识和防控参与程度；同一区域，统一指挥、统一部署、统一行动、统一管理，确保各项防控措施落实到位、有序有效进行。

更为重要的是，基于入侵生物的风险评估和预警监测信息的预判和研判，需要前瞻性和战略性地建立和发展潜在入侵生物的应急处置技术（包括物理机械防除法、辐照法、化学灭除法、环境友好型应急控制技术和扩散阻截法等技术及其产品，以及基于单项技术和多项技术集成的专门应急处理装备）及物资储备。此外，通过建立潜在 / 新发重大入侵生物的区域性国际合作与防控平台，前瞻性开展境外预警和区域性联防联控，防止或降低入侵生物的传入扩散频率。

存在问题和政策建议

健全外来入侵生物防控的法律法规和行业部门内外协同 / 协调机制，完善政策导向，提升监管能力

完善外来物种入侵管理的法律法规体系，特别是完善外来物种引入的风险评估、准入制度、检验检疫制度、名录发布制度等，填补入侵生物监管存在的法律空白，重点是制定颁布《外来物种管理条例》；完善以政府为主导，以科技为支撑，以专业人才队伍为柱梁，全民主动参与的入侵生物防控框架的政策导向。建立国家级的入侵生物防控委员会和风险评估决

策中心；完善农、林、海关、环保等行业部门间开展外来入侵防控共同规划和行动的协同 / 协调以及会商机制，促进合作分工和共同应对；建立多部门参加的外来物种管理协调机制和应急快速反应机制，统一协调外来入侵生物的管理，解决部门间存在的职能交叉、重叠和空缺问题，实现新发入侵生物监管的全覆盖。

加强早期预警与监管的主动应对能力

面对生物入侵新发疫情和潜在威胁日益严峻的态势，我国现有的偏传统的预警技术和方法以及监管机制已无法有效应对。新时期下，潜在入侵生物的来源信息不明、扩散路径与动态不清，缺乏有效的风险预警信息支撑；现有预警技术缺乏实时性、动态可视性与智能化，不能满足早期预警的需求。亟须构建跨境入侵生物数据库与信息共享的大数据库预警平台，尤其是针对全球性的潜在重大入侵生物；前瞻性开展重大潜在入侵生物对我国的传入—扩散—危害的预警监测及全程风险评估。

风险威胁评估决策机制不完备，风险防卫缺乏前瞻性

重大跨境迁移有害生物的早期预警和监测必须基于入侵生物的风险评估研判和决策。但当前在决策机制上，我国缺乏入侵生物风险评估的国家级权威性评估机构或委员会。在评估技术方面，由于方法缺乏创新和潜在入侵生物的信息缺乏，原有风险威胁评估机制不能前瞻性满足“一带一路”沿线及新时期下入侵生物“防火墙”建设的需求。亟须构筑生物入侵“防火墙”，基于大数据分析，构建集传入媒介、种群定殖、繁殖增长于一体的有害生物迁移 / 播散全过程风险评估技术体系和定量评价方法模型，建立在线评估系统和 App 智能用户终端，以为跨境迁移有害生物的源头预防与实时动态系统监测提供指导。

检测监测溯源技术落后和储备不足，缺乏实时化和智能化

“一带一路”区域经济一体化以及农产品贸易和人员流动的剧增，入侵生物传入扩散途径多，呈现“遍地开花”态势，亟待发展和储备各种高通量、实时、灵敏、智能的入侵生物快速检测监测和溯源技术。一方面，现有检测监测手段落后、自动化水平低、低通量、检测时间过长或检测敏感性不够、监测成本高、监测周期长，监测“盲点”多等明显缺陷；缺乏重大入侵生物快速分子群体检测、无人智能监测及追踪索源的新技术与新方法，无法实现对入侵生物的远程实时监测及其识别与诊断。另一方面，重大入侵生物受材料 / 样品来源获得的制约，无法开展前瞻性和储备性的检测和监测技术，导致早期风险预警能力严重不足。因此，为了实时掌握入侵生物的发生和发展信息，争取防控主动权，亟须构建快速精准检测与远程智能监测技术平台，打造高效快速“地空侦测群”，融合基因组学、现代分子生物学、DNA 指纹图谱、分子气味传感、雷达捕获、高光谱与红外图像识别、卫星遥感、无人机、5G、“互联网 +”等技术和方法，创制集地面快速侦测、高空智能监测、风险实时发布、危机紧急处置为一体的技术群，提升入侵生物智能监测预警能力。

主动预防应急处置有短板，难于早期根除和扩散阻截

由于缺乏对重大潜在入侵生物的预警研判，因此，针对潜在和新发入侵生物，缺乏前瞻性和储备性的有效主动预防和应急处置技术，包括预警技术、早期监测与快速检测技术、口岸检疫处理技术、早期根除与阻截技术及其产品 / 装备、应急物资的超前筹备，无法建立有效的应急预案和快速响应机制，主动应对能力存在短板，针对突发的新疫情，难以实施有效的早期根除和扩散阻击。亟须升级灭绝根除与阻击拦截的技术平台，建立快速反应“特战队”。重点针对我国“六廊六路多国多港”境内沿线、边贸

区、自贸区、自贸港等入侵生物传入扩散前沿阵地，建立入侵生物的国家级全息化地面监测网络，开展入侵生物的基础性和长期性疆域普查与定点排查；基于风险预警研判，制定灭除与拦截的技术标准与规范化流程；建立入侵生物的不同级别的快速响应机制与储备应急处置物资；建立国家/区域间风险交流与风险管控机制，最大限度地遏制入侵生物的传播与扩散蔓延。

科技创新是支撑生物入侵防控实践的原动力和基石。生物入侵是一个“传入—定殖—扩散—暴发”的生态过程，不仅需要开展其入侵扩散与成灾机制的基础研究，创新入侵生物防控颠覆性技术；而且需要融合当代多学科最新科技前沿，创新突破性的入侵生物的早期风险预警、早期检测监测、早期应急根除和全程控制技术，引领生物入侵防控的科技前沿。科技创新不仅是满足“御入侵生物于国门之外，灭入侵生物于入侵扩散萌芽之初，抑入侵生物于经济危害水平之下”的防控实践国家需求；而且有利于破除国际农产品贸易技术壁垒，赢得“贸易战”的主动权和优势地位。此外，引领性、突破性和颠覆性技术以及形成的生物入侵防控“中国方案”，有利于我国主导和参与相关的国际规则（如国际公约、国际标准、国际联盟等）的制定和全球外来生物入侵防控共同体的信息与资源共享，提升在生物入侵领域的话语权和国际影响力。我国生物入侵防控科技起步晚，基础薄弱，技术引领性和突破性不够，亟待进行科技创新。

中国植物保护学会

撰稿人：刘万学　杨念婉　褚　栋　张桂芬　冼晓青
郭建洋　王　瑞　万方浩

4

信息化条件下国家关键基础设施如何防范重大电磁威胁？

强电磁脉冲主要包括人为的高空核电磁脉冲、高功率微波以及自然现象地磁暴等。它们可以对电子、电力系统内的关键易损设备造成损伤，致使系统失效甚至瘫痪。随着信息化和智能化的发展，电力、通信、油气管网、高铁等关键基础设施中电子设备的电磁损伤阈值越来越低，易损设备越来越多；同时关键基础设施向互联化发展，广域特征更加明显，系统间更加相互依赖，因而关键基础设施的强电磁脉冲威胁日益严重。强电磁脉冲可以同时在大面积范围内对关键基础设施造成损伤，引起系统故障和瘫痪，造成重大经济损失和灾难性后果。关键基础设施为广域系统，覆盖范围广、结构复杂，存在多种耦合途径，同时分系统及系统间相互关联，若对关键基础设施进行全面加固，成本巨大，难以承受。因此，重大电磁威胁防范应着眼于强电磁脉冲威胁可控、损失可承受，需要通过威胁评估、节点加固和系统恢复的策略进行，涉及威胁环境、耦合效应、防护与恢复、试验评估、标准规范等方面，覆盖多学科，跨行业、跨领域，是一个复杂的系统问题。

邱爱慈

中国工程院院士

如何防范重大电磁威胁引发的灾难性后果？

什么是强电磁脉冲？

强电磁脉冲通常指各类瞬态的高强度电磁场，主要包括高空核爆炸电磁脉冲（HEMP）、高功率微波（HPM）等人造电磁脉冲和地磁暴等自然现象。常见的电磁脉冲频谱如下图所示。

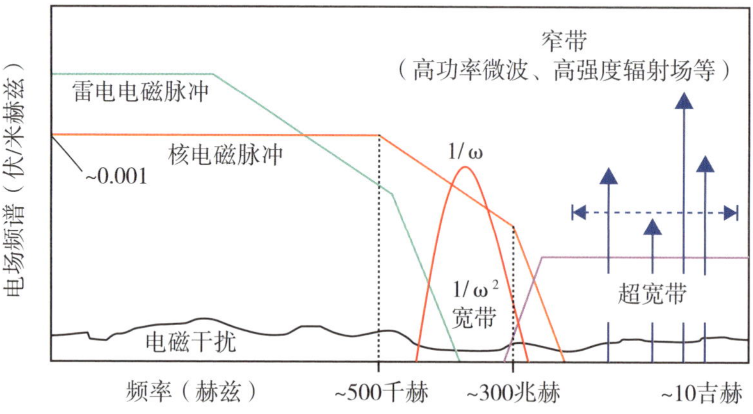

各类电磁脉冲频谱示意图
（引自 *Source: D. Giri*）

高空核爆炸电磁脉冲由爆炸高度在 30 千米以上的核爆炸产生，覆盖范围极广，可达上千千米。典型高空核爆炸电磁脉冲波形分为早期（E1）、中期（E2）和晚期（E3）三个阶段，如下页图所示，分别由瞬发 γ，散射 γ 和地磁扰动三种机理产生。E1 的电场峰值可达几十千伏每米，上升沿 1 纳秒左右，持续数百纳秒。E2 电场为百伏每米量级，变化的时间尺度在 1 微秒 ~10 毫秒，能量的频域分布主要在 100 千赫兹以下，其频谱与雷电电磁脉冲类似，但分布范围更广。E3 的地电场强度由地磁场扰动变化率、大地电导率等决定，幅度可达几十毫伏每米，脉冲持续可达 100 秒，主要频段在 0.01~1 赫兹。其频谱与地磁暴类似，但强度大于地磁暴。

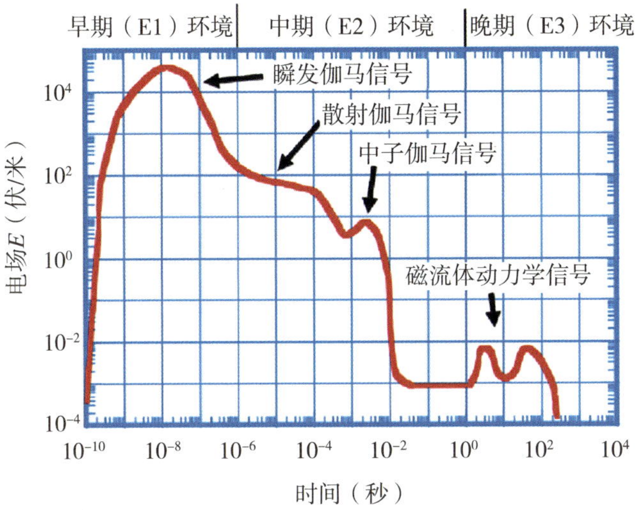

高空核爆炸电磁脉冲波形的三个组成阶段［引自 Edward Savage，James Gilbert，and William Radasky. The early-time（E1）high-altitude electromagnetic pulse（HEMP）and its impact on the U. S. power grid，Meta-R-320，2010.］

高功率微波主要是指由武器发射的 300 兆赫到几十吉赫电磁波束。它既易与现代通信等系统的高频天线耦合，也易透过系统壳体上的孔缝耦合到系统内部，从而使内部设备或器件发生误动作或损伤。随着高功率微波技术的发展，窄带高功率微波在数十千米处的峰值可达千伏每米。

地磁暴是指由太阳风暴冲击地球磁层引起地磁场的剧烈扰动。它在地磁场扰动幅度、时间特征、作用范围及感应产生地电场的特性等方面，与高空核爆炸电磁脉冲晚期环境相似。监测数据表明，特大等级以上的地磁暴产生的地电场强度可达每米 1~10 毫伏，虽然低于大当量核爆的高空核爆炸电磁脉冲晚期环境，但是地磁暴的持续时间较长，可能长达数天。

强电磁脉冲对关键基础设施有什么危害?

电磁脉冲可以通过设备天线和线缆（电源线、数据线、电力线等）的传导耦合，或屏蔽壳上的孔缝耦合，将电磁能量传递到系统内部，在线路上产生大电流和在部件端口产生高电压，引发局部放电、击穿或烧毁，最终导致系统故障失效或彻底瘫痪，如下图所示。高空核爆炸电磁脉冲的E1、E2 和 E3 频率不同，主要的耦合方式也有所不同。

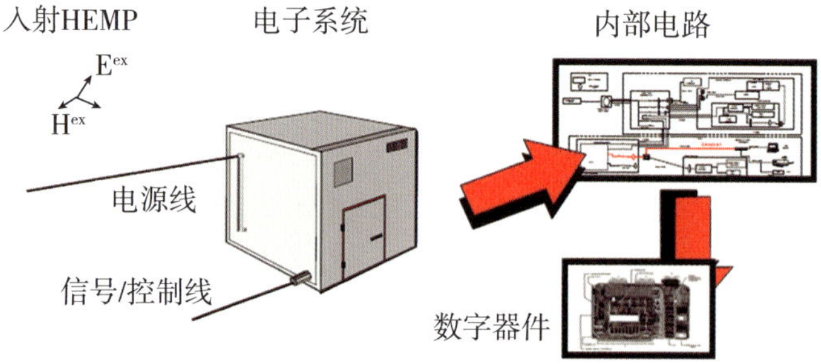

高空核爆炸电磁脉冲的作用机理

E1 的频段在 0.1~100 兆赫，主要通过配网架空线、控制线、信号线等线缆耦合进入系统，也可以通过孔缝的辐射耦合进入电子系统内部。一般配网架空线的长度为 100 米至千米不等，E1 作用产生的耦合电压可达百千伏，耦合短路电流可达 4 千安，脉宽 100 纳秒，可引起配网变压器、绝缘子的损伤；对于 10~100 米连接电子设备的控制线或信号线，E1 产生的耦合电压可达 10 千伏量级，可引起电力系统二次设备和通信系统、信息控制系统中的电子设备损伤；对于几米长的天线或垂直线，耦合开路电压可达几十千伏，可引起天线终端的电子设备损伤。E2 可以在 E1 损伤雷电防护器件后进入电子系统，造成进一步损伤。E3 耦合的主要目标是长度 100 千米量级的接地导体，如电力系统中的高压输电线路等。E3 能在线路中耦合产生近似直流的地磁感应电流（GIC），其幅度可达上千安培，可引起电力系统中输电线路中大型变压器、断路器等设备的损伤。

高功率微波武器可以损伤关键基础设施中的数据采集与监视控制（SCADA）系统、计算机网络等电子信息系统。在美国空军研究实验室 2012 年开展的“反电子设备高功率微波先进导弹”演示试验中，携带高功率微波载荷的巡航导弹按预定航线低空飞行约一小时，通过猝发高功率微波，在一次飞行中先后抵近攻击了 7 处目标，其中公开的一处目标为建筑物内的计算机网络，如下图所示，展示了弹载高功率微波瘫痪网络信息系统的潜力。

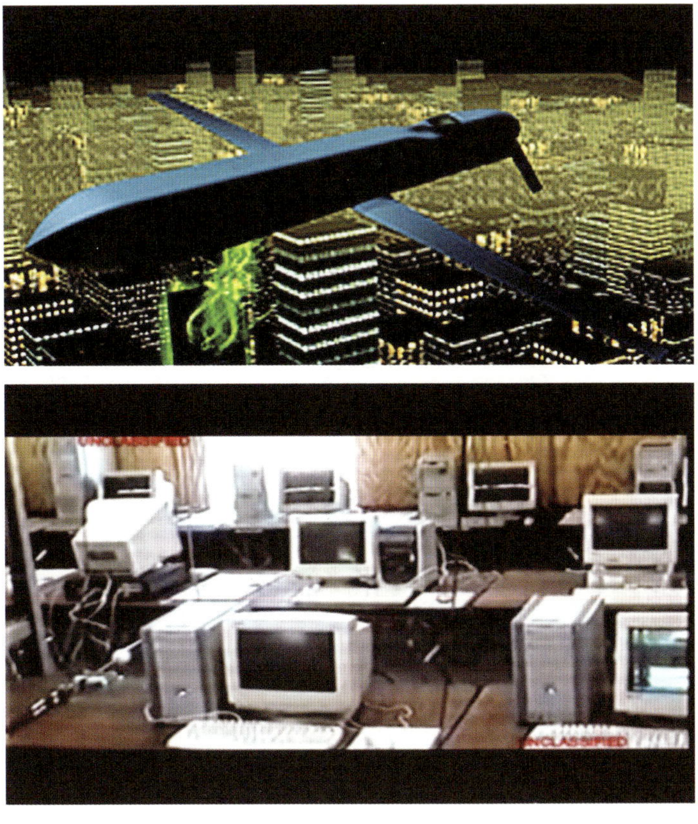

美 CHAMP 计划飞行试验模拟场景（上）和公开的地面靶目标（下）

地磁暴能在电网和油气管网等长距离管网线上产生频率为 0.1~0.0001 赫兹的大幅值地磁感应电流，从而对输电网上的大型变压器和油气管网的阴极保护装置、仪表、传感器等设备造成损伤，严重危害电网和油气管网安全运行。1989 年 3 月 13 日，地磁暴产生的地磁感应电流（事故后估算约为 200 安）使魁北克电网一台 750 千伏变压器烧毁，十几秒内整个电网瘫痪，造成电力中断 9 小时，600 多万居民用电受到影响，电力损失约 2000 万千瓦，直接经济损失约 5 亿美元。2003 年 10 月 30 日，地磁暴造成瑞典马尔默市电网大停电，南非电网十多台变压器损坏。

现代信息化社会高度依赖电力、通信、油气管网、供水供气、高铁等关键基础设施。这些系统相互关联、相互依赖，如下图所示。尽管局部电力、通信、油气管网、供水供气、高铁故障能通过控制调度和紧急抢修尽

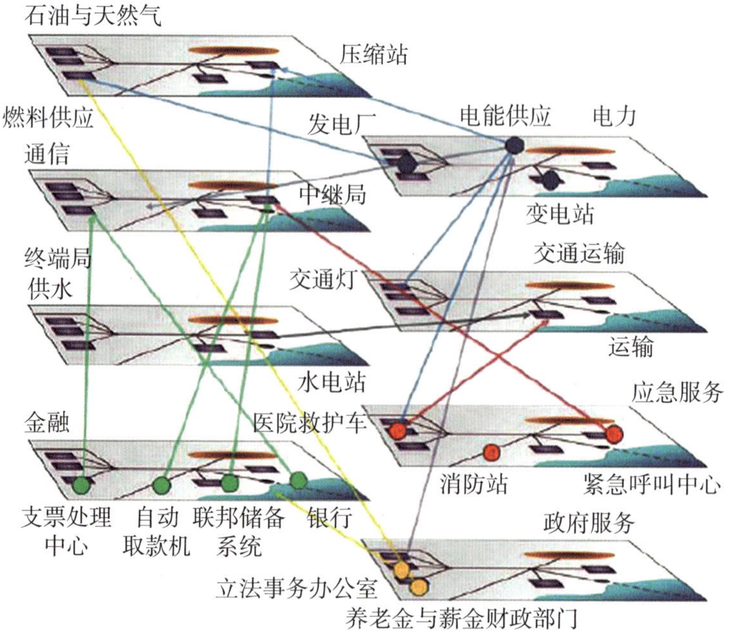

关键基础设施系统之间的复杂关系结构图［引自 John S. Foster，Earl Gjelde，R. Graham，et al. Report of the Commisssion to Assess the Threat to the United States from Electromagnetic Pulse（EMP）Attack-Critical National Infrastructures，2008.］

快恢复，但高空核爆炸电磁脉冲的全国覆盖攻击有可能导致整个国家的电力、通信以及现代工业中油气管网、供水供气、高铁等的数据采集与监控系统同时全面故障，这种全局性的瘫痪不可能马上修复。2010 年，美国能源部、国土安全部等联合支持的一项研究评估指出，如果在美国中部上空发生百万吨级核爆炸，产生的高空核爆炸电磁脉冲将损坏美国电网中 365 个大型变压器，使其 40% 的人口断电 4~10 年 。

我国现有关键基础设施对强电磁脉冲等重大电磁威胁的防御能力如何？

目前，国内对于关键基础设施的雷电等电磁防护问题非常重视，开展了雷电监测、防护等研究，很多成果已成功应用于生产、生活各环节。国家电网公司已经建立了比较完善的雷电监测网，并开展了多年雷电效应和防护技术研究，取得了丰硕的成果。通信系统防雷成效也非常显著，可以有效防护绝大部分雷电。

基础设施的雷电防护对强电磁脉冲防护具有一定作用，然而对高空核爆炸电磁脉冲等强电磁脉冲防御来说还存在不足，主要表现在四个方面：一是高空核爆炸电磁脉冲中的 E1 环境和高功率微波的上升时间比雷电电磁脉冲快得多，现有的一些雷电防护器件响应速度不够快，需要研发快响应的防护器件；二是强电磁脉冲的频谱范围更宽，高频成分更多，需要研发性能和防护兼顾的新材料；三是高空核爆炸电磁脉冲中的 E3 环境和地磁暴能够在长接地导体上产生的上千安的准直流地磁感应电流，现有的雷电防护器件无效，需要研究针对地磁感应电流的减缓技术；四是高空核爆炸电磁脉冲覆盖范围极广，其防护、应急和恢复要求与局域雷电防护要求差异显著，需要通过威胁评估、节点加固、系统恢复等策略来应对强电磁脉冲威胁。

我国在关键基础设施的规划布局、设计建造、运行管理中没有考虑对强电磁脉冲攻击的防御问题，也未开展关键基础设施强电磁脉冲威胁系统评估。关键基础设施若不设防，一旦遭受强电磁脉冲威胁，将迅速瘫痪，造成严重的经济损失，影响社会稳定。

关键基础设施的强电磁脉冲防御为什么是个重大难题?

关键基础设施的强电磁脉冲防御是一个极其复杂的系统工程。关键基础设施为广域系统，覆盖范围广、结构复杂，存在多种耦合途径，同时分系统及系统间相互关联，因此要对关键基础设施进行全面加固，成本巨大，难以承受。美国通常采用威胁评估、节点加固和系统恢复相结合的策略来应对关键基础设施的强电磁脉冲威胁。

第一大难点是关键基础设施的强电磁脉冲威胁评估。威胁评估包括强电磁脉冲环境研究、关键基础设施易损性分析与测试、广域系统强电磁脉冲毁伤建模与仿真等环节。其中环境研究包括强电磁脉冲环境产生机制和环境生成技术研究，目前在高空核爆炸电磁脉冲晚期环境产生机制和大空间、机动型强电磁脉冲环境生成技术等方面还面临较大挑战。在关键基础设施易损性分析与测试方面，由于基础设施是广域互联系统，无法直接开展易损性试验，其易损性等效试验方法是核心关键技术，目前还存在不足。另外，由于级联效应和关键基础设施间相互依赖、相互关联，广域互联系统的建模与仿真也面临很大挑战。

第二大难点是防护指标分配及防护加固技术。由于不可能全面加固，因此防护指标分配和总体防护设计尤其重要，以满足关键用户能够正常运行和整个系统能够快速恢复。由于关键基础设施为广域互联系统，电力、通信、高铁等多个系统相互依赖和关联，其防护指标分配和总体防护设计是一项复杂的系统工作。同时，强电磁脉冲脉冲幅值高、频谱宽、上升沿快，现有的防护技术不能满足要求，因此，性能与加固效能兼顾多域强电磁脉冲防护新材料、新工艺、新器件研究是关键技术，也是难点。

第三大难点是关键基础设施的整系统快速恢复。高空核爆炸电磁脉冲等强电磁脉冲可以同时对大面积范围内的关键基础设施造成损伤，引起瘫痪。因此在可承受的时间范围内进行大面积范围的系统恢复是个关键问题，需要开展分布式微电网、模块变压器等快速恢复技术研究。

关键基础设施强电磁脉冲防御的考核与评价也是一大难点。模拟试验只能对重要节点和设备的防护进行考核，而整系统的强电磁脉冲防御能力只能通过系统仿真实现。

关键基础设施强电磁脉冲防御的发展趋势如何?

美国高度重视关键基础设施的强电磁脉冲防御工作。从 2000 年开始到 2018 年，美国国会先后成立了四届“电磁脉冲攻击对美国的威胁评估委员会”，为美国国家关键基础设施遭受电磁脉冲（EMP）威胁提出预防、保护和修复的建议，监督指导政府部门开展电磁脉冲防御工作，先后向美国国会提交了多份评估报告，并向国防部、国土安全部等联邦机构提出了几十项建议，并最终促成美国总统于 2019 年签发了《协调国家对电磁脉冲的应变能力》的总统行政命令，促使国会通过了《国土安全法》修正案等法案，从法律层面进一步确立了技术研发、威胁评估、响应及恢复的强电磁脉冲威胁应对策略，并推动相关工作的落实。近年来，为指导和应对强电磁脉冲威胁，形成国家层面的应对策略，美国政府颁布了多项战略性指导文件，确定了威胁评估、节点加固减缓、应急响应及快速恢复的强电磁脉冲威胁应对策略，并后续计划将与电磁脉冲相关的攻击纳入防御计划方案，将电磁脉冲和极端地磁扰动事件纳入国家应急准备场景和演习、制定关键基础设施的强电磁脉冲防御计划和程序、开展应对电磁脉冲攻击的全国性演习，等等。

美国开展关键基础设施强电磁脉冲防御工作，重视威胁评估、节点加固减缓、应急响应及快速恢复的综合策略，主要包括：①高度重视关键基础设施强电磁脉冲威胁评估，曾多次组织多家单位（例如电磁脉冲委员会、橡树岭等国家实验室等）开展评估。其中电磁脉冲委员会的报告指出，高空核爆炸电磁脉冲是少数几种灾难性威胁之一。②重视关键节点和设备的强电磁脉冲防护加固和减缓方法的研究，并已着手相关系统的加固。如美国已经加固了民用应急广播系统，具体措施包括对关键的无线电发射台进行电磁脉冲加固改造，增加新的能够快速移动、具有燃料储备、发电机和无线电发射机经过加固的无线电发射台。③重视基础设施整体防御的应急管理和快速恢复技术的研究，并已实施一些措施。美国已经研制了可快速恢复的大型变压器和“复原型电网”，以提高电网的可恢复性，并部署了部分电网。

随着我国关键基础设施信息化和智能化的不断发展，关键基础设施如何应对重大电磁威胁引起国内众多研究单位和企业的高度重视，不少单位开始开展威胁环境、试验评估、防护加固、快速恢复等方面的研究。关键基础设施强电磁脉冲防御工作未来发展可能包括以下几方面：一是高空核爆炸电磁脉冲、地磁暴等强电磁脉冲环境研究；二是强电磁脉冲环境模拟技术和易损性等效试验技术，为关键基础设施的易损性分析和关键节点的防护加固考核提供试验支撑；三是广域互联系统的建模与仿真技术，为关键基础设施的强电磁脉冲毁伤效应评估和防御考核评价提供支撑；四是广域互联系统的防护指标分配和总体防护设计技术；五是兼顾多域强电磁脉冲防护的新材料、新工艺、新器件；六是模块化变压器、多能源互补、分布式微电网、灾后应急供电保障等各类快速恢复和应急技术。

针对关键基础设施强电磁脉冲防御有哪些应对策略？

主要应对策略包括以下几点：

（1）加强专业人才培养。完善核科学、电子科学与技术、电气工程等相关专业设置和培养方案，培育既有磁流体动力学分析能力又有辐射物理基础，既有脉冲功率技术又有天线辐射基础的复合型人才，为强电磁脉冲环境产生和模拟提供人才储备。

（2）完善交叉学科建设。设置电子科学与技术和材料科学与工程、电子科学与技术与电气工程的交叉学科。通过学科建设推动关键基础设施强电磁脉冲威胁评估和防护新材料、新器件的开发。

（3）加强关键基础设施强电磁脉冲防御技术体系研究。关键基础设施强电磁脉冲防御研究急需突破强电磁脉冲环境产生机理、广域系统的毁伤效应评估理论等科学问题和攻克广域系统等效试验方法、软硬件综合一体化防护等关键技术，建成模拟仿真、防护加固、试验评估、标准规范等有机结合的技术体系，建成配套完善的试验设施、仿真与设计平台、防护材料器件型谱系，为关键基础设施强电磁脉冲防御能力建设提供技术支撑。

（4）鼓励示范引领。关键基础设施强电磁脉冲防御技术的实施能够极大提升我国强电磁脉冲防御能力。鼓励针对重要配电网、基础电信企业的大型数据中心、重要通信网络用户、核心城市供水供气中的数据采集与监控系统等，开展强电磁脉冲防御技术研究和能力建设，示范和验证关键基础设施强电磁脉冲防御技术。

中国核学会

撰稿人：谢海燕　陈　伟　黑东炜

5

硅光技术能否促成光电子和微电子的融合？

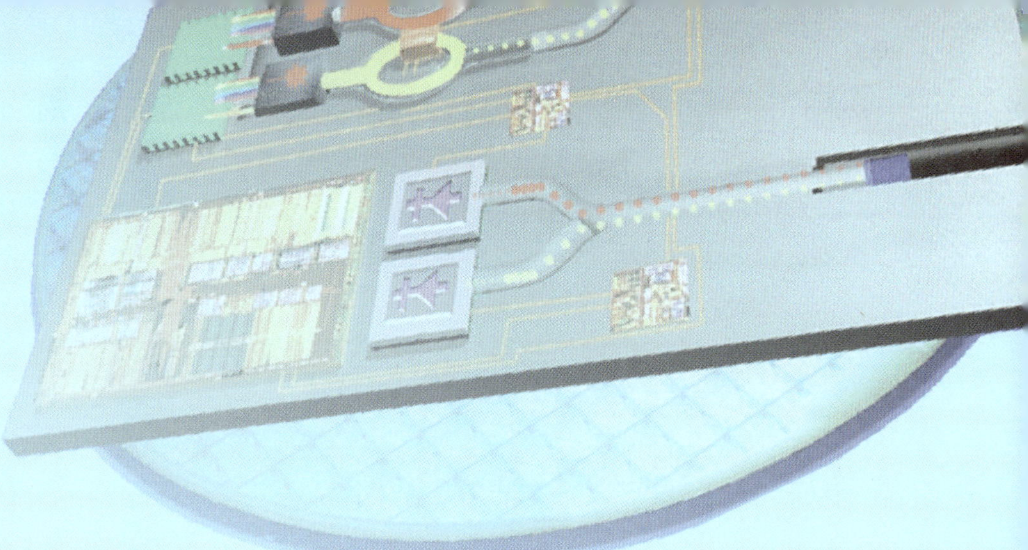

通信用光电子正从分离器件向集成化方向加速发展。传统通信用光器件主要基于 III-V 族半导体材料研制，近年来在尺寸、成本、功耗以及“与电芯片一体化”等方面面临挑战。硅基光电子集成技术（简称“硅光技术”）是光子集成的重要方向。其基于硅材料，并借鉴大规模集成电路工艺中已成熟的 CMOS 工艺进行光器件制造，具有低成本、低功耗、微小尺寸和“与集成电路工艺一体化”的优势，一经提出便得到产业界广泛关注，被认为是“光层的创新主线”。不过硅材料属间接带隙半导体材料，需要借助混合集成技术解决片上光源和光放大等难题。鉴于很多读者都非常关心硅光技术未来发展，中国通信学会光通信委员会专门组织专家进行研讨。本文介绍了硅光技术的诞生背景、技术定义与特点、国内外发展现状等几个方面，针对微电子与光电子融合技术难题和挑战，提出对硅光子芯片技术发展趋势的预测和相关建议。

余少华

中国工程院院士，中国信息通信科技集团有限公司

硅光技术开启光电子与微电子融合趋势

微电子、光电子与硅光技术

自从 1958 年第一颗集成电路，特别是英特尔处理器（Intel CPU）发明以来，微电子技术便一直遵循着摩尔定律发展，已经成为信息社会发展的主要驱动力之一。在过去的半个世纪里，微电子芯片的集成规模提升了十亿倍以上。据悉，采用 5 纳米互补金属氧化物半导体（CMOS）工艺的苹果处理器芯片 A14 内部已集成了 150 亿颗晶体管，其运算性能可比肩目前性能最强的苹果 MacBook 笔记本电脑。我们生活中的每个角落都充斥着各种各样的微电子芯片，它们感知、处理并产生了海量的信息，让人类社会变得越来越智能和便捷，但是这些数字化信息的传递和通信成为一大难题。

为了解决信息传输问题，人们注意到了另一种信息载体——光子。光子可以以宇宙中最高的速度传输，其传输速率不会随着传输通道变窄而变慢，而且不易发生串扰，因此十分适合信号的通信和传输。相比电导线互连，光通信技术具有超高速率、超大容量、超长传输距离和超低串扰等显著优势，因而被广泛地应用在电信网络、卫星通信、海底通信、数据中心和无线基站等通信设备中。目前，人类社会超过 95% 的数字信息需要经过光通信技术来传播，其重要性不言而喻。光通信系统所必需的光源、调制（电信号转换为光信号）、传输、控制、探测（光信号转换为电信号）等功能都需要通过光电子器件来实现。研究和利用光电子器件中的光子和电子相互作用机制和功能的技术则被称为光电子技术。集成多种光电子元器件功能的芯片也就被称为光电子集成芯片，或简称为光芯片。

在微电子技术和光电子技术这两大支撑性技术的共同发展和推动下，我们已经逐渐构建起一个“电算光传”的信息社会。然而，随着微电子芯片和光电子芯片的物理极限被不断迫近，两大技术都面临着严峻的挑战。一方面，微电子“摩尔定律”接近终结。微电子芯片内部集成度不断提高，晶体管尺寸不断微缩导致量子效应的影响加剧，晶体管的不可靠性显著增加。此外，微电子芯片所产生的大量信号无法有效地通过其内部的精细电导线传递出来，出现了“茶壶里煮饺子倒不出来”的信息拥堵现象，成为困扰微电子芯片升级的一大瓶颈。另一方面，随着网络流量爆发式增长，在光通信领域也存在类似于“摩尔定律”的现象，即网络流量每 9~12 个月翻番，骨干光通信设备每 2~3 年才升级一次。只有将光器件和光芯片做得更快、更小、更便宜才能满足人们对“提速降费”的刚性需求。在微电子和光电子产业的共同发展和需求引导下，硅光技术便应运而生。

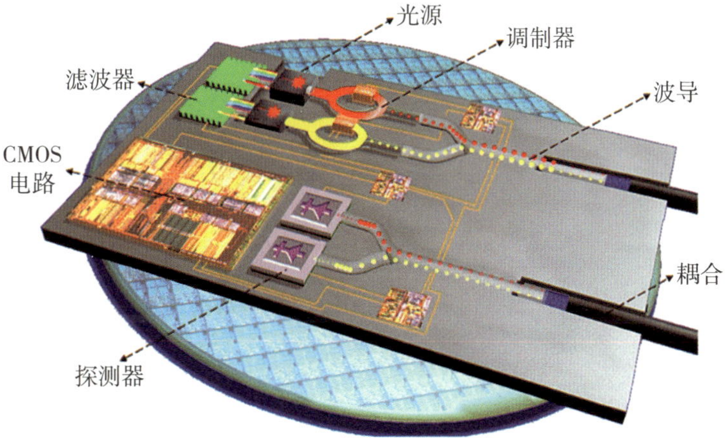

硅基光电子集成芯片概念图（引自 optics.org）

硅光技术定义与特点

所谓硅光技术，即研究和利用硅材料中的光子、电子及光电子器件的工作机理和光电特性，采用与集成电路兼容的微纳米加工工艺，在硅晶圆上开发制备光电子芯片的技术。硅光芯片结合了集成电路技术的超大规模、超高精度制造的特性和光子技术超高速率、超低功耗的优势。经过 20 余年的快速发展，得益于大容量数据通信场景的日益增加以及新需求、新应用的出现，硅光芯片技术研究已逐渐从学术研究驱动转变为市场需求驱动。如今，我们可以在硅芯片上实现包括调制器在内的所有光子功能的单片集成，也可以采用同一套流片工艺将硅光子功能元件与微电子集成电路进行一体化集成。这种前所未有的光电融合能力，给未来芯片性能的飞跃带来无限的可能性。

硅光技术到底有多重要？我们从专家学者的评价中可一窥究竟。英特尔数据中心集团执行副总裁黛安娜·布赖恩特认为：“硅光技术是 20 世纪最重要的两项发明的组合，即硅集成电路和半导体激光器。”思科首席技术官与首席架构师戴夫·沃德称：“硅光子是当今专用集成电路中最具发展前途的事物，是唯一一种能够解决长期技术与商业需求的颠覆性技术。”那么到底为什么硅光芯片具有如此大的吸引力？总的来说，其主要优势可以归纳如下：

（1）超高兼容性：硅材料是良好的光学材料，对于波长为 1.1~8 微米的光波近乎无损透明，因此完全与光通信器件的 1.3~1.6 微米工作波段兼容。这意味着各类光通信器件可直接应用于硅光芯片，同时硅光芯片也可以很好地适应已有的光通信技术标准。如今，传输距离 500 米以上的光收发模块均可采用硅光芯片来实现。

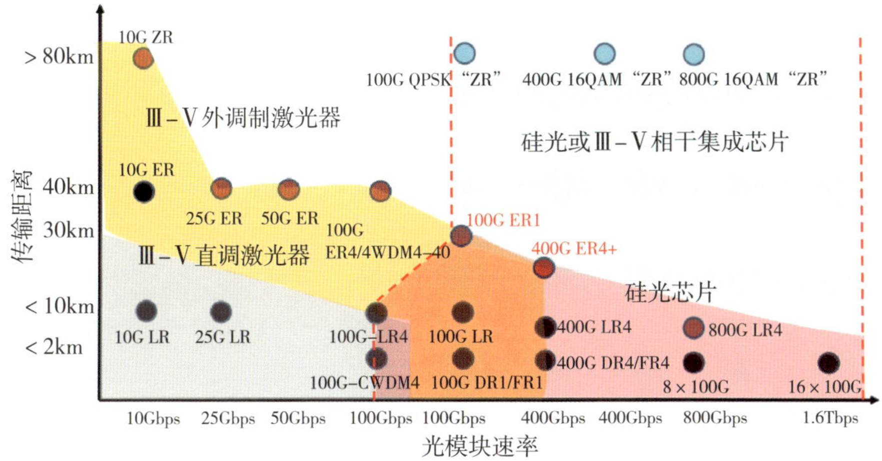

不同传输距离的光芯片应用情况

（2）超高集成度：与微电子不同，光芯片尺寸不依赖于加工工艺的精细度，而通常被光波导和弯曲半径大小所限制。硅基材料平台具有高折射率和高光学限制能力，可以将光波导宽度和弯曲半径分别缩减至仅约 0.4 微米和 2 微米，其集成密度相比传统的硅基二氧化硅（PLC）和磷化铟（InP）光芯片有望提高百倍以上。光芯片尺寸缩减也随之带来低成本、低功耗、高速、超小型化和超轻超薄等独特优势。

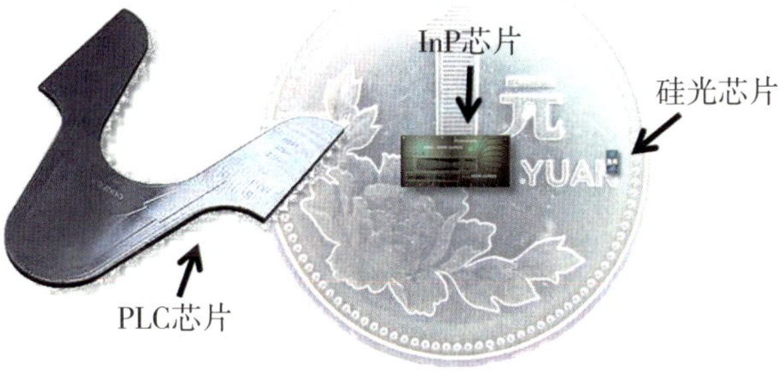

同一功能的 PLC、InP、硅光芯片的尺寸对比

（3）强大的集成能力：丰富多样的光学功能、高密度光子集成和光电

一体化集成是硅光芯片的先天优势。以往传统光芯片通常只能完成个别或部分功能，因此要实现完整功能的光收发模块，需要将不同材料的光芯片多次封装，然后拼接组装到一起，导致效率低下且成本高昂。而硅光技术可以在同一芯片上集成光学系统所需的各类光子、电子、光电子器件，甚至微电子集成电路。通过研究人员的努力，如今我们在一块硅光芯片集成的功能已可以取代以往一个笔记本电脑大小的模块，其一致性、稳定性和可靠性的工业优势也十分突出。

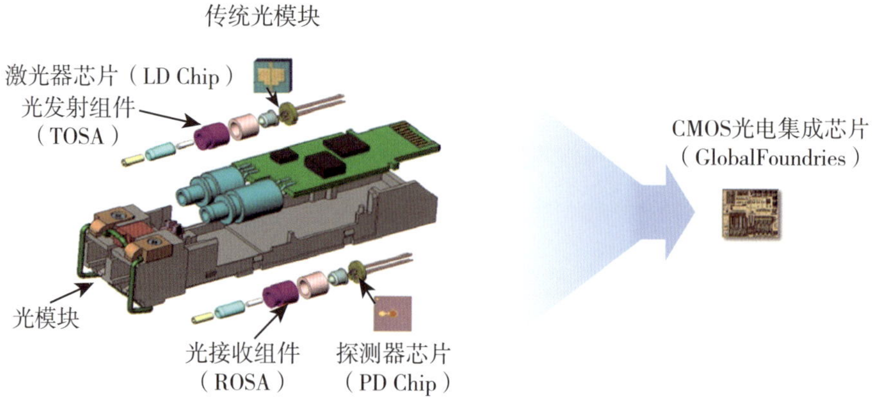

传统的光模块结构与 100Gb/s 硅基光电子芯片的对比

（4）超大规模制造能力：和微电子一样，硅光子芯片的生产制造也基于 CMOS 和 BiCMOS 等集成电路工艺线。因此充分利用微电子芯片生产线的闲置或淘汰产能，可直接将成熟的集成电路工艺直接应用于硅光芯片的超大规模生产制造。近年来，台积电、英特尔、格罗方德等 CMOS 晶圆厂均开发出了商用化硅光芯片工艺流程，硅光芯片的开发流程也参考和借鉴了微电子对应的设计方法、仿真工具、封装测试等经验和手段。可以说硅光技术从诞生开始就站在微电子行业“巨人的肩膀上”，其持续升级工艺和超大规模产能是硅光区别于其他光芯片技术的优势。

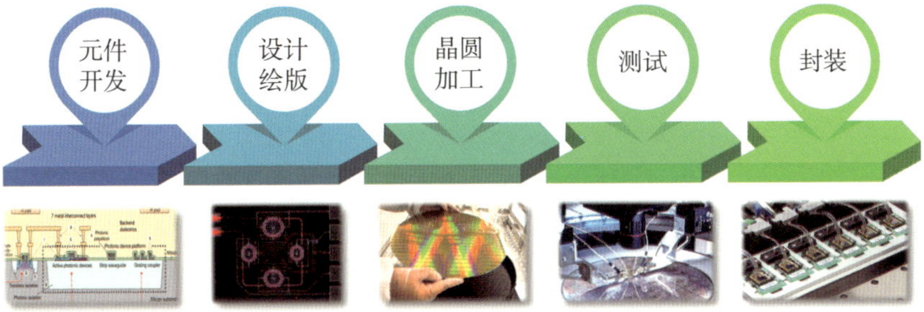

与微电子趋同的硅光芯片自动化开发流程

硅光技术发展现状

回顾过去，其实硅光技术的发展道路并不平坦。硅基光芯片这一概念最早在 20 世纪 90 年代初被提出，诞生伊始主要瞄准在芯片内部以光互连取代电互连。然而，受工艺和设计上的限制，在早期很长一段时间内该技术并没有获得足够的关注和投入。直到 2004 年，英特尔研制出第一款 1Gb/s 速率的硅光调制器之后，人们才看到硅芯片中“光进铜退”的可能性。其后，在 IBM、康奈尔大学、贝尔实验室、麻省理工学院等单位的共同推动下，硅光芯片工作速率在 2013 年左右达到了 50Gb/s，首次超越当

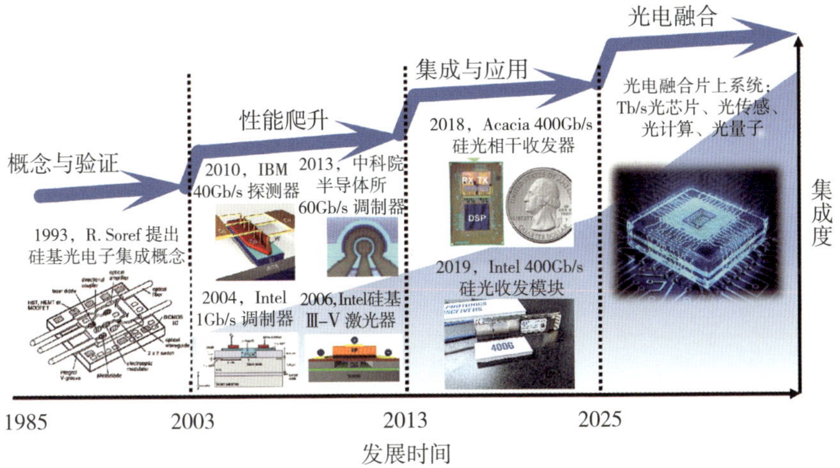

硅光技术发展历程

时主流的光电子器件，硅光芯片的产业化大幕就此揭开。

如今，在英特尔、思科、国家信息光电子创新中心等领军企业的持续大力投入之下，硅光产业链不断完善，技术标准相继形成，已逐渐从学术研究驱动转变为市场需求驱动的良性循环。在通信领域，已基本建立了面向数据中心、光纤传输、5G承载网、光接入等市场的一系列硅光产品解决方案。根据行业调查机构的预测，2020年硅光模块市场将达到7.4亿美元，预计至2024年仅100G~400G硅光模块市场容量即可达到55亿美元，在整个光通信模块市场占比达到1/3以上。在量子技术领域，研究人员通过在硅光芯片上集成数百个光量子器件已研制出集成度最复杂的光量子芯片，实现了高维度、高精度、高稳定性和可编程的量子纠缠、量子操控、量子传输和量子测量。在传感领域，麻省理工学院、美国激光雷达系统研发商（Voyant Photonics）等多个团队推出基于硅基光学相控阵（OPA）芯片的全固态激光雷达（LiDAR），具有集成度高、扫描速度快、体积小、成本低等优势，可以用作无人驾驶、无人机及机器人的“眼睛”，成为下一代激

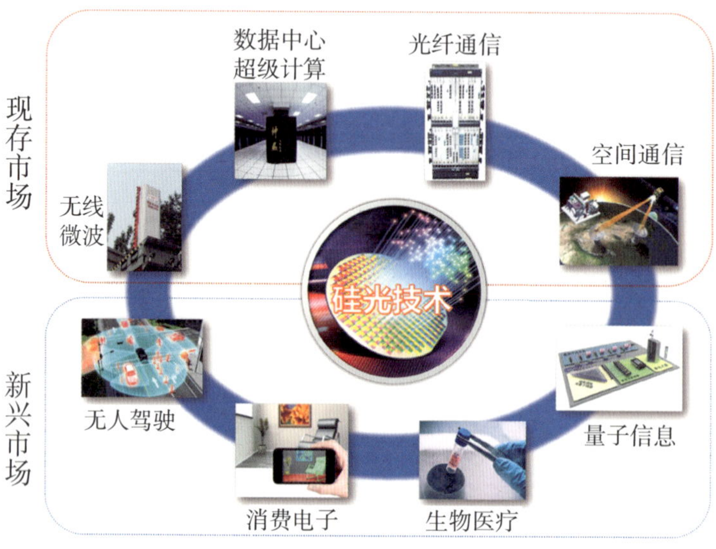

硅光技术目前的主要应用

光雷达的重要革新。在人工智能（AI）领域，AI 处理器芯片需进行的高通量、大规模矩阵运算可由硅光神经网络运算单元来完成，研究显示光神经网络芯片比传统电子计算机有两个数量级速度提升，且功耗降低达三个数量级。在新型微处理器技术上，美国英特尔等国外研发机构正在致力于实现硅光芯片与高性能微电子芯片的融合，并已验证了集成硅光 I/O 芯片的新一代 FPGA、CPU 和 ASIC 芯片，预计可将处理下的吞吐速率提升 100 倍，同时能耗降低至 1/10，为“超越摩尔”开辟了新路径。

我国在“十五”到“十三五”期间，对硅基光电子技术研究不断给予投入。目前在硅基激光器 / 调制器 / 探测器等高性能单元器件、硅光片上复用技术、硅光量子芯片、硅光芯片传输功能研究和系统应用验证等核心技术方面取得了重要进展，在硅光技术基础研究方面接近国际一流水平。与此同时，经过国家和地方投入，国内企业和科研院所已经具备了一定的研发团队和产业化条件，一些企业已经实现硅光产品自主研发的突破。2018 年，中国信科集团联合国家信息光电子创新中心实现我国首款 100Gb/s 硅光芯片的正式投产，标志着国内硅光芯片产业化的突破。2019 年又完成我国首个 Pb/s 光传输系统实验，基于自主研制的硅光芯片和特种光纤，将传输容量提升至目前商用光纤传输系统的 10 倍，可以在 1 秒之内传输 100 多

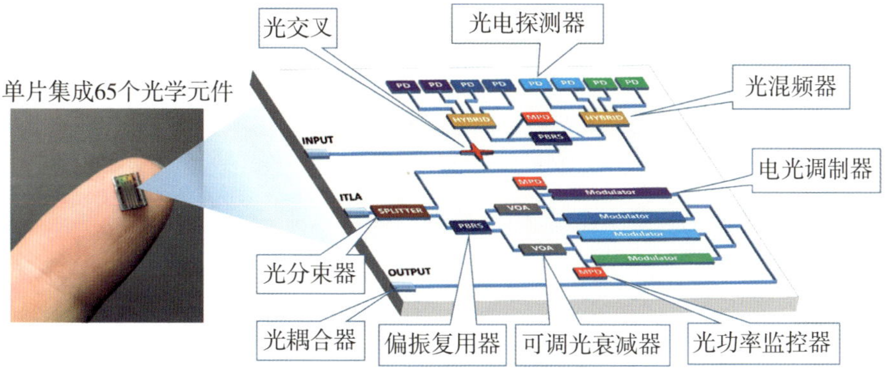

我国首款商用化 100Gb/s 硅光芯片

块移动硬盘所存储的数据。2020年，阿里巴巴、海信、亨通等部分国内企业也相继展示自主研制的400Gb/s硅光模块样机。不过总体来看，国内硅光产业还处于刚刚起步阶段，在前瞻性和基础性研究、工艺技术水平、产品工程化能力和产业链成熟度上与国外还存在较大差距。

微电子与光电子融合技术难题和挑战

硅基光电子集成芯片是微电子与光电子相融合的产物，也是推动两个产业持续发展的最佳解决方案。然而，当前的硅基光电子元器件尺寸仍比较大，功耗仍比较高，光电融合芯片架构有待探索和优化，制造工艺和封装技术仍有很大提升空间。因此深入开展新结构、新材料及新工艺的探索，进一步挖掘硅光芯片的巨大潜力，是未来的研究方向。具体来讲，从行业发展角度看，真正实现微电子与光电子硅基融合，硅光技术还面临以下几个难题和挑战：

（1）急需构建适用于大规模光电集成芯片的元器件库。如前文所述，当前光电子器件的尺寸大、功耗高，而对于硅光技术的研究和技术突破，大多数只聚焦于某一个光子、电子、光电子器件，而没有考虑集成芯片中不同器件之间的联合设计与协同技术。因此需通过新材料、新结构、新工艺的研究，全面开发更适合大规模集成的新一代光电器件，并逐渐建立完整的光电器件数据库，以支撑未来更大规模，更复杂的集成芯片设计和制作。

（2）急需加强光电子融合芯片的工艺能力和基础积累。我国的硅光产业还处于刚刚起步阶段，制备工艺相对落后，目前尚不具备成熟稳定的硅光工艺线。虽然由于光的特殊物理性质，光芯片不要求28纳米甚或7纳米的高精度工艺线，但是对工艺的稳定性和一致性要求更加苛刻。因此，积极推进工艺线研发和工艺人才储备，建立能够支撑硅光芯片研发、样品试制和批量生产的稳定工艺线，是提高我国自主芯片制造能力的必经之路。

（3）急需强化光电子融合芯片的架构设计能力。未来硅光芯片的集成度越高，则包含的光、电器件的种类和数量就越多。如何通过合理的布局设计，将数量繁多的光电器件完美结合，获得最好的芯片性能，对设计能力是极大挑战。此外，参照微电子产业的发展脉络，自动化设计也将会在硅光技术中逐渐发展并成熟，以提升设计效率。因此不断提升超复杂硅光芯片的设计能力，并开发针对硅光芯片的设计软件，是未来硅光技术发展的重要环节。

（4）急需增强光电子融合芯片的封装及调控技术。未来高度集成的硅光芯片，其光学和电学接口数量预计将是现有光电子芯片 100 倍以上。对于接口数量如此大的硅光芯片，封装中要综合考虑光电接口的高效率、高稳定性、高可靠性连接，避免不同接口之间光、电、热等多种物理效应的相互干扰，以保证硅光芯片的高速信息交换，这给封装技术带来极大的挑战。因此研究芯片与封装中的光电融合以及整体布局，探索具有自动优化功能的封装技术和封装工艺，才能为硅光技术商业发展提供产业支撑。

未来前景和展望

随着数字化、智能化社会的发展，硅基光电子片上集成系统芯片将在更广阔的应用领域发挥重要作用，可以说只要微电子和光电子芯片能够发挥作用的地方，都展现出了应用硅光芯片技术的前景和必要性。特别是在信息领域的光通信 / 光互联、光传感 / 光测量、光计算 / 光处理等技术领域全面发挥核心作用。此外还值得指出，利用国内现有微电子产业资源和工艺制造平台，建立健全硅光产业链，能有效提升我国信息光电子的制造能力，缓解高端光电子芯片“卡脖子”困境，为我国光电子技术换道超车提供有力支撑。

中国通信学会

撰稿人：余少华　肖　希　王　磊　陈代高　胡　晓

傅焰峰　江　毅

6

如何解决集成电路制造工艺中缺陷在线检测难题？

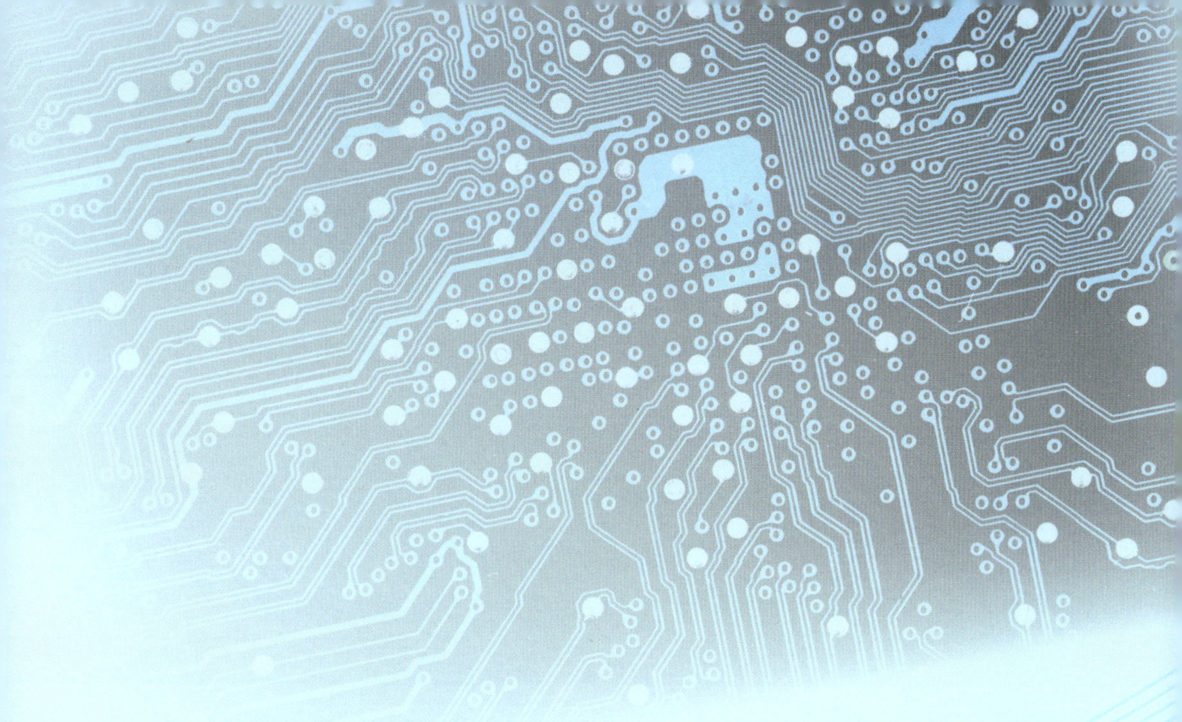

集成电路是国际科技竞争的重要领域和大国博弈的焦点，我国集成电路严重依赖进口，每年高端芯片进口费用高达 3000 多亿美元。缺陷在线检测是制约集成电路制造的关键工程技术难题，是真正实现芯片量产的关键。目前国际上 7 纳米及以下节点的缺陷在线检测，设备缺口仍然巨大，谁率先掌握了相应关键技术，谁就掌握了未来主导权，这对我国来说既是机遇又是挑战。我国集成电路制造技术水平落后国际最先进技术 1—2 代，制造装备是最重要的制约因素，是我国集成电路成套工艺生产线的“卡脖子”重要环节，目前我国集成电路从研发、生产到应用所有检测设备全部受到美国控制、突破该难题将使我国从根本上摆脱“卡脖子”局面，对实现我国集成电路制造自主可控，增强综合国力具有极其重要的战略意义。

谭久彬

中国工程院院士，哈尔滨工业大学教授

集成电路制造工艺中缺陷在线检测技术的破围之路

集成电路制造工艺中的缺陷是制约 20 纳米及以下芯片制造良品率提升的关键。晶体管节点尺寸越小，能够影响晶体管性能的缺陷尺寸就越小。例如：7 纳米大小的缺陷，对晶体管节点尺寸为 14 纳米的集成电路可能不会产生断路或短路的致命影响，但对于晶体管节点尺寸为 7 纳米的集成电路，就可能引起断路或短路，进而使晶体管失效（如下图）。英特尔公司（Intel）2018 年打造的首款 10 纳米工艺中央处理器（central processing unit，CPU）中，其逻辑晶体管密度高达 100.76MTr/mm^2，也就是每平方毫米内包含超过 1 亿个晶体管，其上 10 纳米大小的缺陷就足以使晶体管断路或短路而报废。10 纳米相当于头发丝的万分之一大小，其检测难度可想而知。单个晶体管失效会影响整个芯片性能，甚至使整个芯片存在潜在失效风险，

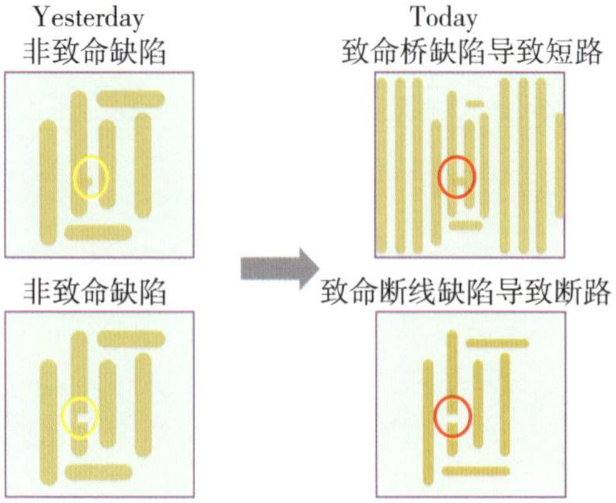

缺陷对不同节点晶体管的影响
（来源：KLA-Tencor）

同时，这种潜在风险可能是隐蔽的，不易被立刻发现。这对于宇航、载人航天来说损失是不可估量的。同样，客运飞机也可能因一个晶体管失效而发生空难。因此，严格来讲在集成上亿个晶体管的芯片中不允许一个能影响晶体管性能的缺陷存在。

集成电路制造过程中的光刻掩模版制造、晶圆制造、清洗、抛光、研磨、涂胶、刻蚀等工艺环节都会引入缺陷（如下图），同时，随着越来越多的材料如石墨烯及Ⅲ－Ⅴ族（化学周期表中的第三族到第五族元素）化合物等被引入集成电路制造的不同环节中，导致缺陷成分及种类增多，因此需要对缺陷及其成分进行检测和识别以确定污染来源。例如：在刻蚀环节能产生含有锗成分的缺陷，同时在其他环节不会产生锗成分的缺陷，那么当检测到锗缺陷时，就是刻蚀环节出现了问题。因此，对缺陷成分的在线检测有利于污染源的快速排查和预警。

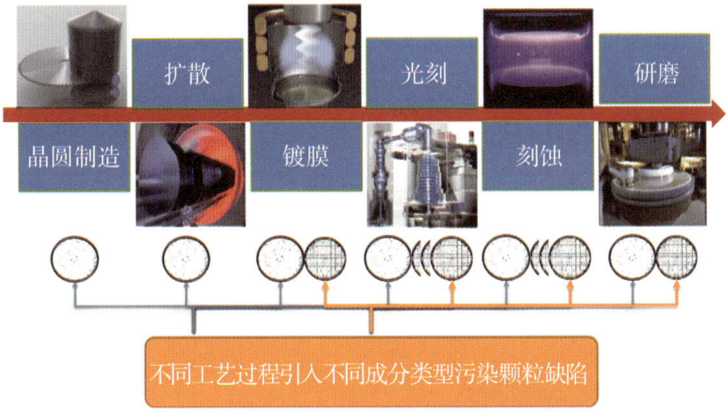

工艺线缺陷检测布局

集成电路缺陷在线检测主要包括前道缺陷检测和后道封装缺陷检测。前道缺陷检测灵敏度要求与节点尺寸相当，是需要重点攻破的工程技术难题。前道缺陷检测包括掩模版缺陷检测和前道裸晶圆／图形晶圆缺陷检测。

集成电路制造工艺缺陷在线检测技术研究进展

在22~14纳米节点尺寸，集成电路缺陷在线检测主要采用激光散射扫描的方式进行。而10纳米以下节点，缺陷检测灵敏度要求超过传统光学检测方法的物理极限，需要采用多模式光学检测系统设计，并结合新型光源技术与信息处理技术进一步提高缺陷检测灵敏度。该类缺陷检测设备主要被美国KLA–Tencor、荷兰ASML、德国Zeiss、日本LaserTec等国际大公司垄断。这些公司都具有20年以上相应集成电路缺陷检测设备的研发经历，设备随节点尺寸的缩小也迭代更新中。

多模式照明多通道散射成像检测方法

多通道是指在照明和信号接收端都不再仅仅采用单束光照明和单个探测器进行信号接收，而是采用明/暗场相结合的多角度照明，在接收端采用多个探测器进行信号收集（如下图）。一方面可以采用明、暗场相结合成像的模式，增加信息获取维度；另一方面，增加了信号采集通道，更加高效地利用了缺陷对光场的调制信息。所谓明场照明成像是指探测器接收到的是被测物体对照明光源的反射光，暗场成像是指探测器接收到的是被测物体引起的散射光。明场和暗场都包含了缺陷的信息，因此将两种照明方式相结合，再利用多通道探测接收的方法能显著提高缺陷检测的灵敏度。在前道裸/图形

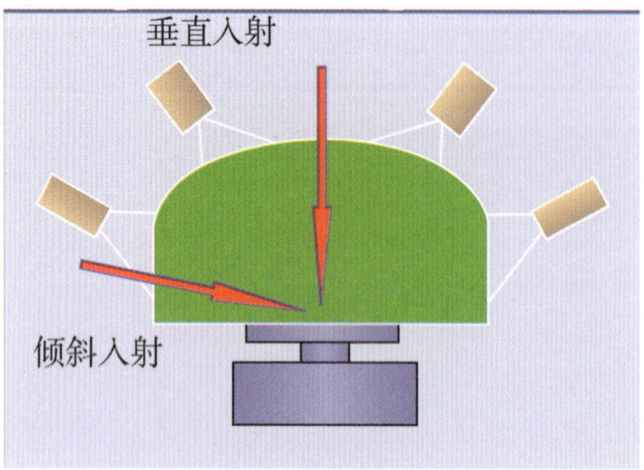

多模式照明多通道散射成像
（来源：Intel）

晶圆检测方面，美国 KLA-Tencor 公司几乎垄断了所有检测设备，在技术上主要采用明 / 暗场相结合的多通道检测方法，缺陷在线检测灵敏度达到 10 纳米以内。

更短波长光源照明技术提高成像分辨率

检测系统的灵敏度和分辨力与检测光源的波长成反比关系，即检测光源波长越短，系统检测灵敏度和分辨力越高（检测设备如下图）。前道图形晶圆缺陷检测目前已采用宽带等离子体深紫外光源，如 KLA-Tencor 最先进的图形晶圆检测设备 39×× 系列均采用了这种光源技术。极紫外（EUV）光刻掩模版缺陷在线检测更是采用极紫外（EUV）波长仅为 13.5 纳米的 Actinic（基于极紫外光刻光学特性）方法进行检测，德国 Zeiss 公司的 AIMS EUV 光刻掩模缺陷复检系统就是利用极紫外光照明 Actinic 及明场成像技术对 EUV 掩模板缺陷进行在线复检，复检灵敏度与 EUV 光刻机分辨力相当，复检速度 1 片 / 小时；日本 LaserTec 公司利用极紫外照明及基于 Actinic 暗场检测技术对 EUV 掩模基板缺陷进行检测，实现对高度为 1 纳米、等效直径为 11 纳米的极紫外掩模衬基缺陷的快速检测。

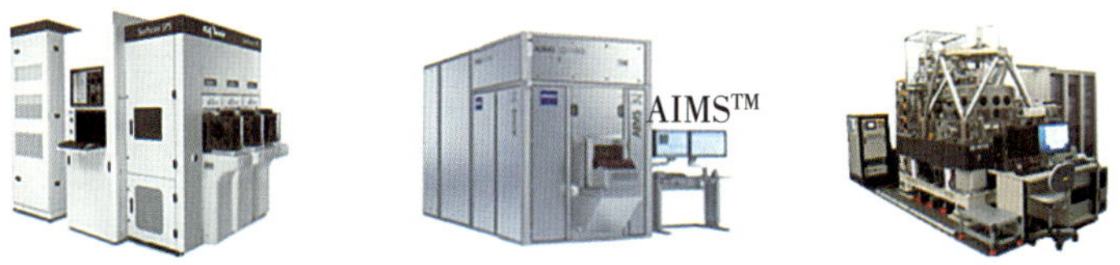

美国KLA-Tencor
晶圆缺陷检测　　德国AIMS
EUV掩模版检测　　德国EUV
掩模基板检测

集成电路缺陷检测设备

利用先进图像处理算法进一步提高缺陷在线检测灵敏度和检测速度

当前，人工智能算法及裸片到裸片（Die to Die），芯片到数据库（Die

to Database）图像匹配技术在缺陷在线检测领域的应用逐步扩展和深入。人工智能利用集成电路制造大数据，对大量缺陷进行模式识别，突破硬件系统的物理限制，提高检测灵敏度。同时，通过训练将各类缺陷的特征进行提取并固化在神经元之间的权重连接中，利用网络的可移植性对工艺线缺陷进行快速识别，提高检测速度。Die to Die 和 Die to Database 图像匹配技术可以对在线采集到的样本图像进行现场异步匹配和模型化匹配，快速识别缺陷引起的差异，提高缺陷在线检测速度。

Die to Die 好比一个人坐着飞机在一大片绿色森林里寻找一棵黄色叶子的树木，这个人拿着相机拍照，每进行一次拍照，都将其与上一次拍照的图片进行对比匹配，如同做减法，如果两次拍照差异为零，则认为没有找到黄色叶子的树木，如果突然两次拍照结果相减后出现不为零的差异，则认为该次拍到了黄色叶子的树木。Die to Database 与 Die to Die 类似，只是将做对比的上次拍照结果换成了数据库里的模型。这种方法可以实现缺陷的实时快速检测。通过这些算法和技术，图形晶圆检测速度达到 1 小时 / 片，裸晶圆检测满足量产速度要求；在 EUV 掩模版缺陷检测方面，检测速度 45 分钟 / 片。

集成电路制造工艺缺陷在线检测技术主要难点

实现超高检测灵敏度

掩模版是芯片制造的“模子”，掩模缺陷通过光刻批量复制到芯片上，掩模版要求“零”缺陷。所谓“零”缺陷，并不是真正意义上的零缺陷，其定义是引起晶体管关键尺寸误差超过 10% 的缺陷个数为零。即如果掩模版上的缺陷通过光刻后产生超过 10% 晶体管关键尺寸误差，那么这种缺陷就被认为是真正的缺陷，反之，则不认为是缺陷。7 纳米节点极紫外（EUV，波长 13.5 纳米）光刻掩模版采用反射式纳米多层结构，基底缺陷使多层结构产生畸变，高度或深度为 1 纳米的多层畸变可产生与光刻波长相当的波前相位差，因此极紫外掩模版缺陷检测灵敏度在高度方向要求达到 1 纳米，相当于 10 个硅原子连在一起的大小，同时等效缺陷检测灵敏度要求达到 10 纳米量级（如下图）。极紫外掩模缺陷检测需要使用基于极紫外光源的 Actinic 检测技术，该技术只有德国、日本等少数国家掌握。

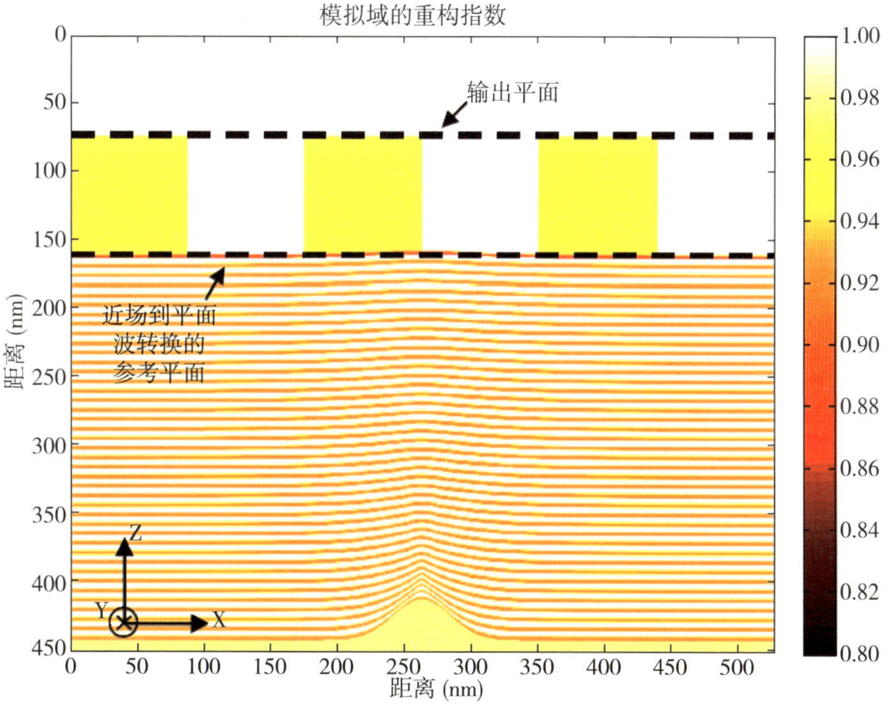

EUV 掩模版（来源：三星）

前道晶圆（裸晶圆 / 有图形晶圆）缺陷产生于光刻前后，其检测灵敏度需要与晶体管关键尺寸相当。当前，三星和台积电已率先实现 7 纳米节点量产和 5 纳米节点准量产，因此缺陷检测灵敏度要达到 10 纳米以下。这已经超过了目前光学检测的分辨率极限。世界范围内 7 纳米及以内节点的缺陷在线检测技术仍未成熟，设备缺口巨大，谁率先掌握了该领域相应关键技术，谁就掌握了未来主导权，这对我国来说既是机遇又是挑战。

提高量产检测速度

根据英特尔（Intel）发布的需求数据，标准商用极紫外掩模版检测速度 1 片 / 小时，7 纳米节点裸晶圆检测速度为 26 片 / 小时，有图形晶圆检测速度为 1 片 / 小时。对于裸晶圆而言，量产速度要求 2.3 分钟 / 片，这对缺陷检测提出了前所未有的挑战。2.3 分钟内在直径 300 毫米裸晶圆上检测到一个 10 纳米左右的缺陷，难度如同 2.3 分钟内在我国 1.8 亿平方千米海平面上搜索到一条身长不足 1 米的鱼（如下图）。检测难度难以想象，这也是为什么集成电路技术是需要举国之力去攻克的重要原因。可以说面向先进节点的集成电路缺陷检测设备已成为制造强国的象征。原子力显微镜（AFM）和电子显微镜（SEM）虽然具有较高的检测灵敏度，但是由于检测时间长、操作流程复杂、体积庞大、成本高，无法满足量产速度。用一台满足量产检测速度需求的光学设备检测完一整片 300 毫米的晶圆所需时间，

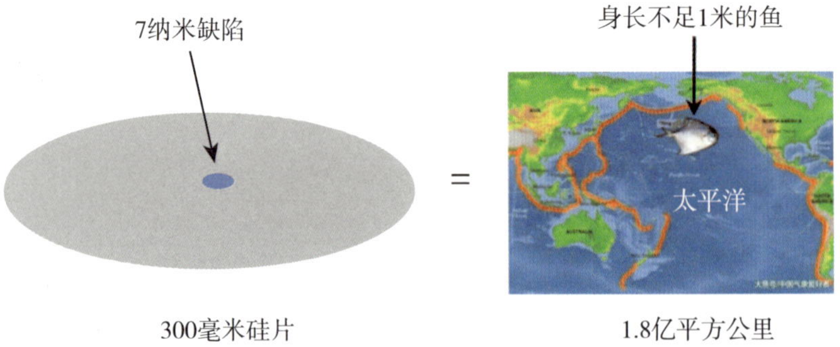

缺陷检测对比

需要利用 1000 台以上原子力显微镜或电子显微镜同时工作才能完成。显然这样的检测速度是不可接受的。

进入 7 纳米及以内节点光学检测设备检测灵敏度已超过自身分辨率极限。同时，缺陷成分在线检测技术在全球范围内仍处于研究探索阶段，随着集成电路（IC）制造中越来越多新材料的应用，缺陷成分检测需求将大大增加。集成电路发展到今天的 7 纳米 /5 纳米，高灵敏度缺陷在线检测技术与设备将发挥至关重要的作用，也面临空前的挑战。

我国缺陷在线检测基础薄弱的现状

我国集成电路（芯片）制造过程中的缺陷在线检测设备研究基础薄弱，自主知识产权和技术积累很有限，极紫外掩模版缺陷检测设备需要利用基于极紫外 Actinic 方法进行缺陷检测，我国在这方面的技术储备为零，缺陷检测设备长期空白，落后国外 20 年，这种局面极大地限制了我国集成电路制造水平的提升。

国内在极紫外掩模版缺陷检测技术和设备方面长期处于空白状态，在前道晶圆缺陷检测方面，仅有深圳中科飞测公司提供相关设备，检测灵敏度为 28~40 纳米节点，该设备采用深紫外激光散射扫描的检测方法，尚未进入产线应用阶段。20~14 纳米节点前道晶圆检测目前仍处于国家专项研发阶段，7 纳米节点的集成电路制造缺陷在线检测设备仍处于空白状态，在线检测速度也落后于国外对应产品。我国在该领域存在明显短板，缺陷检测设备是我国半导体产业链中最薄弱的环节之一，研发集成电路制造缺陷高灵敏度在线检测技术与设备迫在眉睫。

关于推动集成电路制造工艺缺陷在线检测技术研究的政策建议

将集成电路制造工艺缺陷在线检测作为国家“十四五”规划、“面向 2035”科技战略规划的重点

集成电路已成为国际科技竞争的重要战场和大国博弈的焦点，世界范围内 7 纳米及以下节点缺陷在线检测技术仍未成熟，设备缺口巨大，谁率先掌握了相应关键技术，谁就掌握了未来主导权，这对我国来说既是机遇又是挑战。建议将集成电路检测技术列入国家 2035 科技战略规划的重点，同时尽快将“下一代节点（7 纳米及以下）前道缺陷在线检测研究”列入国家“十四五”重点研发计划，五年内实现重点突破，缩小与国际先进水平的差距，解决部分关键检测设备的国产替代，十年内基本实现检测设备的产线应用，到 2035 年实现国际并跑和超越。

在各科技项目层面进行战略布局并给予资金支持

在国家“十四五”集成电路重大专项、国家重大仪器专项等科技计划中，建议列入以下研究内容：①在未来五年，对极紫外掩模缺陷检测开展预先研究，研究基于 Actinic 的暗场检测方法；对 7 纳米及以下裸 / 图形晶圆缺陷检测方法开展预先研究，研究宽谱极紫外深紫外光源及基于宽谱极紫外深紫外照明光学检测技术；对污染颗粒缺陷成分检测开展预先研究，研究纳米级颗粒点对点成分显微检测技术。通过上述研究，实现关键技术突破，为后续相关检测装备的研制打下基础。②在未来十年，研究极紫外掩模缺陷明场检测技术，掌握系统设计技术，实现原理样机的研制；深入开展 7 纳米及以下前道晶圆缺陷检测技术研究，研究多模式多通道光学检

测、先进信息处理技术，实现前道晶圆缺陷检测工程样机；进一步开展颗粒缺陷成分在线检测技术研究和颗粒缺陷与颗粒成分在线检测兼容性和协同性技术研究，完成工程化样机的研制。到 2035 年，实现集成电路缺陷在线检测技术的国际并跑和领跑，使我国成为集成电路的制造强国，牢牢掌握国际竞争主导权。

在集成电路产业基金计划中，支持集成电路缺陷在线检测设备在线应用示范，优化检测设备性能，开展检测设备的产业化，最终实现集成电路缺陷在线检测设备的全面替代。

加强学科建设开展联合攻关

将集成电路制造上升为国家战略高度，建立集成电路一级学科，在人才培养中重视自主创新能力的培养，为集成电路产业发展培养创新人才；同时集成电路检测技术与装备是多学科交叉融合的复杂系统，涵盖物理、电子、仪器、光学、材料、工艺、检测、信息处理等学科，注意培养学生的综合能力，鼓励学科交叉，加强联合攻关，唯有如此才能早日实现集成电路检测技术和装备的自主突破。

中国计量测试学会

撰稿人：刘立拓

7 无人车如何实现在卫星不可用条件下的高精度智能导航？

在没有导航信息的情况下，无人车能够保持高精度、高效率的运作，与人工智能是密切相关的。科技创新是促进社会发展的根本动力，永无止境，选择重要的科学问题，对科技创新和社会发展有着重要意义。

刘嘉麒

中国科学院院士，中国科学院地质与地球物理研究所研究员

惯性基智能导航解决无人车全域自主导航难题

无人车的由来

随着互联网、大数据以及人工智能技术的发展，现代车辆正朝着自动化、智能化的方向发展，从全权由人类操作驾驶（L0），逐步跨越到辅助人类驾驶（L1）、部分自动驾驶（L2）、条件自动驾驶（L3）、特定环境下高度自动驾驶（L4），最终发展到在任意环境下完全自动驾驶（L5）的水平（见下图）。无人驾驶的车辆，又被叫作轮式移动机器人，简称“无人车”。相比有人驾驶，未来无人车在操作时效性、精准性、安全性等方面将展现无与伦比的优越性，正如谷歌无人车首席开发人员塞巴斯蒂安·斯伦所描述的，无人驾驶将使交通事故减少90%，通勤所耗时间及能源减少90%，势必会对人类社会产生深远的影响。

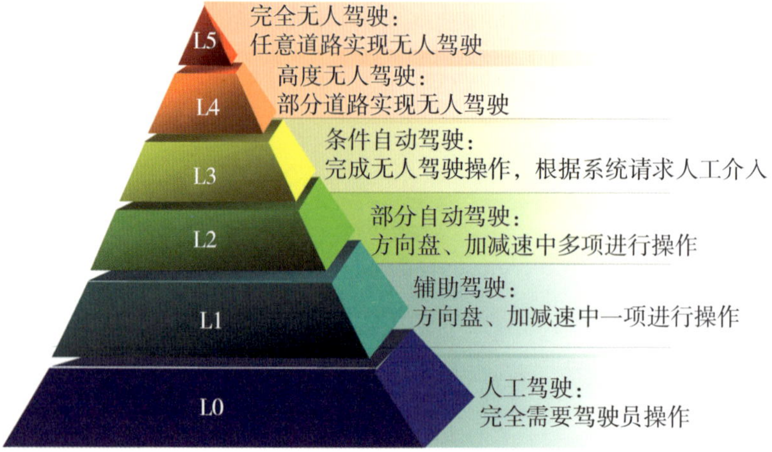

自动驾驶等级
（中国惯性技术学会 绘制）

无人车导航的关键技术

导航的内涵

为实现无人车任意环境下的智能自主作业，精确的定位和导航是首要解决的难题。无人车智能导航主要包括三大要素：一是确定无人车自身当前的位置、速度、姿态等运动状态，二是确定无人车与周围环境的相对关系，三是对前两类信息进行智能融合和决策。简单地说就是要解决“我自己的状态”“我相对周围环境的状态”和“我要怎么走”的难题（见下图）。为解决这些难题而采用的导航方法，按照工作方式和对外界信息的依赖程度可分为非自主导航与自主导航两大类。

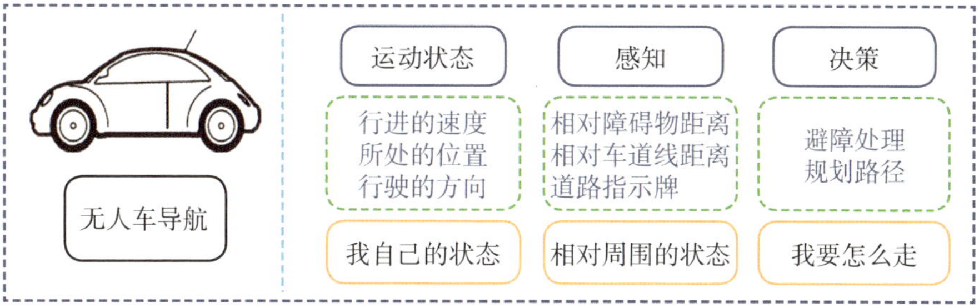

无人车导航三大要素
（中国惯性技术学会 绘制）

非自主导航技术

非自主导航技术是通过接收外部信息进行导航定位的技术。最常见的是以北斗和全球定位系统 GPS 为代表的卫星导航，具有优异的导航精度，位置精度可达亚米级，速度精度可达 0.05 米 / 秒，在世界范围内各领域获得了极为广泛的应用。但在实际应用中发现，卫星导航系统也存在明显的局限性：一方面，卫星导航所采用的电磁波信号到达地表时比较微弱，很容易受到干扰和欺骗，一台功率仅 8 瓦的干扰机，可影响 200 千米范围内 GPS 终端的正常使用；另一方面，卫星信号在丛林、山洞、地下、水下等复杂环境下无法使用，在我们日常生活中经常会遇到这种情况，如使用手机导航，在经过地下通道、隧道、两侧高楼大厦林立的道路时，会听到“GPS 信号弱，当前定位不准确，请谨慎驾驶”的提示，情况严重时将停止导航，需由驾驶员自主进行观察判断。此时，如果无人车仍采信卫星导航，将造成无法预测的灾难性后果。因此，在任意复杂环境，特别是卫星信号不可用的环境下，要实现媲美有人驾驶的作业效果，迫切需要寻求更为精准可靠的智能导航方式。

自主导航技术

自主导航技术是指通过安装在载体上的传感器获取敏感载体运动、地球重力、地球自转角速度、与天体之间相对关系或典型环境特征等多类信息，从而得到高精度导航参数的技术，典型代表有惯性导航、天文导航、重力匹配导航、视觉导航等。在各类导航技术中，惯性导航技术唯一实现了速度、位置、姿态、方位、角速度、加速度等运动控制所需全参数的测量，而其他导航技术只是实现部分参数的测量，因此在实际应用中，惯性导航设备一般作为导航的核心，与其他导航方式通过信息融合实现组合应用。

惯性导航理论来源于牛顿第二定律，主要原理为对陀螺仪测量的角速度信息及加速度计测量的加速度信息进行时间的一次积分和二次积分，在已知的初始条件下，采用递推的方式，获取载体运动控制所需的全部导航信息，具有不依赖外部信息、不受外部干扰、无时间 / 地点 / 环境限制等优点，是一种优良的自主导航基础配置方式。但惯性导航也存在其缺点，一方面，由于其为对时间的积分，误差随着时间积累；另一方面，高精度惯性仪表为精密仪器，设计生产流程复杂，价格昂贵（一般需要几十万甚至上百万元），

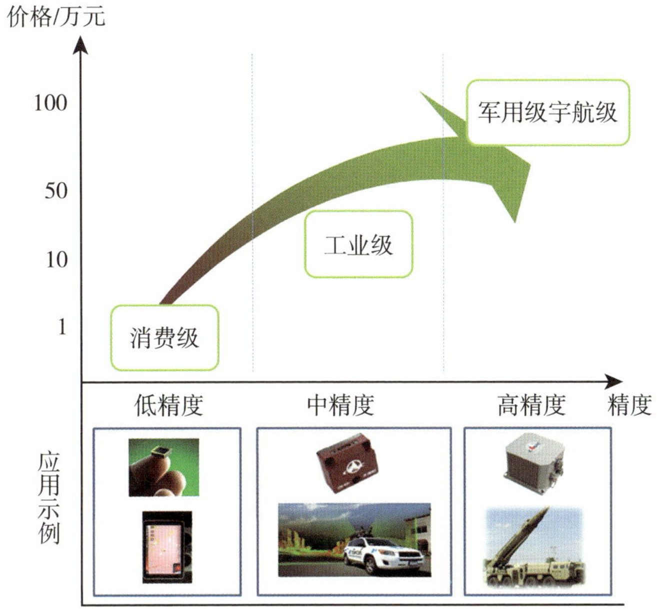

惯性导航应用
（中国惯性技术学会 绘制）

因此很长一段时间内主要应用于武器装备、航空航天等国防领域（见上图）。不过，随着惯性领域相关技术的不断发展，产品不断完善，惯性导航设备性价比越来越高，已经逐渐应用在工业及消费等日常生活领域中。

随着无人车智能化程度的不断提升，其对导航技术的依赖程度也越来越高。单一和传统的惯性 / 卫星组合导航已无法满足应用需求，在体积、成本、功耗等约束条件下，不依赖卫星，通过多类传感器实现自主 / 非自主导航信息的高性能融合是亟须攻克的难题。惯性基智能导航技术是解决此难题的有效途径，也代表着未来的发展方向。

惯性基智能导航的内涵

惯性基智能导航系统主要由惯性导航 + 里程计 + 激光雷达 + 毫米波雷达 + 全景相机 + 电子地图 + 综合信息处理计算机等构成（见下页图）。

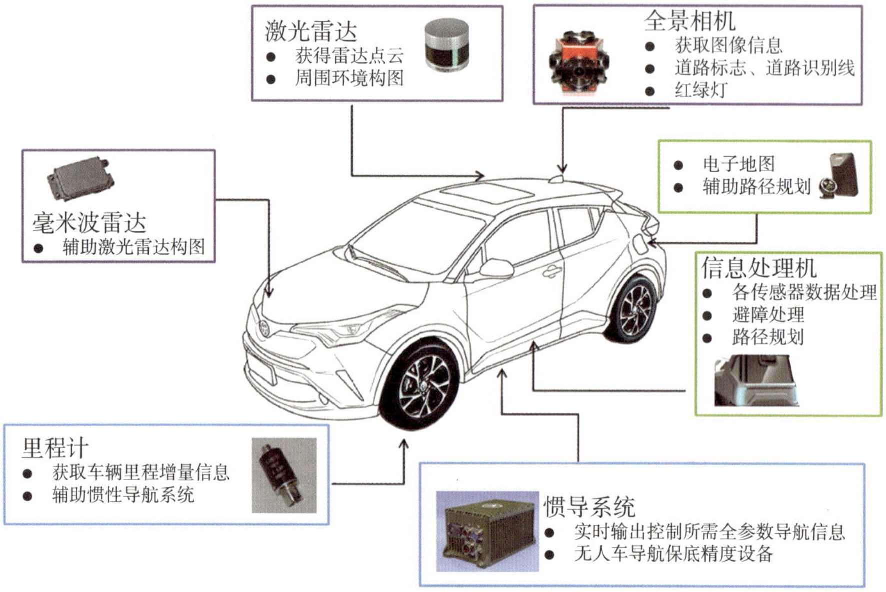

惯性基智能导航系统组成
（中国惯性技术学会 绘制）

惯性导航 + 里程计构成自主定位系统，里程计类似计步器，通过累计车轮转动的圈数，得到无人车前进方向的位置增量，惯性导航系统将自身测量数据与里程计数据进行融合，可持续输出无人车控制所需的全部导航信息，从而解决“我自己的状态”的难题（见下页图）。

全景相机 + 激光雷达 + 毫米波雷达构成环境感知系统，全景相机通过摄像头采集道路标志线、红绿灯、道路标识等，激光雷达与毫米波雷达通过发射无线电波探测无人车周围目标，三者功能互补。激光雷达探测角度广、精度高，但探测距离相对较短，毫米波雷达测量距离远，且可适应雨雪等恶劣天气，但激光雷达和毫米波雷达感知的世界没有色彩，无法识别交通标识等信息，全景相机则给无人车周边环境带来了色彩。三者共同解决了无人车“我相对周围环境的状态”的难题（见下页图）。同时，通过三者测量的信息，可以精确地确定无人车与周围明显特征物间的相对距离，用来提高无人车自身的位置精度，从而更好地解决“我自己的状态”这一难题。

电子地图 + 综合信息处理机构成了智能决策系统，通过对自主定位系统与环境感知系统的数据进行融合，参考电子地图信息，可实现无人车复杂环境中自主避障及路径规划，解决无人车“我要怎么走”的难题（见下页图），最终实现无人车的智能自动驾驶。

基于无人车在军事、民用各领域的重大潜力，国内外对无人车惯性基智能导航技术的相关研究也在不断加深，主要集中在以下几方面：

一是高精度惯性基自主导航技术，主要研究在复杂环境下，如何提高自主定位导航系统的精度和延长保持精度的时间。

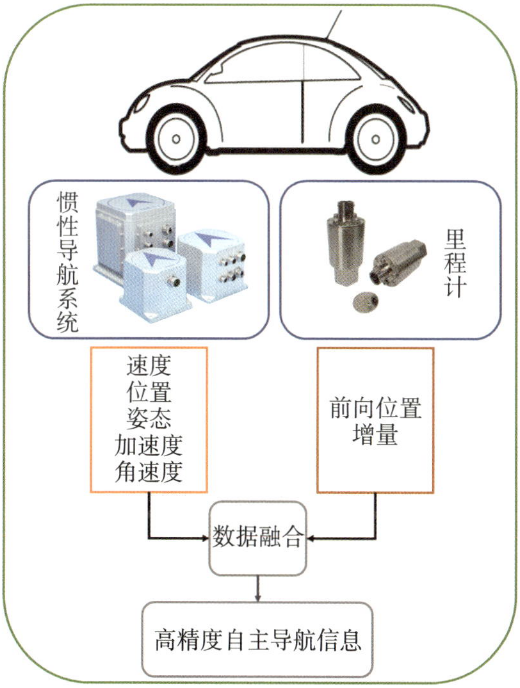

解决“我的运动状态”的难题
（中国惯性技术学会 绘制）

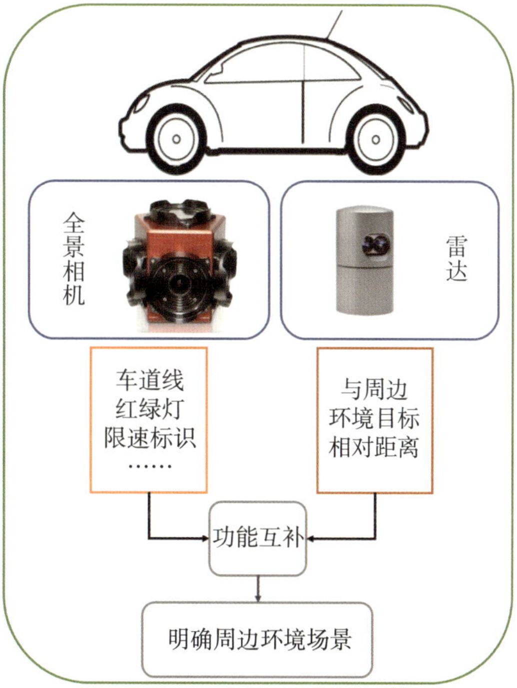

解决“我相对周围环境的状态”的难题
（中国惯性技术学会 绘制）

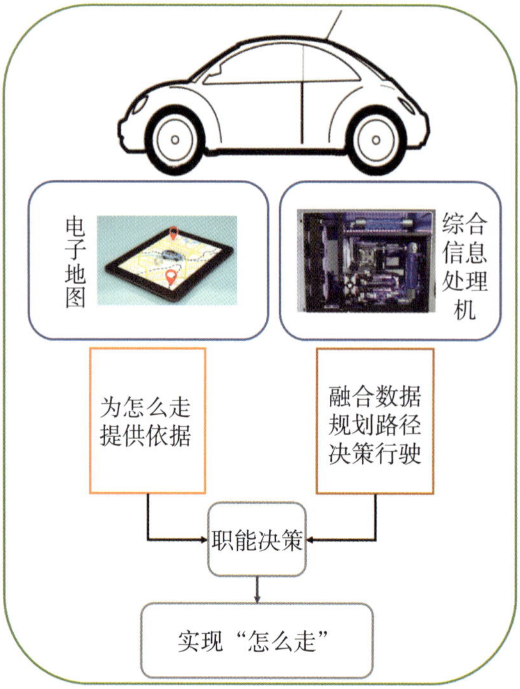

解决“我要怎么走”的难题
（中国惯性技术学会 绘制）

二是基于多信息融合的环境感知与精确相对定位技术，主要以全景相机、激光雷达、毫米波雷达等环境感知传感器为信息输入源，研究如何进行目标可靠检测和相对距离等信息的实时准确测量。

三是惯性基多源不同类型信息的无缝融合技术，主要针对不同类型、不同采样间隔、不同精度的各类信息进行组合，从而提高综合导航精度，满足无人车控制的需求。

四是神经网络局部参考轨迹生成技术，主要针对自主定位系统及环境感知系统采集的数据，生成多条到达目的地的路线，为无人车驾驶决策提供依据。

五是基于参考轨迹的模型预测避障与路径规划技术，在生成的多条路径的基础上，针对车辆模型和控制约束，依据是否碰撞障碍物进行候选路径修剪，最终实现无人车自动驾驶。

国内外发展现状

围绕上述惯性基智能导航技术点，相关研究成果不断扩大。特别是2013年以后，研究呈现了爆发式增长，截至2020年6月16日，在ISI Web of Science-SCI/CPCI数据库中，收录的无人车用惯性基智能导航技术领域论文达4073篇。IncoPat数据库收录的无人车用惯性基智能导航技术领域的专利3708项。

从20世纪80年代开展相关技术研究以来，美国始终保持着领先地位。考虑到无人车在复杂环境中的使用需求，美国很早就开始针对无人车不依赖卫星的导航技术研究进行布局。2004年，由美国国防部高级研究计划局（DARPA）举办的无人车超级挑战赛计划中，已经设置了卫星不可用环境下的考核任务，多支队伍通过采用“惯性+卫星+视觉+激光雷达+毫米波雷达+电子地图”的惯性基智能导航模式，成功解决了相关难题，这为无人车在卫星无效时的导航指明了方向。基于此，美国在无人车用惯性基智能导航技术上的研究不断深入，应用进程不断加快，目前美军已完成不同应用领域的系列化无人地面车辆的实际装备，并已在伊拉克战争、阿富汗战争等实战中进行了广泛应用，主要用于战场支持与救援等。在民用方面，美国谷歌、特斯拉等公司的无人车作为世界无人车的领军者，已经进行了大量的实际道路测试（见下页图）。谷歌无人车用惯性导航装置获取车辆速度、航向信息，并与高精度GPS设备和谷歌地图组合进行道路级的无人车定位，通过相机智能检测识别车道、交通灯等道路信息，识别行人、车辆等可移动物体，从而完成无人车自动控制驾驶。目前谷歌无人车已经实现了L4级别的无人驾驶，并完成了1000万英里（1英里≈1.609千米）的真实道路行驶，这标志着无人驾驶商业化开始落地。

惯性基智能导航无人车 / 军用无人车 /Google 无人车
（引自：新华网）

进入 21 世纪后，我国对无人车领域的研究愈加重视，并将无人车领域的相关研究列入国家重大规划的重点研究内容，给予了大量的资金支持和政策支持，无人车智能导航技术相关研究也取得了巨大的进步。截至 2020 年 6 月，中国在 ISI Web of Science-SCI/CPCI 数据库中发表的无人车用惯性基智能导航技术相关论文为 856 篇，排名世界第二，且发文量排名前三的机构都是中国机构。尽管中国机构在发文量上占据绝对优势，但大部分论文被引用的次数相对较低，这也说明我国在无人车智能导航领域相关技术的研究还需要更加深入。为进一步加速无人车应用的实用化发展，由中国军方主办的“跨越险阻”无人系统挑战赛目前已经进行了三届，参赛队伍覆盖了国内从事无人系统研制的高校、科研机构和企业，在这些挑战赛中，也重点考核了无人车在卫星无效条件下的自动驾驶能力。在民用方面，百度无人车导航系统采用惯性导航系统和高精度 GPS 系统，结合百度三维高精度地图，实现无人车自主导航，采用激光雷达对周围环境和障碍物进行探测，并于 2015 年进行了首次高速公路实测，完成多项复杂驾驶动作和不同场景的切换。2018 年春晚，百度无人车在港珠澳大桥完成“8 字交叉跑”高难度动作表演。2019 年，百度无人驾驶出租车（见下页图）正式在长沙运行，标志着我国无人车商业化开始落地。

百度无人驾驶出租车（引自：百度网）

当前的主要技术难题

在复杂环境下的无人车智能驾驶方面，我国取得了快速的进步，但不可否认的是，与国外相比，国内无人车，特别是在相关的智能导航技术方面尚存在较大差距。首先，当前自主定位导航系统精度为 0.5‰ D（里程），无人车行驶 20 千米误差为 10 米，无法满足无人车长时间安全行驶米级导航精度的需求；其次，惯性基导航设备包含大量传感器，目前成本达到几十万元人民币级别，这在批量应用中令人无法接受；最后，在以野外、草地等为代表的非结构化道路的环境感知、路径规划等方面依然存在“卡脖子”的难题，严重制约了无人车任意环境下自动驾驶的发展。为此需要重点攻克如下技术难题：

一是惯性仪表精度尚不能满足无人车导航应用需求。为保证无人车正常的导航需求，导航设备误差应该控制在米级。惯性导航设备作为无人车导航系统的核心设备，其精度是无人车安全可靠行驶的基本保障，也直接决定着其在卫星不可用条件下安全行驶时间的下限，需不断提高惯性自主导航精度以满足无人车使用需求。当前国内各类惯性仪表与国外相差 1 个数量级左右，惯性仪表研制难度大、周期长、成本高，国外对我国进行严格的技术封锁和产品禁运，相关技术需要长期坚持重点发展。

二是以惯性为基础的多源信息融合技术仍不能满足未来无人车智能导航的需求。随着科技的不断发展，应用光学、磁学、声学、力学、热学等不同原理的不同类型辅助导航设备不断丰富，因此惯性基智能导航技术应能够兼容多种辅助信息源、智能识别设备类型、实现对各类传感器信息使用的智能决策融合（见下图），从而使无人车在各种复杂环境下具备高效准确的智能导航能力。但当前，在多源信息融合方面，我国仍与世界一流水平存在差距，还需大力发展相关的信息融合技术，为未来无人车导航的发展夯实基础。

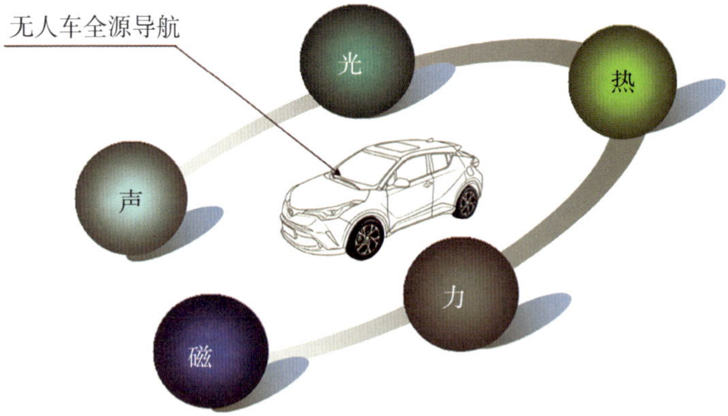

无人车多源信息融合
（中国惯性技术学会 绘制）

三是智能环境感知技术存在短板。随着视觉传感器设备类型的不断丰富，无人车导航设备有了更多的选择方案。尽管近年来国内在视觉检测及雷达处理方法上展开了较多的研究，但目前仅限于环境特征明显区域的理论研究及初步试验阶段，对于环境信息不明显区域的研究与国外顶尖水平仍然存在较大差距。

四是自主避障与路径规划技术工程化水平较低。在无人车实际工程应用中，最重要的是安全性，具体体现在自主避障与路径规划方面。但在目标识别、多传感器信息融合、智能参考轨迹生成等技术方面仍存在较多难点，同时缺乏大量的实验数据支持相关技术的研究，这阻碍了无人车相关技术的进步。

未来，随着无人车智能导航技术的突破，相关研究成果可广泛应用于各类无人车领域，特别是无人救援车、无人采矿车、无人运输车等特种车辆，将进一步推动无人车向智能化发展，增强无人车的任务效能。同时，可推广应用至多种无人平台，具体如下：

（1）实现无人车在卫星不可用条件下的高精度自主导航。通过完成惯性基智能导航技术研究，实现惯性、里程计、视觉、激光雷达等多源信息组合导航，具备无人车的全区域自主导航能力，极大地增强无人车的执行特种任务、联合作业等能力。

（2）显著降低无人车导航系统的综合使用成本。传统的高精度无人车导航系统价格昂贵，维护使用成本高，而通过该技术研究，利用多源信息融合的思想，将多种导航手段进行智能融合，能够有效提升系统性能，降低系统成本，从而在生产生活中得到更广泛地应用。

（3）相关研究成果可进一步拓展到其他应用领域。相关研究成果可进一步推广，用于提升无人船、无人机等无人装备的智能化导航水平，也可推广到机器人等需要多信息源融合处理的领域；同时，还能够作为有人驾驶车辆的辅助设备，提升有人驾驶的安全性和可靠性。

纵观无人车驾驶的发展史，通过无数次的技术迭代，确立了惯性基智能导航的发展方向。随着其技术的不断发展，终将实现无人车在任意环境下的完全自动驾驶，为社会带来重大变革。

中国惯性技术学会

撰稿人：姜福灏　尚克军　郭玉胜　扈光峰　邓　亮

孙　伟　王万征　赵克勇

8

如何在可再生能源规模化电解水制氢生产中实现『大规模』『低能耗』『高稳定性』三者的统一？

由可再生能源分解水制取绿色氢能是实现低碳乃至无碳经济的核心环节，也是发展氢能经济、实现能源变革的重要方向，已成为国际清洁能源发展的趋势。其中，利用可再生能源发电、耦合电解水制氢是目前最为可行的、能够较快实现规模化应用的技术路线。目前，绿氢大规模商业化的技术瓶颈是低成本、高稳定性和大规模电解槽的研发，其中稳定、廉价、高活性的电催化剂是核心技术。

通过可再生能源（如风、光、水）分解水制氢是可再生电能转换为化学能的必由之路，本质上是一种储能的过程。因此，亟须实现可再生能源的储能和非依赖电网运输，解决弃电难题，将可再生能源自由地进行跨时空、跨地域的调配和利用。低成本、高稳定性和大规模化的电解水技术将助力实现绿色氢能及低碳经济，推动我国能源结构转型，从根本上改善生态环境。

李灿

中国科学院院士，中国科学院大连化学物理研究所研究员

“绿色氢能”助力中国能源变革

减少全球碳排放和减缓气候变化的理想解决方案

应对气候和生态环境变化已成为全球共识，而广泛应用净零排放目标，是推动各国采取远大的气候行动的重要工具。绿色氢能被认为是工业国家实现净零排放的可靠途径，将成为全球能源体系的重要组成部分。

自第一次工业革命发生的两百多年来，全球生物质能源消耗量增加了约 275%，煤炭使用量增加了 60% 以上。虽然可选择的能源种类及可再生能源使用比例都有所增加，能源结构也有较大变化，但全球从未有过能源的革命性转型。众所周知，我国的能源结构是相对富煤、贫油和少气，能源需求超越了自我供给能力。发电 60% 以上靠煤，化石资源的使用会产生粉尘、SO_x、NO_x 等排放物严重污染环境，并相应排放大量的二氧化碳。至 2019 年年底全球化石燃料燃烧产生的二氧化碳排放量达到约 400 亿吨，目前，我国是世界上排放二氧化碳总量最多的国家。

温室气体在 1951 年至 2010 年间贡献了 0.5~1.3℃全球地表温升，已经造成严重的气候变化等危及人类生存发展的问题。英国权威医学期刊《柳叶刀》2019 年度报告显示，气温上升促进细菌传播，已显著影响儿童身心健康，导致农作物减产。若要满足《巴黎协定》规定将气候变暖限制在 2℃以下，需要在 2050 年全世界实现净零碳排放。为实现这一目标，2020 年化工行业碳价需达到 30~50 美元 / 吨，2035 年增加到 50~100 美元 / 吨。为实现《巴黎协定》规定的气候目标，需大幅度减少传统化石能源的消费比例、减少碳排放，增加可再生资源的使用量，实现真正的能源转型。2020 年 4 月，我国发布的《能源法》征求意见稿中，第一次明确提出推动能源清洁低碳化发展，并且将可再生能源列为能源发展的优先领域。

近年来，太阳能、风能、水力等可再生能源发电系统成本大大降低，我国的光伏装机量和出口量迅猛增加，已成为化石能源强有力的竞争者。国际可再生能源署（IRENA）发布的《2018 年可再生能源发电成本报告》显示，2010—2018 年，集中式太阳能 CSP 全球加权平均发电成本下降了 46%，海上风能利用成本下降了 20%，光伏太阳能发电成本下降了 77%。仅 2018 年，太阳能光热价格下降了 26%，生物质能下降了 14%，太阳能光伏和陆上风电均下降了 13%，水力发电下降了 12%。经过近八年的发展，除太阳能光热发电成本略高外，陆上风电和光伏的发电成本已经比所有没有财政补贴的化石能源发电的成本低，风电、光伏产业已经开始逐步取消政府补贴。随着技术的不断升级，可再生能源的发电成本在未来呈可预见性下降，发展可再生能源成为全球减少碳排放和减缓气候变化的理想解决方案。

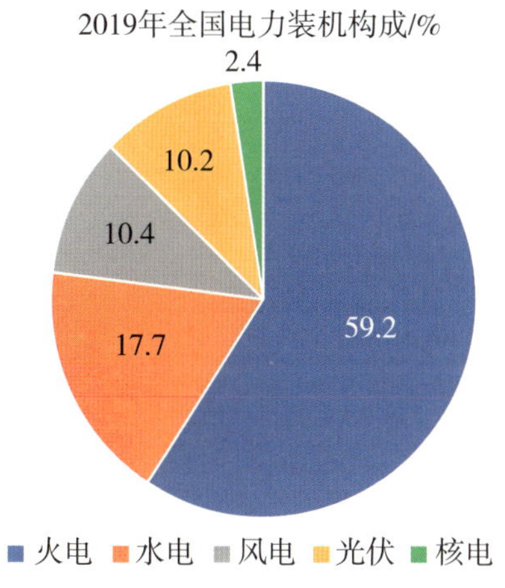

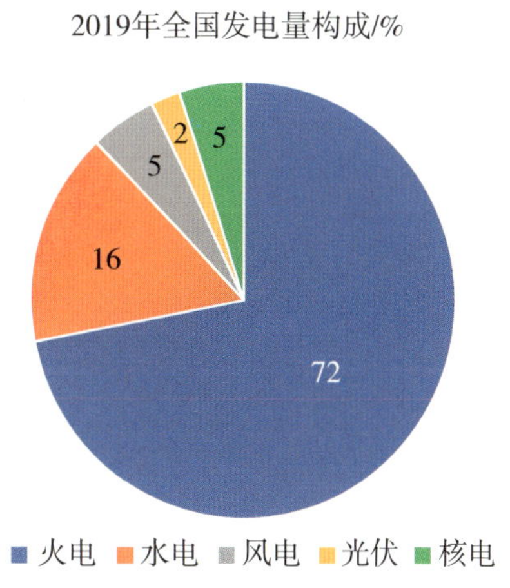

氢能，未来世界能源架构的核心

可再生能源领域及相关供应链的成长，受地域性和间歇性等特点的极大限制。尤其我国东西部经济发展差异较大，而可再生能源资源禀赋与之不相匹配，可再生能源发电的弃电现象严重。截至 2019 年年底，全国清洁能源装机总容量达 84987 万千瓦，占全国发电总装机容量的 40.8%；而 2019 年全国发电量构成中，清洁能源发电量只占总发电量的 28%，其中太阳能发电和风电的装机容量被大大闲置。2019 年，全国基建新增清洁能源发电装机容量 6081 万千瓦；其中，风电 2574 万千瓦、太阳能发电 2681 万千瓦，这两项占比超过 86%。2019 年全国规模以上电厂发电量 71422.1 亿千瓦时，同比增长 3.5%；其中，风电 3577.4 亿千瓦时，同比增长 7.0%；太阳能发电 1172.2 亿千瓦时，同比增长 13.3%。以上数据说明，一方面大量可再生能源丰富的地区亟待资源开发，另一方面大量的装机容量闲置，资源并未能很好地被有效利用。因此，需“因地制宜”来考虑可再生能源的消纳难题。

发展可再生能源，储能是关键。在众多的储能技术中，氢能的开发及二次转化具有明显的优势，是能源革命重要的发展方向。氢能是一种理想的二次清洁能源，是地球上已知的能量密度最高的物质（142.35 $kJ \cdot g^{-1}$），单位重量燃烧发热值约为汽油发热值的 3.3 倍（43.07 $kJ \cdot g^{-1}$）；不但可直接作为能源使用，在石化工业中也有着重要的用途，被誉为未来世界能源架构的核心。目前商用氢气 96% 以上是从化石燃料中直接制取（“黑 / 灰氢”），即使工业用电解氢，电力供应也基本以火力发电为主，生产过程中既耗用大量能量又排放大量二氧化碳等温室气体。若大量使用这类氢气，只是一种“污染前移”现象，并不能有效解决生态环境问题。因此，需要以新技术和新材料为基础，发展利用可再生能源从水中大规模制取氢气的技术，使传统的可再生能源得到高效开发和利用，从而实现多种能源跨地域、跨时间优化配置，以及持续稳定的能源供给，进而继续推进可再生能源领域的高速发展。

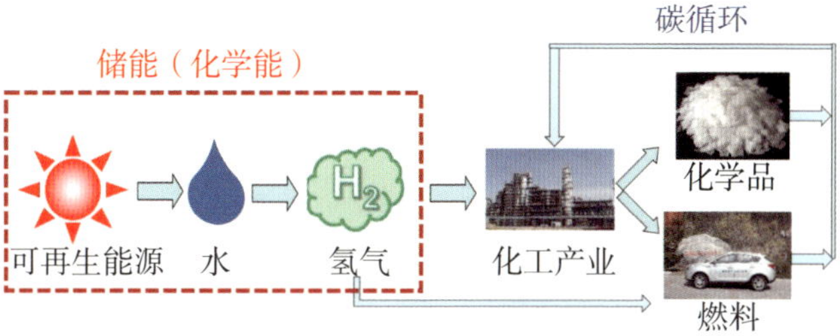

低 / 零碳排放的能源利用过程

制取“绿氢”的关键——分解水制氢技术

水是地球上最丰富的资源，将氢气作为储能载体，利用可再生能源（风、光、水等），通过分解水技术（电解水、光解水、光电催化分解水等）从水中制取“绿氢”，意味着氢气的获取无资源地域壁垒问题。所制得的“绿氢”可通过管道输运、液氢输运等方式直接作为能源使用，燃烧产物只有纯水；或作为能源载体，进一步与二氧化碳等含碳、氮物质进行反应制备甲醇、液氨、有机液体等燃料或化学品；还可替代“黑 / 灰氢”参与传统化工产业中的加氢过程，实现交通、发电、工业和农业等领域的综合利用。从而将各种间歇性可再生能源与现有能源体系有机结合，构建低碳 / 零碳排放的能源循环利用过程。有助于在风、光、水资源丰富的地区，促进可再生能源向化学能的产业化转化和应用；加速能源结构转型，用取之不尽、用之不尽的可再生能源取代化石能源，助力我国构建清洁低碳、安全高效的能源体系，推进我国实现真正的能源结构变革，保障国家能源安全，实现生态文明社会的构建和人类社会的可持续发展。

可再生能源向绿色氢能及液态阳光燃料产业化转化的战略布局，需要综合基础科学和工程应用两方面来推进科学研究及技术发展，分多个阶段、多个步骤实施，才能最终实现可再生能源到化学能的高能量转化效率、低成本和大规模生产等目标。其中，首要的核心技术便是分解水制氢技术。根据目前行业技术水平和工业应用现状，近中期内，利用可再生能源电力电解水制氢技术（液体碱性水电解、固体聚合物水电解）生产绿氢，是一种较为可行、相对高效、易于大规模应用的合理途径。长远期发展来看，发展理论上更高效的光催化、光电催化分解水等多种前瞻性制氢技术，能够减少储能转化过程的中间步骤，有望从根本上提高可再生能源向化学能的转化效率。

绿氢以及进一步合成甲醇的进展已受到国际上高度重视。冰岛碳循环国际公司（Carbon Recycling International）投资在冰岛利用地热发电电解水产氢，于 2011 年建成了 800 吨 / 年二氧化碳加氢制甲醇示范项目。中国科学院大连化物所与兰州新区石投集团公司合作启动了千吨级“液态太阳燃料”合成示范项目，通过光伏发电系统驱动 10 MW 的电解槽装置制备绿色氢气，用于二氧化碳加氢制甲醇，于 2020 年年初成功开车，打通从太阳能到氢能直至甲醇生产的全过程，将可再生能源转化为可储存的液态甲醇，实现真正意义上的液态阳光燃料规模化生产。此外，壳牌、西门子、BP、东芝等国际化公司已经开始布局建设 MW 至 GW 级别的可再生能源电解水制氢工厂及衍生的碳资源绿色转化工程。

虽然可再生能源及绿色氢能领域展示出良好的前景和发展态势，但当前电解水制氢技术的发展水平却限制了可再生能源转为化学能的转化

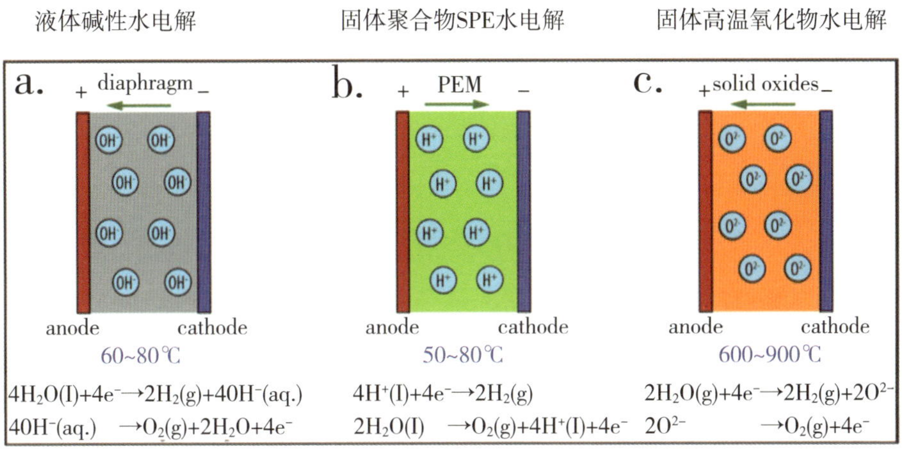

电解水原理示意图（引自 https://pubs.rsc.org/en/content/articlelanding/2016/mh/c6mh00016a#!divAbstract　https://doi.org/10.1039/C6MH00016A Mater. Horiz.，2016）

效率及规模化生产进程。总体上看，目前电解水制氢的产量仅为世界氢气总产量的 4%。由于电解水制氢生产过程中耗能巨大，用电成本占整个电解制氢生产成本的 70% 左右，且单个设备制氢规模较小（大部分 <500 m^3H_2/h）。一方面是分解水的热力学要求，需要一定量的电能（这部分不能减少），且电价较高；另一方面由于电解水电极活性较低，需要操作电压高而工作电流密度低，所以能量利用效率较低；此外，电解槽的结构设计不合理、组件及膜材料性能不高等也会带来一定的额外能量损失，以及增加制备成本。因此，为了提高电解水过程中可再生能源的利用和转化率，实现大规模电解水制氢，需要创新电解水催化剂、创新现有电解水技术。

电解水的原理是利用电能在电解槽的阴极和阳极上分别发生还原反应和氧化反应，从而在阴极和阳极分别产生氢气和氧气。根据运行温度和导电介质不同，电解水制氢设备主要分为：高温固体氧化物电解槽、固体聚合物电解槽和液体碱性电解槽。从动力学的角度，高温可加快电极反应速率，显著降低电极过电位，同时也可减少离子传导过程中产生的欧姆损失。从热力学角度，高温电解具有比低温电解更高的能量转化效率优势；固体氧化物电解质可满足600~1000℃的高温操作，可以利用各种可再生能源以及先进核能提供的热能和电能，从而增加制氢过程中热能的比例，降低电能的消耗，将高温水蒸气高效电解为氢气和氧气。理论上，可实现接近100%的电解制氢电能转换效率。但目前固体氧化物水电解池尚不成熟，高温功能材料、制氢系统的设计和控制技术还处于起步阶段，大多限于实验室研究。

目前已经可用的电解水技术有固体聚合物水电解槽（SPE）和液体碱性水电解槽。固体聚合物水电解槽的电催化剂颗粒直接附于膜上，形成SPE膜－电极组件实现纯水制氢，无溶液电压降，能量效率很高，可在大电流密度和宽功率波动的条件下工作，且结构紧凑，重量轻。20世纪70年代初，固体聚合物电解质水电解技术便已被应用于航空、深潜等领域作为供氧设备。膜－电极组件和集电器是SPE电解槽的核心部件，目前，SPE膜只有少数几家国外大公司能生产，国内产业化程度较低，国外的Proton公司和Hydrogenics公司几乎占领了世界范围内的SPE电解水产品市场。但固体聚合物水电解槽技术存在其固有的缺点：由于膜表面的强酸特性，SPE－膜电极活性物质普遍采用铂、铱等贵金属及其氧化物，技术成本非常高；采用当前工艺制备的电极尺寸偏小，限制了单个设备制氢能力；高产气量时催化剂易从床层脱落，导致性能衰减等问题，制约了其在民用制氢领域的规模化发展，难以满足大规模电解水制氢生产的需求；另外，铂系金属易被其他离子、分子物种毒化，对供水质量要求较高，亦导致其技术成本偏高。

液体碱性水电解池是目前相对成熟、商业化程度最高、应用最广泛的电解水制氢技术，可以不用贵金属，设备成本价格适中，可稳定运行

10~20 年。利用碱性水电解制氢技术，耦合转化可再生能源，是较快实现规模化应用的途径。存在的主要问题是，当前碱性电解水制氢工业一般采用金属镍、不锈钢等作为电极材料，电极活性较低，析氢、析氧反应过电位过高；为了实现一定的氢气产量和能量利用效率，实际制氢操作电压通常达 2~2.2V 以上，远大于其热力学平衡理论最低值，导致电解效率较低（一般 50%~70%），单位制氢能耗大，大量电能被浪费。另外，电解槽的结构设计、组件及膜材料等也会带来一定的额外能量损失。

发展绿色氢能并进行产业化推广和应用，方能有效实现减排污染物和二氧化碳的初衷。无论是在民用还是工业领域，与预期的氢气需求量相比，现工业设备单台制氢规模尚低，制氢效率低且固定资产投资成本高。再者，氢气价格与电解水制氢耗电量密切相关，一方面需要降低可再生能源发电的成本（目前已取得积极进展），另一方面采用先进电解水技术在低能耗下扩大制氢规模，可提高可再生能源的利用和转化效率，极大地降低投资和运行成本，实现低价格的产业化供氢、用氢，提高绿氢的市场竞争力。同时，可再生能源的波动特性，也对电解水制氢技术提出了更严苛的稳定性要求。在可再生能源规模化电解水制氢方向，只有当电解水制氢技术攻克“大规模”“低能耗”“高稳定性”这三大难关，绿氢以及相关的太阳燃料才能逐步替代化石能源、改变能源格局，实现生态文明。

此外，电解水制氢目前均采用纯度较高的水为原料，若全球需氢量剧增，很多地方几乎没有足够的淡水资源来满足需求，用丰富的海水资源直接制备氢气无疑能解决这一难题；还可结合利用丰富的海上风电资源，从而能节省大量的水资源淡化成本，具有广阔的开发前景。但海水成分复杂，其中含量较高的卤素离子、碱土金属离子等会带来竞争反应、伴随产生催化剂腐蚀、沉积失活等问题。高活性、高选择性、高稳定性的电催化分解海水技术，便成为电解海水制氢能否产业化的关键步骤。所以，对于实现海上风电及其电解海水制氢，“大规模”“低能耗”“高稳定性”这三大要素更是缺一不可。

实现“大规模”“低能耗”“高稳定性”电解水制氢生产需要解决的难点

实现这三者统一，需要研发新型电极催化技术、先进的隔膜和电解槽组件技术，来克服现工业设备中催化材料活性低、制氢运行阻力高、能量转化效率低等不足，在低操作电压下增大产氢电流密度，从而降低单位制氢能耗、促进单体设备制氢规模的扩大，提高气体纯度及拓宽设备载荷的可调性，并消除设备在高负荷状态运行时产生的工程学问题及相关不利影响，实现长时间稳定运行。

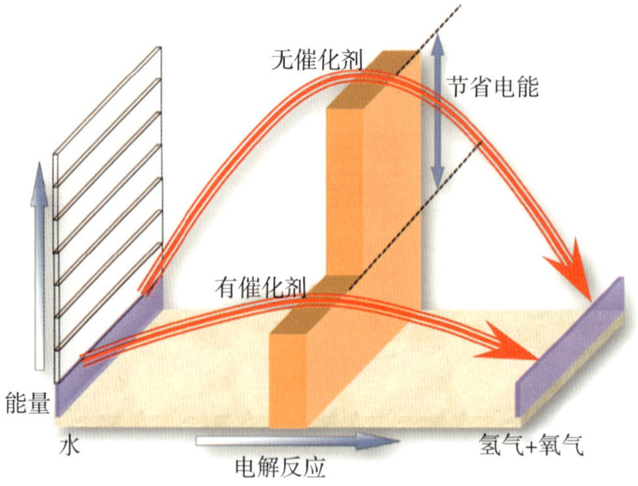

催化剂作用示意图

电催化分解水新型电极材料与技术

水分解产生氢气和氧气的过程，在热力学上是一个爬坡反应，通常需要消耗较高的能量。当在该反应中加入催化剂，可以有效降低爬坡高度，降低所需要的电能。由此可见，催化剂对水分解至关重要，催化剂性能越高，反应坡度越小，能耗越小。

工业现行电极材料催化活性低，导致电解水制氢普遍消耗电能较大，也难以在单位时间、单位设备内实现较大的制氢规模。国内外基础研究报道的高活性催化材料，虽可实现接近理论值的本征活性，但从规模制备、成型技术、装配使用、高稳定性等方面，均与工况条件及产业化要求相去甚远，尚不能满足实用需求。需有针对性地开发适用于工业应用标准的新型电催化材料、电极成型技术，降低工作电压以降低单位制氢能耗，提升低电压下的制氢电流密度以扩大生产规模。

隔膜技术

电解水过程中会在阴极和阳极分别产生氢气和氧气，在电解槽中通常使用隔膜将阴极、阳极分隔开；一方面，使得氢气和氧气分别产生于不同的空间中，省去了后续的分离步骤；另一方面，避免氢氧混合闪爆带来的安全风险。理想的隔膜应能阻止氢气和氧气穿透，将二者完全隔离在膜的两侧；同时隔膜还应具备良好的离子穿透导电性，从而在阴极、阳极之间形成完整的低阻电解回路。因此，隔膜是电解水的另一项核心技术。

当前工业中采用的隔膜多基于聚苯硫醚、聚四氟乙烯和聚砜类等聚合物，根据不同的成膜技术，膜孔径从微米到纳米尺度不等，具备不同的离子传导、耐气体穿透等特性；此外，通常引入磺化等手段来增强隔膜的亲水性和导电性。但是聚合物的合成和磺化都非常困难，且成膜过程中的水解、磺化容易使聚合物变性、降解，增加制造难度，成本也较高。国内装

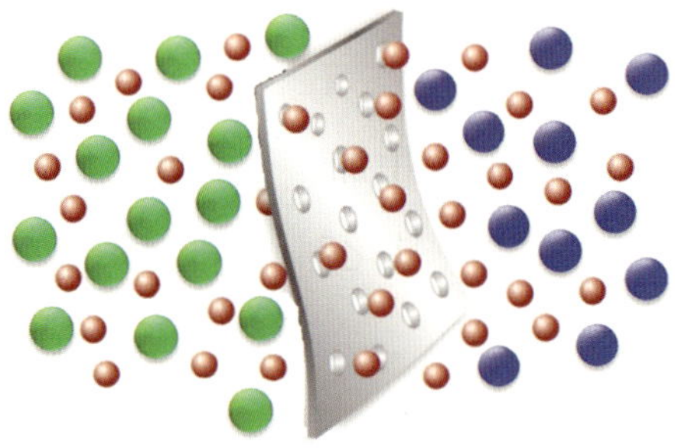

隔膜工作示意图

配相关电解设备所使用隔膜主要依靠进口，大部分来自美国杜邦、日本东丽等公司；国产隔膜在电导率、耐穿透特性、耐热稳定性等方面不能够满足工业生产要求，带来较大的电能损耗，也限制了设备运行参数的拓展和优化，限制电解槽产能的提升和长时间稳定运行。

我国亟待开发高离子传导率、高稳定性、高强度、耐压隔膜及其廉价、规模化的制备技术。

电解槽结构及组件

电解槽是用电能驱动水分解产生氢气和氧气的具体场所，商业电解水设备是由几十至几百个电解水单元叠加组装而成，每个电解水单元由隔膜及其两侧的阴极、阳极和集流体等部件组成，水进入电解槽被分解生成气体后排出。其中，各个组件在槽内的相对位置、装配方式和各自的宏 / 微观结构等因素产生的影响，会以电阻的形式表现，并带来额外的电能消耗，这部分耗电量直接与电流、甚至电流的平方成正比。随着催化剂性能提升和单位制氢规模变大，制氢电流会成倍增加，从而使得这些因素的影响愈发凸显，甚至会限制先进催化剂和隔膜性能的发挥。因此，随着新型

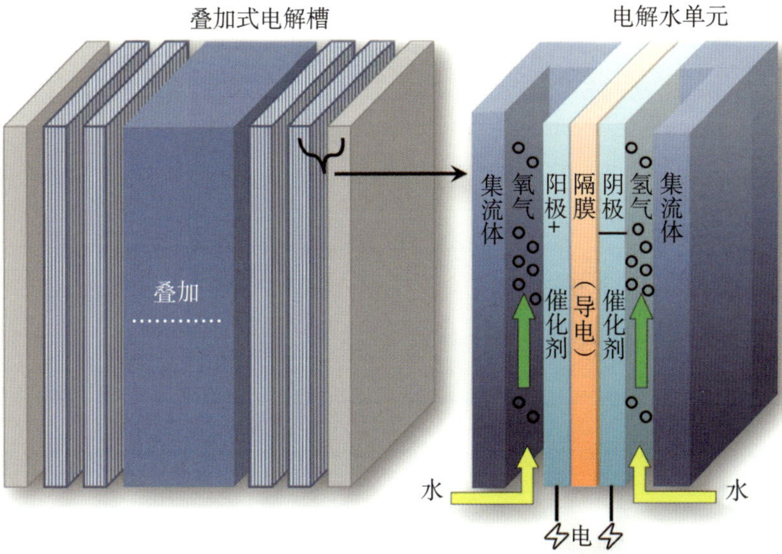

电解槽结构示意图

催化剂和隔膜的技术进步，现有的电解槽结构或组件必将不适合继续沿用并被淘汰。

目前，新型大规模电解水制氢设备的研发尚处于起步阶段，需从工程设计方面，有针对性地开发新型电解槽组件及相关配套技术，从而优化生产中的各项工艺参数，同步匹配先进催化剂、新型隔膜的研发和技术进步，这样才能充分发挥新技术的优势，真正实现低能耗、大规模氢气产出的工业化运行。

海水电解技术

现有海水电解技术在特定电解液、小电流密度下具有一定的稳定性，但在工业电解大电流条件下仍存在活性、选择性、抗腐蚀性、稳定性差的问题。发展高选择性（单一选择性析氢、析氧）、高耐腐蚀稳定性、高能量效率的可再生能源耦合海水电解制氢系统仍面临巨大的挑战。

可见高性能的催化剂，电阻小、稳定性好的隔膜，低电阻、实现良好传质传热、气液分离的电解槽是制备高效、低成本、规模化电解水制氢系统的关键因素，是未来科学界和工业界重点突破方向。

“绿色氢能”助力中国能源变革

高效、低成本、规模化电解水制氢技术可极大地促进可再生能源、氢能的利用和发展，缓解可再生能源的消纳问题，实现可再生能源跨时空调度。我国很多丰富的可再生能源多分布于经济不发达地区，发展可再生能源及其转化技术可形成新兴产业，有望带动氢能储运和应用等上下游关联产业，带来新的机遇和就业机会，为欠发达地区增加造血功能，助力解决相关地区的产业升级、转型和经济可持续发展。同时，有助于降低我国对化石资源的依赖，调整能源利用格局和安全性。此外，我国具有丰富的海水资源，充分开发和利用海水资源是寻求解决陆地资源匮乏、环境恶化、人口膨胀等难题的希望所在；利用间歇性可再生能源发电耦合海水电解制氢技术取得突破后，不但能促进我国氢能产业的进步，还能有效缓解我国和“一带一路”沿线国家的能源问题，具有重要的国际战略意义。利用可再生能源制取“绿氢”来构建零碳排放的能源利用循环过程，有利于更好地推进资源全面节约和循环利用，实现控制温室气体排放和污染防治的协同，降低能耗、物耗以及废物产生，实现生产系统和生活系统循环链接，从而推动生态文明建设不断向纵深发展。

绿色氢能极具发展潜力，在可预见的未来将迅速具备与传统制氢技术竞争的价格优势。从2000年到2019年年底，全球共计部署几百兆瓦绿色氢能项目。预计至2025年，全球范围内将再部署几千兆瓦绿色氢能项目。国家层面的发展目标和国际市场的兴趣将在未来数年内持续推动相关市场发展，拉动投资与试点项目建设，助力2025年后资本支出实现大幅下降。当前全球氢能产业发展与2000—2005年左右的可再生能源产业的情况类似，甚至具有更迅猛的发展势头，十几年充分的发展和进步，将会使这一行业的产品和技术变得更加有竞争力。

中国可再生能源学会

撰稿人：李　灿　姚婷婷　马伟光

如何突破进藏高速公路智能建造及工程健康保障技术？

青藏高原，世称“地球第三极”，地缘政治独特，是联通中亚、南亚两大通道的战略节点，是我国重要的战略安全屏障和资源储备基地，是我国约700万藏族同胞的世居之地。

西藏自治区是青藏高原的主体，系祖国西南门户，有近4000千米边境线。习近平总书记“治国必治边、治边先稳藏”的思想深刻阐明了西藏尤为重要的战略地位。受制于青藏高原恶劣的自然环境和复杂的地质条件，西藏至今仍然是国家高速公路网尚未连接的“孤岛”，凸显出我国作为世界高速公路第一大国在高速公路发展中存在的不平衡、不充分问题。

由青入藏是国家进藏高速公路规划的战略主通道。青藏工程走廊穿越的700千米多年冻土是高速公路建设面临的国际性难题。因此，全面突破进藏高速公路建造及工程健康保障技术，整体提升进藏高速公路建养技术现代化水平和服务品质，提高高海拔高寒恶劣自然环境下交通运输保障能力，是固边稳藏、保障国防安全的重要基础；是全面强藏、融入“一带一路”的重要途径；是富民兴藏、决胜脱贫攻坚的重要支撑；是长期建藏、深入实施西部大开发战略的重要保障。

汪双杰

全国工程勘察设计大师，中交第一公路勘察设计研究院有限公司

进藏高速公路将引领中国基建再攀新高

青藏高原南起喜马拉雅山脉南缘，北至昆仑山、阿尔金山和祁连山北缘，西部为帕米尔高原和喀喇昆仑山脉，东及东北部与秦岭山脉西段和黄土高原相接，平均海拔 4500 米以上，高寒缺氧，被称为“世界屋脊”“地球第三极”。

我国的藏族人民自古生活在广袤的青藏高原，是中国及南亚最古老的民族之一。自公元 7 世纪吐蕃建立政权以来，藏族与内地的交往就没有中断。但是，由于地理距离、交通阻隔等方面的制约，过去的交流与联系具有非常大的局限性。

20 世纪 50 年代初，中国人民解放军遵照党中央的号召和毛主席“一面进军，一面修路”的指示，与藏族同胞一起历经艰险、排除万难，在世界屋脊上修通了全长 4360 千米的川藏公路和青藏公路。从此，开启了西藏与内地联系的新篇章，结束了西藏无现代化公路的历史。

青藏公路更是西藏与祖国内地联系的最重要通道，承担着西藏 85% 以上进藏物资和 90% 以上出藏物资的运输任务，被誉为西藏的“生命线”。

新时代着力推进青藏高速公路建设意义重大

青、川藏公路通车以来，在党中央的坚强领导和全国各族人民的无私支援下，西藏交通发展日新月异，但是其总体建设水平明显低于全国平均水平。截至 2019 年年底，西藏地区公路里程突破 9 万千米，而高速公路里程不到 700 千米。目前，全国只有西藏仍是国家高速网尚未连接的“孤岛”，也凸显出我国作为世界高速公路第一大国在高速公路发展中存在的不平衡、不充分问题。

西藏在国家发展全局中的战略地位，要求必须加快进藏高速公路建设

2018 年 9 月，习近平总书记在参加十二届全国人大一次会议时明确指出“治国必治边、治边先稳藏”，深刻阐明了治国、治边、稳藏的内在关系，把西藏在国家全局中的地位提升到了新的高度。

西藏是重要的国家安全屏障。西藏地处祖国西南边疆，居高临下的地理优势、绵延曲折的边境线、数千公里的战略纵深，使其成为国家安全的天然屏障，在维护国家主权和利益安全上具有十分重要的战略地位。

西藏是重要的生态安全屏障。西藏是“中华水库”“亚洲水塔”，水资源总量居全国首位，不仅是东亚重要的气候调节器，同时也是世界上生物多样性最典型的地区之一，是保障地球生物多样性的重要基因库，关系到中华民族的持续健康发展。

西藏是国家战略资源储备基地。西藏地区矿带分布密集，累计发现矿产 101 种，区内 10 余种矿产资源产量储量居全国前五位，资源潜在价值超过 6500 亿元，是我国重要的战略资源储备基地。

西藏是面向南亚的重要通道。西藏是连接中巴经济走廊和中印孟缅的关键战略节点，是我国“一带一路”倡议的重要组成部分。中巴、中印孟缅两个经济走廊的建设对我国拓展运输新通道、保障能源安全、维护西部稳定、扩大地缘政治影响力具有重要的建设性作用。

西藏是固边稳藏的前沿阵地。西藏藏族和其他少数民族人口占全区总人口的 90% 以上，民族问题和宗教问题交织加剧了西藏工作的复杂性。西藏地区的稳定事关国家安全和领土完整，事关 700 万藏族同胞的幸福，事关全面建成小康社会全局。

目前，西藏的交通发展现状与其重要的国防战略地位极不匹配。

青藏通道是进藏的战略主通道，推进青藏高速公路建设战略意义突出

在进藏五大通道中，川藏通道地质灾害极其发育，高速公路技术储备不足；滇藏通道地质灾害严重，与内地联系不够紧密；青康通道没有对接两省首府，对两省区联系有限；新藏通道战略纵深不足，与内地连接功能较弱。而青海格尔木至拉萨的青藏通道是西藏自治区首府拉萨通向首都北京及西北地区、华北地区、中原地区最为便捷的陆上通道，是五个进藏通道中唯一兼有青藏公路、青藏铁路、格拉成品油管道、兰西拉光缆通信工程、500 千伏输变电工程的综合运输通道，是西藏经济社会发展的“金桥”。同时，相比川藏、青康、滇藏及新藏通道，青藏通道作为国防战略纵深主通道，具有重要的战略优势，一是青藏通道纵深达 1500 千米以上，有利空间换时间的战略防御；二是青藏通道地处高平原，无地形限制，有利快速机动的战略集结；三是青藏通道内公路、铁路、能源、电力集中，有利喘息休整的战略保障。

青藏通道技术问题相对集中、工程建设难度小，推进青藏高速公路建设经济社会效益显著

青藏通道技术难题主要是多年冻土，具有很好的研究基础和人才储备。因此，青藏高速公路已具备基本建设条件，推进其建设将发挥出显著的经济社会效益。

打通青藏高速公路将实现国高网的最后贯通。青藏高速公路（格尔木—拉萨段）是国家高速公路 G6 北京至拉萨的最后一段。北京至格尔木段已经实现全线贯通，那曲至拉萨段业已开工，2020 年将建成通车，仅余格尔木至那曲段 795 千米还未实现最后贯通。因此，全力建设格尔木至那曲段高速公路是实现国高网全面贯通的最便捷方式。

打通青藏高速公路将全面提升进藏的交通服务水平。青藏公路承担着

80% 的出藏物质与 90% 的进藏物质运输工作。由于历史原因，道路病害严重，历经 4 次大规模整治改建工程，维修路段达 188 千米，但是病害率仍在 20% 左右。由于交通急剧增长、公路等级低、道路病害严重，青藏公路拥堵呈现常态化。仅 2017 年 1—9 月就发生堵车 122 次。自 2006 年青藏铁路通车以来，青藏公路交通量年增长率由 5% 逐渐增至 9%，交通量已接近饱和状态。

打通青藏高速公路将有效保护青藏高原的生态环境。青藏公路穿越可可西里世界自然遗产和三江源国家自然保护区，人类交通活动对野生动物的迁徙、繁殖活动造成了较大影响，每年因公路交通致死的野生动物数量已超过因猎杀而死亡的数量。青藏高速公路修建后将有效约束交通，保护生态环境。

打通青藏高速公路将助力西藏精准扶贫。西藏是我国唯一的集中连片特困地区，截至 2018 年年底，西藏仍有 15 万贫困人口。从人均 GDP 收入来看，西藏是我国人均 GDP 最低的省级地区，处于我国人均 GDP 的第五梯队。而交通先行是西藏精准脱贫攻坚的关键。因此，必须加大西藏地区高速公路的发展与建设力度，才能保证西藏人民在共同实现小康的道路上不掉队。

青藏高速公路建设的“拦路虎”——多年冻土

1954 年青藏公路通车的喜悦并没有持续多久。开春后，人们惊奇地发现原本平坦的公路逐渐变成了烂泥滩，起伏不平，车队驶过随即陷入。这时，人们才发现原来在看似坚固的高原下另有玄机。

在青藏高原腹地大部分地区，分布着一种持续多年冻结的非常特殊的土体——多年冻土。与普通的土体多由土颗粒、水分和空气孔隙组成不同，多年冻土还包含有冰，而青藏高原的低温环境是多年冻土赋存的气候条件。多年冻土富有持久的生命力，犹如任性的小孩儿，当温度降低（<0℃），它便平静地酣睡，内部的冰体将土颗粒牢固地包裹起来，坚硬如铁；而当外部温度升高（>0℃），它便被惊醒，顿时发起脾气，内部冰体融化，土体变成一摊稀泥。因此，在青藏高原修路、架桥必须摸清冻土的脾气。

多年冻土

青藏高原高寒的气候条件以及冻土对温度极其敏感的特性造就了高原独特的冻融自然景观。如冻胀丘，是由地下水冬季结冰，在薄弱地带冻结膨胀并且向上隆起而形成的圆形或椭圆形地形；热喀斯特湖，是由地下冻土层内冰体融化而集水成湖；热融滑塌，由于斜坡地区坡脚地下冰层暴露，夏天冰层融化致上部土层塌落，并在重力作用下沿着斜坡缓缓下滑。总而言之，在青藏高原发生的诸多冻融自然现象均缘于土体的冻结或热融。

冻土的这种特殊秉性成为工程建设的“拦路虎”，是世界级难题。具

20 世纪 90 年代青藏公路冻融病害

体来说，地基土体中的水冻结为冰时，体积增大 9%，会发生冻胀现象；反之，遇热则融，土体发生沉降，即融沉。冻胀和融沉是冻土最为显著的两个工程特性，也是影响工程稳定的主要因素。当工程建设实施时，一方面破坏了原有的地表植被，使得土体直接暴露；另一方面工程结构表面特别是公路路面是显著的黑色吸热表面，就如冰上加热器，进一步加剧了土体的热融。以上过程虽然说起来简单，但是在多年冻土地区，冻土的热融就是引发工程结构发生病害、破坏的主要原因。

我国的冻土工程技术成就已领跑全球

正是由于冻土热融这一世界性难题，使得冻土工程研究成为国际学术与工程界研究的难点和热点。除我国以外，美国、俄罗斯、加拿大等冻土大国以及北欧等国也在冻土区开展了不同的工程建设，如俄罗斯的西伯利亚铁路、美国的道尔顿公路等。由于地广人稀，以上国家的道路工程均以城市近郊公路为主，道路等级低、交通量小，绝大部分只铺设了砂石路面，通行条件较差，且运营多年来，其工程热融病害率均超过30%。

青藏公路、青藏铁路锚定世界冻土工程技术的中国高度

我国在冻土工程技术方面走在了世界前列。自20世纪70年代以来，我国针对多年冻土青藏公路的整治改建已累计投入近50亿元，持续开展了40多年的观测和病害整治技术研究，病害率控制在20%左右，堪称世界冻土工程奇迹。青藏公路冻土病害整治技术研究针对同一工程对象开展不间断的科学和技术研究，在国际工程界是唯一的，其研究成果一举奠定了我国冻土工程技术的国际领先地位。

- 首次揭开高海拔多年冻土神秘面纱。与俄罗斯西伯利亚、美国阿拉斯加等世界主要的高纬度冻土相比，青藏高海拔冻土温度高、热融敏感性强，冻土冻胀融沉具有长期、隐蔽、突发特点。

- 摸清冻土工程病害类型及发生规律。几十年的跟踪调查监测表明，青藏公路融沉类病害远超冻胀类病害，占比超75%，受控路基尺度和结构，发育不均匀沉陷和纵向开裂等不同类型病害。年平均地温低于 -1.5℃的低温冻土病害易控，相对稳定；年平均地温高于 -1.5℃的高温冻土病害表现出长期持续性，极不稳定。

- 找到医治冻土工程病害的良方。青藏公路冻土病害的治理实践是一部我国冻土工程科研工作者千方百计“保护冻土”的历史。70—90年代，受认识及经费限制，我国研究人员只能采取填土路基保护冻土，并相继研究提出“宁填勿挖”原则、最小填土高度、保护冻土临界高度等关键成果；

90 年代后，逐步开发出隔热保温、局部导冷等系列新技术、新结构、新材料，如热棒路基、XPS 隔热层路基、碎（块）石气冷路基等。

● 把沥青路面铺到世界屋脊上。国际上首次在多年冻土区大规模铺筑黑色沥青路面取得成功，提出极端低温下的沥青路面结构选型及强度控制技术，逐步完善沥青路面快速修复及养护技术体系，路面防冻抗裂耐久性能稳步提升。解决了多年冻土地区能否铺筑黑色沥青路面以及如何铺筑的问题，有力保障了青藏公路成为世界第一条跨越 700 千米多年冻土地区的全天候通车二级公路。

● 成为国际冻土工程研究最大的数据源和试验场。依托青藏公路的整治改建，积累了长达 46 年的冻土环境与工程病害连续观测和试验数据；跨越青藏高原 700 千米多年冻土区，累计建设超 200 千米科研试验工程，共涉及 12 种特殊路基结构、2 座桥梁试验工程、11 类不同工况试验场，取得近 300 万组第一手科学试验数据，是国际冻土工程界不可替代的野外观测数据源和实体工程试验场。

青藏公路的科研成果在青藏铁路建设中得以升华。青藏铁路作为西部大开发的标志性工程、世界海拔最高的铁路，再次刷新了中国工程建设水平和能力的新高度。主要技术成就有：

主动冷却理念：在全球气候变化的大背景下，青藏高原多年冻土的升温和退化已经是不可逆的事实。因此，在工程建设中，要采取新的冻土温度调控原理和措施，充分利用调控热辐射、热对流和热传导等多种方法，主动降低冻土温度。

片块石路基：在路基里填筑一定厚度的石块，形成多孔介质体。在冬季时，片块石层顶、底部受外部气温影响，内部空气产生上、下密度差，自发流动，自动换热，将外界“冷量”源源不断地传入土体。

热棒路基：热棒是一种内部填装工质（如氨、氟利昂、丙烷、CO_2 等）

的封闭钢管，一端插入冻土层，另一端外露于空气中。利用内部工质的气液相变、相变换热和重力回流，将冻土热量导出，周而复始，自动循环，无须外力。

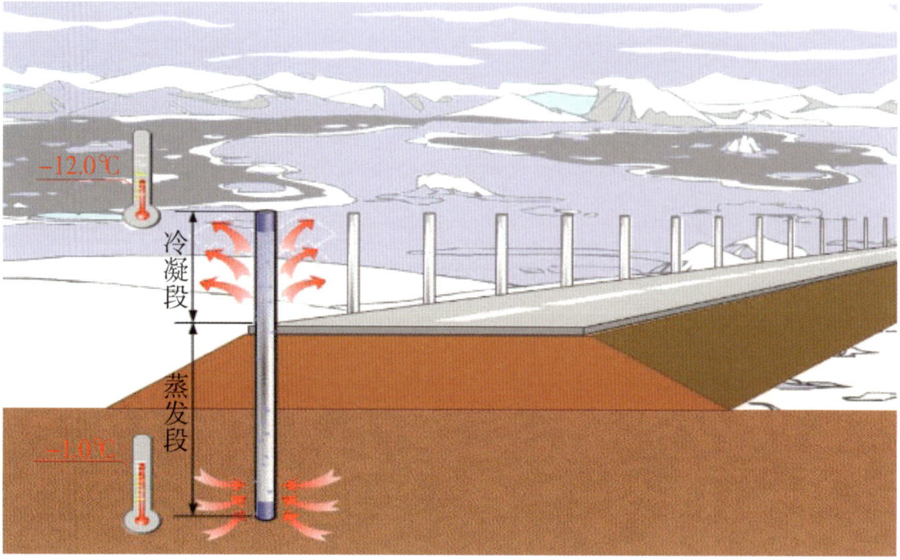

热棒路基

通风管路基：即在路基中横向埋置供空气流通的混凝土管道。通风管路基结构简单，利用青藏高原丰富的风能资源，对冻土制冷。

遮阳板路基：在路基的边坡铺设一层遮阳板，类似于给路基安装了遮阳伞，以阻止太阳辐射对路基的加热作用，减少路基吸收的辐射传热，有效降低温度。

旱桥：在冻土条件极为不利时，直接修建桥梁，跨越冻土区，减少对冻土层的扰动。因其下无真正的流水通过，因此称为旱桥。

共玉公路树立“国际冻土工程新的里程碑”

青海省玉树藏族自治州地处“万山之宗”，长江、黄河、澜沧江“三江之源”；这里还是唐蕃古道、康藏通衢，汉藏文化在此交流交融。2010年4月14日，玉树州结古镇发生7.1级地震，遭受重创。作为连接玉树的主要通道，青藏高原东南边缘的青康公路（G214线）在抗震救灾中遭遇断通。如何快速、高质量地修通成为抢险救灾、恢复重建的关键。2011年5月，国务院提出构建“一纵一横两联”“生命线”公路通道，青海省共和至玉树高速公路（共玉公路）破土动工。而跨越227千米的高温极不稳定多年冻土成为工程建设的瓶颈。沿线冻土地温高、含冰量大、热稳定性差，高速公路尺度又远大于青藏公路等二级公路，公路吸热、热融风险剧增，国际上更是没有多年冻土区高速公路建设的先例。针对这一问题，冻土科研工作者迎难而上，积极投入技术攻关，充分利用青藏公路建设经验，消化、吸收多年研究成果，为共玉高速“量身定制”新技术、新材料、新结构、新工艺。

理论方法自主创新：修建在冻土地基上的路基稳定性与路基自身的尺度关系极大，首创冻土路基尺度效应理论，揭示高速公路尺度增大后引发的冻土热融机理演化规律，解释为什么高速公路路基的稳定性问题比铁路和二级公路远为严峻。而基于此创建的冻土路基能量平衡设计理论，是通过一定的工程措施和技术手段，使得冻土地基恢复平衡状态，以保证路基稳定。

路面热能定向调控：黑色沥青路面是冻土路基吸热的主要来源。单向导热路面是通过在路面结构层不同层位添加不同热物理性质的工业材料，调节路面的导热性能，实现路面结构的热量快速散发。

通风换气增强：大量采用通风管、片块石等基底通风路基，针对路基尺度增大后的热融风险剧增难题，在通风管、片块石路基的基础上，采用自动温控、太阳能风机强制弥散式通风等方式，变自然通风为强制通风。

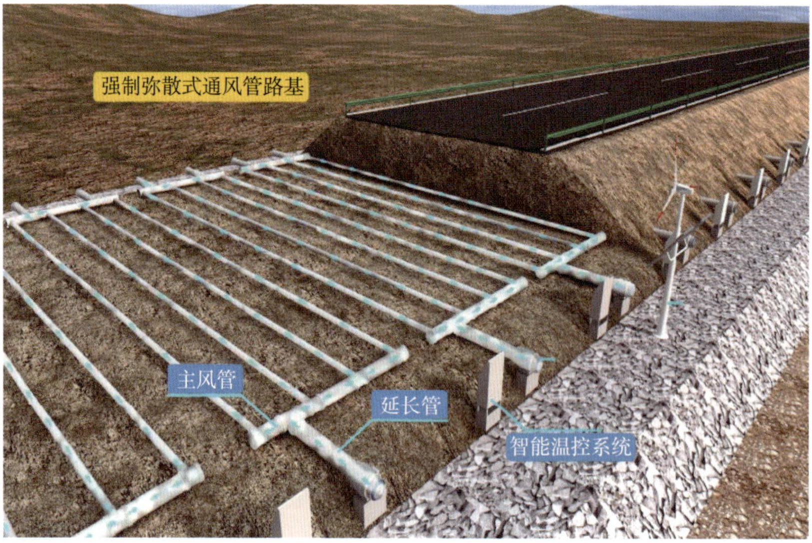

强制弥散式通风路基

导冷、阻热、调控复合：创造性地将热棒与工业保温材料复合，一方面利用热棒在冬季优良的热量传导效能散热，另一方面利用保温材料的隔热功能阻断夏季热量的导入。

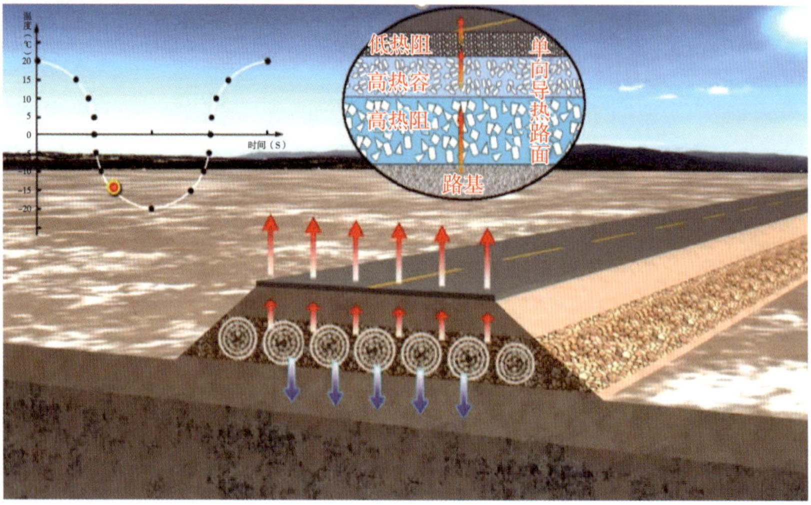

单向导热路面与片块石复合路基工作原理

热棒与桩基复合：将热棒结构与桩基复合，形成“桩棒一体”结构，利用热棒快速将桩基水化热导出，减少对冻土层的扰动。

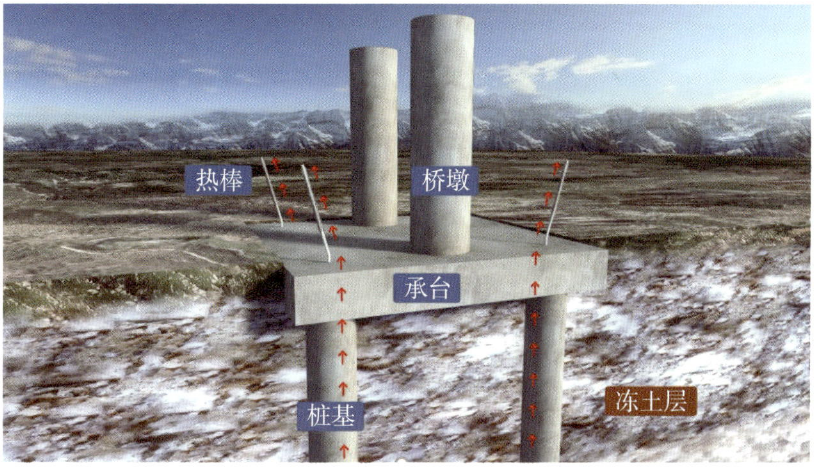

桩棒一体化工作原理

生态防护优化：将原有开挖的草皮先集中养护，待施工完成后，再铺筑在路基边坡表面，既恢复了原始地表、保护冻土，又与当地生态环境融为一体。为此，沿线群众称赞共玉公路为“草原上‘长’出来的公路”。

通过共玉高速公路建设，我国在冻土路基、桥梁、隧道等方向形成理论方法与系列技术等原创性成果，成功突破了高海拔冻土区高速公路建设禁区。国际冻土协会认为“共玉公路成功建设树立了国际冻土工程新的里程碑”。

尽管研究储备充足，但大规模建造仍需突破诸多难题

自 2006 年青藏铁路通车后，10 余年来，科技部、交通运输部以及青海省和西藏自治区着力开展了进藏高速公路建设前期科研攻关工作，通过“973

计划”“863 计划”“国家科技支撑计划”、国家自然科学基金、交通运输部重大专项等予以资助，累计投入超过 2 亿元。目前虽然在理论方法、设计技术及同类工程示范方面已具备坚实的研发基础，但在青藏工程走廊跨度达 700 千米的多年冻土地区，克服极端高寒缺氧、高频冻融循环及剧烈干湿交替的综合影响，全面推进建设并保障其工程长期健康，仍然面临诸多难题。

难题一：高原恶劣自然环境、狭窄走廊工程干扰与保通限制，难以保证大规模快速建造品质

针对高寒高海拔地区强紫外、大温差、长时低温及剧烈干湿冻融循环作用等极端气候条件下，施工环境恶劣、施工周期短、施工难度大以及长大隧道施工面临的高应力、高压涌突水、岩爆、围岩大变形、复杂多变的地质条件等难题，突破路基路面、桥隧构造物等装配化和智能建造技术壁垒，构建全过程质量控制、全寿命工程保障的科学施工技术体系和保障能力，将对顺利打通进藏高速通道工程、提升建造品质意义重大。

难题二：缺乏全寿命周期智能监测与健康诊断技术集成，将制约进藏交通设施的灾变预警与健康运营

针对全球气候变化情况下工程构筑物健康影响要素复杂等问题，利用大数据理论、云计算、人工智能技术、北斗通信等先进技术，研发适用于极端高原环境条件下的高性能、长距离无线传输设备及装置，集成全方位、全时段的监测数据和决策平台，将对恶劣自然环境下高速公路的健康运营、灾变预警和防控发挥重要作用。

难题三：当前青藏高原工程建设与运营全过程能源消耗高，将进一步加剧高原地区长距离运输的能源供应紧张局面

青藏高原地区地广人稀，常规能源运输困难、成本高、供应紧张，在一定程度上制约了高速公路建设品质与运营服务水平。当前，低碳环保新能源技术在大型工程建设和运营全过程中的集成与规模化应用仍然面临诸

多技术瓶颈。因此，将生态环保理念贯穿工程规划、建设、运营和养护全过程，积极探索太阳能、地热能、风能等清洁能源综合利用和低碳环保的建筑结构，对缓解高原地区长距离运输的能源供应紧张局面、建设进出藏高速交通绿色廊道具有深远意义。

难题四：当前依靠车站和道班的常规救急措施与保通技术，完全无法满足极端恶劣环境下突发灾害和重大交通事故的应急救援要求

面对当前进藏通道极端天气普遍、地质灾害频发、重大交通事故率偏高等客观因素，依靠沿线车站和道班实施常规性的救急和保通的相关技术现状对保障现有工程全天候通车都十分困难。因此，迫切需要在开展建设技术研究的同时，研究极端气候条件和地质灾害频发情况下的快速应急救援保障的技术体系，充分运用卫星系统、无人机技术、远程通信等道路交通安全信息感知与提取技术，研发配套的应急装备与救援保障设施，以期实现实时响应、快速反应、智能策应。

以上问题的突破将整体提升进藏高速公路的建养技术现代化水平，降低工程造价和全寿命成本，提高特殊自然环境下交通设施的供给品质与服务能力，为彻底打通西南战略高地——西藏与祖国内地的高速通道提供全面技术保障。

青藏高速公路非多年冻土段那曲至拉萨段已于 2017 年 7 月开工建设，即将建成通车。而面临诸多困难的多年冻土段迫切需要开展智能建造及工程健康保障技术的全面攻关，宜在近两年内建设 50~80 千米的先导试验段，到 2025 年可全面突破管理、设计、施工、监测及维养的技术体系与标准规范体系。

中国公路学会

撰稿人：汪双杰　陈建兵　金　龙

10 如何突破光刻技术难题？

光刻技术的发展直接推动了超大规模集成电路集成度的快速提高，其水平决定了一个国家微电子行业的技术水平。像微雕一样，光刻技术的分辨率取决于光源波长（雕刀的精度）、物镜系统（雕刻的眼力精度）和光刻胶及加工技术（雕刻材料及手的配合）三个方面的因素。目前依托193纳米浸没式光刻技术的不断优化，光刻技术的工艺节点已经达到7纳米，而极紫外光刻技术（EUV）又将7纳米的加工工艺进一步优化，并为工艺节点进一步迈向3~6纳米，甚至1~3纳米，奠定了基础。目前，国产光刻机实现了90纳米工艺节点，193纳米浸没式光刻及双工作台均取得了突破，有望实现产业化应用；印制线路板（PCB）光刻胶、液晶显示器（LCD）光刻胶和部分中高端光刻胶已实现了原材料的国产化。但是，国外大公司垄断了中高端光刻机和光刻胶的关键技术和知识产权，我们亟须突破中高端光刻技术的瓶颈，保障我国微电子产业链的安全，推动这一产业的快速发展。

杨万泰

中国科学院院士，北京化工大学

如何突破光刻技术瓶颈？

“以光为刀”的技术——光刻技术

“光刻”一词为广大公众所熟知，很大程度上缘于光刻技术在芯片制造中的关键作用。其实，想在任何一种材质（硅片、玻璃或者其他材料）的平面上雕刻图案，都可以用到光刻技术。光刻的本质类似于照相——将图像投影在感光底片上，不过，这是一项“以光为刀”的雕刻技术：选用在特定光源辐照下会发生化学反应的材料作为光刻材料，通过曝光、显影、刻蚀、去胶等过程，将设计好的图形“刻”到待加工的基片上（如下图）。

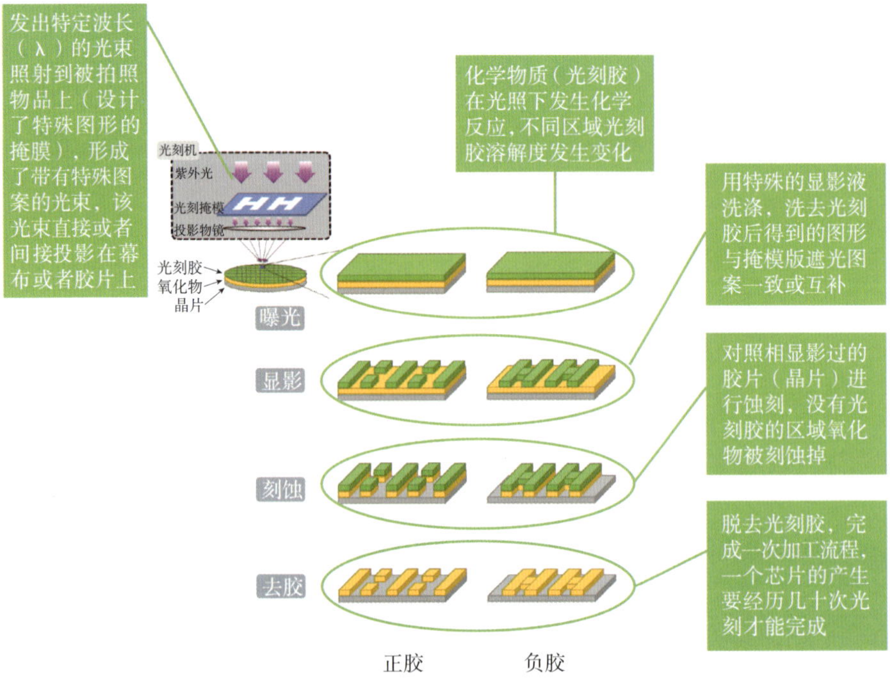

光刻技术过程示意图

20 世纪 50 年代，美国公司率先应用光刻技术“印刷”电路，从而有了大规模集成电路——芯片的诞生。在信息社会中，集成电路的设计与制造已成为不可或缺的高科技产业，各种计算机及通信电子设备都离不开集成电路，因此集成电路的市场规模巨大，发展日新月异。日本企业家曾预言：“谁控制了超大规模集成电路技术，谁就控制了世界产业。”

1965 年，英特尔公司创始人之一戈登·摩尔提出了著名的摩尔定律——集成电路上可容纳的元器件的数量每 18~24 个月就会翻一番。随着技术的发展，芯片制程不断缩小，相应地，几乎在芯片加工的每个工艺环节中都不可或缺的光刻技术，也迎来一轮又一轮的全新挑战。

国际上光刻技术从无到有、从有到强的发展历程

光刻技术的发展和微电子的发展紧密联系在一起（如下图）。1947 年，贝尔实验室发明第一支点接触晶体管，拉开了微电子革命的序幕，光刻技术自此开始发展。1959 年，仙童半导体推出第一支商品化的原始平面晶体管，发明了至今仍在使用的掩膜曝光刻蚀技术，即光刻技术，制造出世界

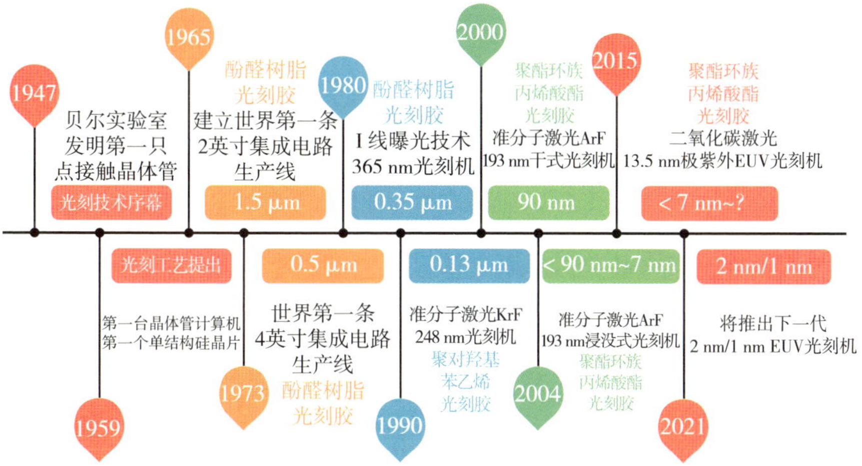

上第一块单结构硅芯片集成电路。进入60年代后，建立了世界上第一条2英寸（约5厘米）集成电路生产线，自此光刻技术从实验室应用到工业生产。沿着摩尔定律的预测轨迹，集成电路芯片集成度不断提高，光刻技术理论分辨率（光刻系统所能分辨和加工的最小线条尺寸）一路提升，先后经历了8微米（μm）、1.5μm、90纳米（nm）、45nm、22nm、14nm等技术节点，一直提升到现在的7nm，三星和高通正在积极推进基于3~6nm工艺节点芯片的开发和制造。

类比微雕技术这一中国传统工艺美术，光刻技术的理论分辨率取决于三个方面：光源波长（雕刀的精度）、物镜系统（雕刻的眼力精度）和光刻材料及加工技术（雕刻材料及手的配合），光源波长越短，光量子的能量越高，光刻的这把雕刀越加锋利和精细，因此缩短光源波长是提高光刻技术精度的最直接、最有效的方式。光刻机的曝光波长不断减小，先后经历了宽谱（350~450nm）、g线（436nm）、i线（365nm）、248nm、193nm、13.5nm等一系列曝光光源波长，对应的光源也从高压汞灯逐渐发展到各种类型的准分子激光器，而目前13.5nm的极紫外（EUV）光刻，则是将光源转向二氧化碳激光，使其照射在锡等靶材上，从而激发出13.5nm的光量子。

根据爱因斯坦提出的“光量子假说”，光由光量子组成，光量子的能量和光的波长成反比，波长越短，光子的能量越高，其可以被特定的化学结构所吸收，从而引发光化学或者光物理变化，能量越高，被吸收的可能性越高。按照波长大小，可以将紫外光分为真空紫外（<185nm）、UVC（185~280nm）、UVB（280~315nm）和UVA（315~400nm）四个波段。其中UVA是辐射固化技术常用的紫外波段，目前结合发光二极管（LED）的发展，在向更长波长的可见光固化发展。UVB常用在一些医疗领域和人工加速老化实验中。UVC由于能量高，常用于消毒、杀菌和环境污染治理中。

真空紫外则由于能量过高，很容易被空气强烈吸收，只能在真空传播。

最初的光刻曝光系统多使用高压汞灯作为光源，发射光谱涵盖了紫外光、可见光和红外光，各种波长的光强度并不相同，不利于控制光刻的分辨率。通过滤光和分离，得到了 g 线（436nm）和 i 线（365nm）单一波长的光，光刻技术的分辨率快速提升，但存在能量利用率低、功率低等问题，且难以保证辐照均匀性，光刻机光源很快从近紫外波段的汞灯发展到深紫外波段的准分子激光。应用的主要光源包括：波长 248nm 的氟化氪（KrF）准分子激光器，波长 193nm 的氟化氩（ArF）准分子激光器和波长 157nm 的 F2 准分子激光器。当光源波长发展到 157nm，由于光刻胶和掩模材料的局限，图形对比度低等因素，使得 157nm 光刻技术的发展受到很大的限制而没有进入实用阶段。

回看在光刻机发展的历程，荷兰阿斯麦公司（ASML）在世纪之交快速踏上历史舞台。2000 年的时候，尼康毫无疑问是光刻机市场当仁不让的霸主，193nm 干式光刻机大行其道，157nm 干式光刻机开发如火如荼。但当时世界无二的顶级微影专家林本坚敏锐地发觉：157nm 干式光刻机难以满足光刻技术的发展需求，需要从光源波长这一突破口，转向光刻的眼力（物镜系统）作为新的突破口，只需要在光刻材料和物镜之间加上高纯的水可以很容易完成理论分辨率的进一步提升，但是他的见解没有得到 IBM 公司足够的支持。2000 年，林本坚接受台积电的邀请，加盟台积电。2002 年，推出了 193nm 浸没式光刻机，但遭到尼康、佳能、IBM 等巨头集体封杀，当时的阿斯麦还是一家规模很小的光刻机公司，迫切需要寻求业务突破的良机，台积电和阿斯麦握手合作。2004 年，就推出了 193nm 浸没式光刻机，通过物镜系统的改善，也就是高纯水的注入，将有效曝光波长从 193nm 降到了 134.3nm，显著提高了理论分辨率（如下页图），直接导致 153nm 干式光刻机还没有推出就过时了。优秀的性能和稳定的技术，让

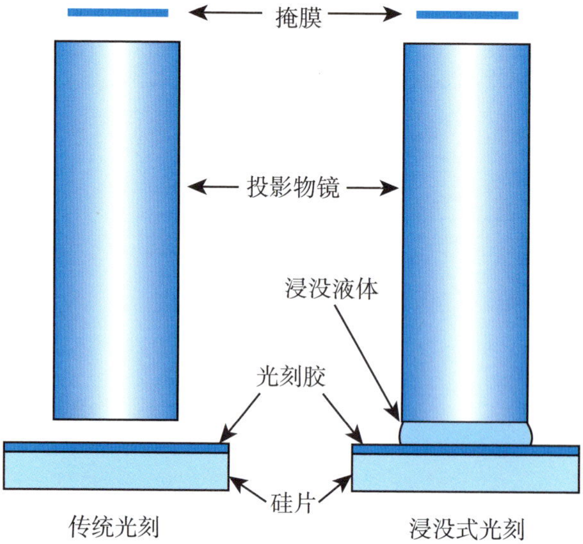

传统光刻和浸没式光刻对比
（引自 https://www.51wendang.com/doc/d4911c1907f4224eb50ad67d/3）

阿斯麦公司一举占领了高端光刻机的市场，尼康公司 5 年内损失了 50% 的光刻机市场份额，光刻机技术就是这样一个精度和效率为王的技术。随着 193nm 浸没式光刻中各种新型分辨率增强技术的发展，如双曝光、双图形、光源—掩模优化、更加灵敏的光刻胶等，实现了极限 7nm 的技术节点。台积电采用该工艺加工的华为麒麟 980 芯片，实现了 7nm 工艺节点，麒麟 990 裸片尺寸 113.31mm^2 的内核面积上集成了多达 103 亿个晶体管。

在集成电路工艺节点进入 10nm 之后，对曝光光源的要求越来越高，难度也越来越大。拥抱新技术带来的技术红利，让阿斯麦公司技术研发更加激进，随着 193nm 浸没式光刻机推出，就开始积极投身研发极紫外光刻技术。阿斯麦公司在台积电、英特尔、三星等公司的支持下，经过 10 年共同开发了基于 13.5nm 的极紫外光刻机，2015 年实现量产，并垄断了该市场。该光刻机精细程度极大，业内形容极紫外光刻的精细程度常打的一个比方是，“好比从地球上射出的一缕手电筒光，能精准地照到月球上的一枚硬币”。随着波长来到13.5nm，原有基于透镜的技术就不适用了，因为高能量的光难以穿透，只能采用反射的方式实现光的传播，反射装置也成了一项非常关键的技术，基于蔡司公司的光学系统解决了这一技术难题，但仍然存在能量利用率低的问题。基于极紫外技术平台在实现了7nm工艺节点后，目前正在推进3~6nm工艺节点的芯片开发和制造。阿斯麦公司更是宣布2021年将推出面向2nm、1nm工艺节点光刻技术的下一代EUV光刻机（如下图）。

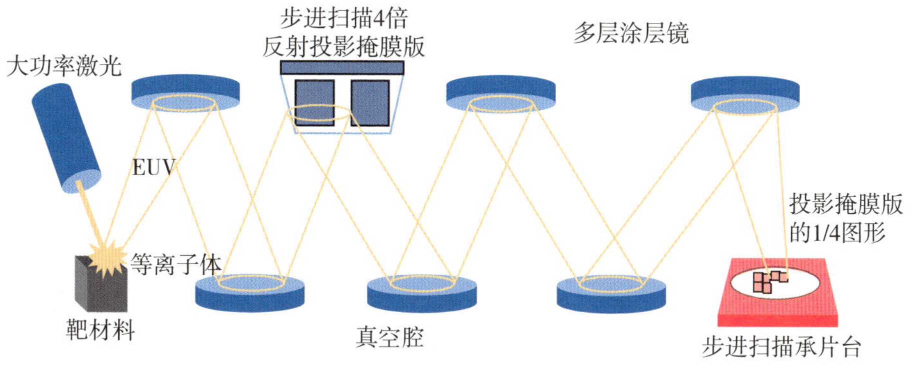

极紫外光刻技术示意图
（引自 International SEMATECH，方正证券研究所）

伴随着光刻技术的进步，光刻胶作为关键原材料，起到了至关重要的作用。全谱光刻采用聚乙烯醇肉桂酸酯负性光刻胶，可以达到3μm的工艺节点，改用环化橡胶—双叠氮负性胶光刻胶后，可以达到2μm的工艺节点。g线（436nm）光刻采用酚醛树脂—重氮萘醌正胶光刻胶，可以达到0.5μm的工艺节点，同样的光刻胶改用i线（365nm）光刻后可以达到0.35μm的工艺节点。

在光刻波长进入深紫外之后，光子的能量增加，但光子密度下降，对光刻胶敏感度提出了更高的要求，转变为化学增幅类光刻胶，也就是在其中加入了大幅提高对光敏感度的化学物质（光致产酸剂）。248nm 光刻采用聚对羟基苯乙烯及其衍生物光刻胶，可以达到 0.15μm 的工艺节点。193nm 浸没式光刻采用聚酯环族丙烯酸酯及其共聚物光刻胶，可以达到 7nm 的工艺节点。

随着光刻波长进入极紫外，一方面光子的能量进一步增加，极易被空气吸收，需要在高真空环境下进行光刻，因此光刻胶需要有低的辐照放气量；另一方面光子密度显著下降，要求光刻胶不仅有高曝光灵敏度，同时要有高分辨率。

光刻技术除应用于集成电路之外，还广泛应用于平板显示器电路、等离子显示屏障壁、液晶显示器彩色滤光片、氧化铟锡触摸屏（触摸屏 ITO）图形、发光二极管（LED）、微电子机械系统、印制线路板的制作以及其他

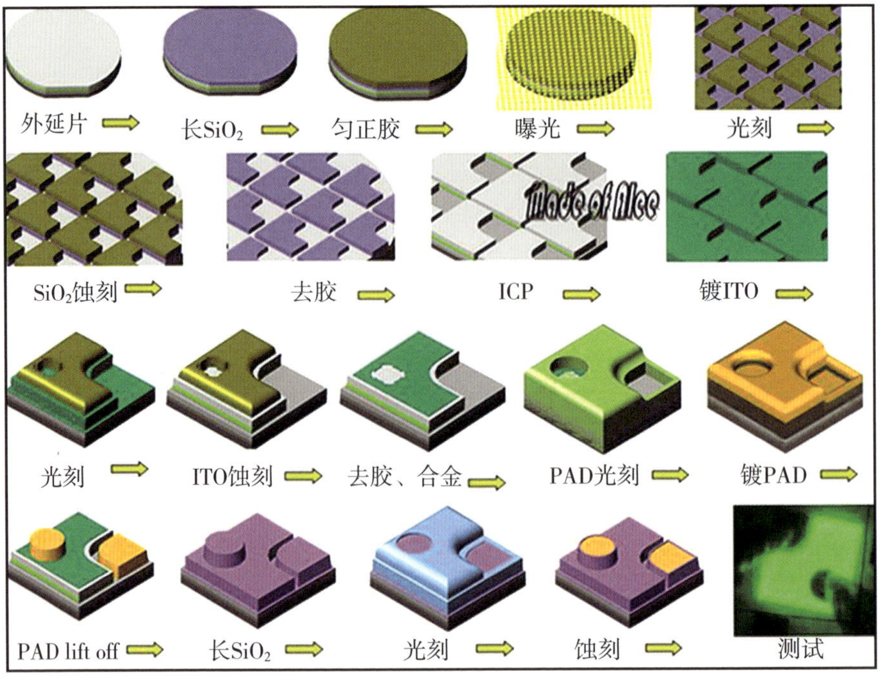

发光二极管（LED）光刻加工流程示意图

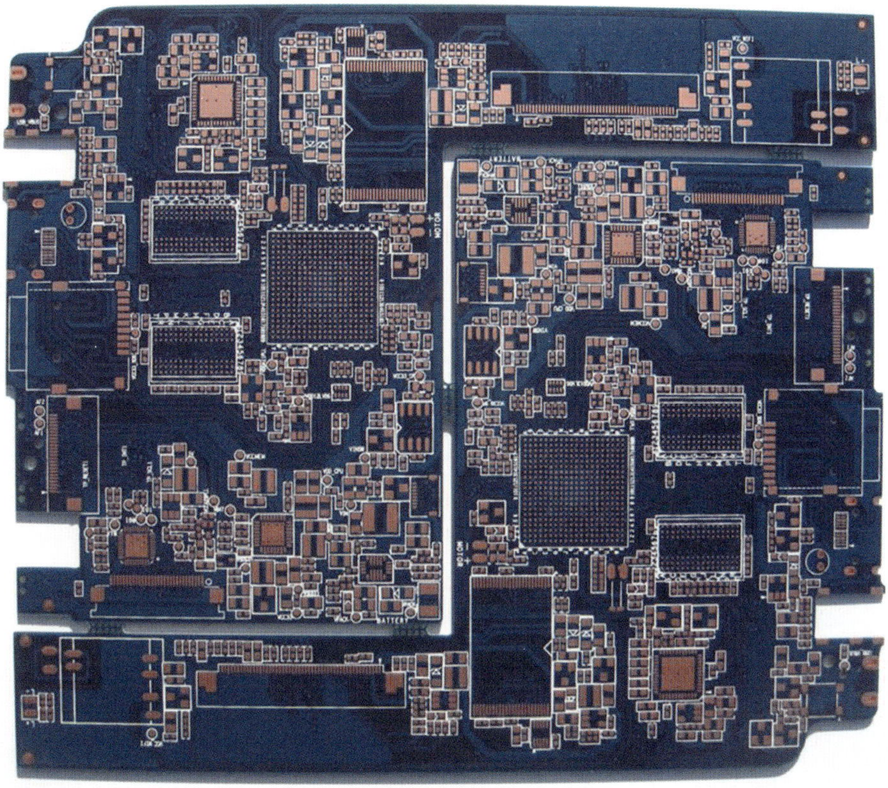

抗蚀油墨光刻的覆铜板电路（PCB）

精密加工领域，如液体火箭发动机层板喷注器上金属板片型孔的双面精密加工、微纳光学元件制作和微细医疗器件等。

我国光刻技术在发展中不断谋求突破国际技术壁垒

我国一直对光刻技术研究极为重视，自二十世纪八九十年代起开始关注并一直在发展光刻技术，谋求突破国际技术壁垒。对于 193nm 光刻机和极紫外光刻设备的战略部署是科技部在“十二五”期间开始启动的国家科技重大专项中“极大规模集成电路制造装备及成套工艺”项目（02 专项）。

在 02 专项的组织下，参与 193nm 和极紫外先进光刻机研发的单位有几十家，牵头单位是中国科学院的研究所，经过十年左右的努力，系统地推进了我国先进光刻机研发的进度和技术水平。比如 193nm 光刻机的光源研究项目，中国科学院安徽光机所、中国科学院上海光机所等单位从 80 年代初开始研制准分子激光器，有着 30 多年的技术积累，在此基础上，由中国科学院光电研究院组织中国科学院安徽光学精密机械研究所等相关单位，经过近十年的研发，解决了 193nm 光刻机光源的关键技术和集成技术，推出了工程样机，同样，在 193nm 光刻机的镜头等方面的研发也取得预期进展。在清华大学等单位的努力下，突破了光刻机双工件台系统，并在国家“十二五”科技创新成就展上展出，该系统可实现与掩模台优于 2nm 的同步运动精度，并在北京华卓精科科技股份有限公司实现了产业转化，为我国自主研发 65~28nm 双工件干台式及浸没式光刻机提供了技术赋能，其对于国产核心装备发展具有重要意义。上海微电子装备（集团）股份有限公司已实现 193nm 干式光刻机的突破，可实现 90nm 工艺节点，目前正在积极研发 193nm 浸没式光刻机，为解决 28nm 的工艺节点发起冲刺。我国也开展了独立自主的光刻技术研究，1980 年在全球首创了无显影气相光刻技术，近期中国科学院光电技术研究所开展了超衍射极限光刻，用 365nm 光源实现了 25nm 光刻，超衍射极限 7 倍，如用上多次曝光应可达 7nm 以下。

极紫外光刻关键技术研发方面，以中国科学院长春光学精密机械与物理研究所、中国科学院微电子研究所等单位为核心的研发团队在关键技术研发上取得进展，包括高精度非球面加工与检测技术、极紫外多层膜技术、极紫外光刻掩膜技术等都取得突出进步。2008 年“极大规模集成电路制造装备及成套工艺”国家科技重大专项将极紫外技术列为下一代光刻技术重点攻关,《中国制造 2025》将极紫外列为集成电路制造领域的发展重点，并计划在 2030 年实现极紫外光刻机的国产化。

同样在政策推动下，中国光刻胶技术得到快速发展。目前，国产印制电路板（PCB）光刻胶具备了一定的技术和量产能力，已经实现对主流厂商大批量供货。A 股上市公司容大感光、广信材料、东方材料、飞凯材料、永太科技等企业占据国内约 50% 湿膜光刻胶和光成像阻焊油墨市场份额。而在技术门槛更高的液晶显示器（LCD）光刻胶、半导体光刻胶，国内也有所突破，部分企业已经处于客户验证阶段，或者少量供应阶段。据公开资料显示，北京科华和苏州瑞红 g 线光刻胶、i 线光刻胶均取得量产，北京科华 KrF 光刻胶通过了中芯国际认证，ArF 光刻胶处于研发阶段。上海新阳 KrF 光刻、ArF 光刻胶处于研发阶段，永太科技的彩色 / 黑色光刻胶处于项目建设阶段。在光刻胶的原材料方面，常州强力大量生产用于光刻胶的光引发剂和部分丙烯酸树脂，中国科学院理化技术研究所、北京化工大学、中山大学和江南大学等都开展了相关光刻胶原材料的研发。

与光刻技术紧密相关的微电子产业市场规模巨大，我国微电子市场超过 7 万亿元，其中芯片市场规模达 1.5 万亿元，是全球最大集成电路单一市场，也是全球最大的手机、平板电脑、电视、个人计算机（PC）的生产基地。但与之对应的是中国芯片市场高度依赖进口，根据海关总署数据，集成电路进口额从 2015 年起已连续 3 年超过原油，2018 年更是达到 3120.58 亿美元，超过原油进口额近 1000 亿美元。2018 年我国半导体集成电路行业进出口逆差达到 2274 亿美元，同时半导体产业安全可控的供应也关系到下游智能汽车、5G、人工智能和物联网等战略行业关键零部件的供应安全，因此实现半导体行业的国产替代和自主可控需求强烈。

我国在光刻技术领域的差距

我国光刻技术取得了很大的进展，但和国外先进水平还有比较大的差距，光刻机、光刻胶和关键的原材料方面都需要进行加快研发，所面临的问题主要有以下几个方面：

（1）中高端光刻机缺乏：光刻机的工艺节点已经来到了 7nm，甚至很快就可以达到 5nm 以下，我国目前量产的最先进光刻机可以完成 90nm 的工艺节点，更先进的机型尚在进一步研发中。我们只能购买到少量的 193nm 浸没式光刻机，购买难度也很大，面临随时被禁售的风险，最先进的 EUV 光刻机对中国禁售。

（2）光刻胶国产化严重不足，尤其是高端光刻胶：我国光刻胶技术和产业的发展水平仍较落后，与日、韩相比，甚至与我国台湾地区相比，差距仍然很大，“受制于人”的困境依然存在。目前，我们仅在属于印制电路板（PCB）光刻胶领域的液态光刻胶和干膜光刻胶以及 i/g 线光刻胶这几类较为低端的光刻胶产品上有国产化产品，但这几种国产光刻胶加起来的总产值不超过全球光刻胶总产值的 5%，部分已国产化的光刻胶中所使用的原料或者基材仍依赖进口，国产化的基础并不牢固。据中国产业信息网数据，我国光刻胶市场本土可供应的光刻胶以印制电路板（PCB）用光刻胶为主，占全部可供应的 94%，液晶显示器（LCD）、半导体用光刻胶供应量占比极低，分别为 3% 和 2%。国内每年使用的高端半导体光刻胶和平板显示光刻胶仍全部依赖进口。

（3）超纯原材料对外依存度过高：我国各类原材料技术增长很快，但高纯度原材料依然缺乏，尤其是光刻技术领域，8 英寸晶圆有部分国产化，12 英寸基本依赖进口，抛光液、抛光垫、光刻胶原材料、高纯特种气体、超净高纯试剂等都不同程度的依赖国外产品，国产化还需要长时间的研发。

（4）人才短缺严重，学科发展不平衡，检测技术严重滞后：人才是制约光刻技术国产化的最核心的问题，生产、管理、技术研发、基础研究和高层次领军人才都严重不足。同时我国有关学科设置关注应用层面多，而基础研究层级的偏少，学科发展不平衡。同时严重缺乏检测设备和平台，无论制造过程中的检测还是制造结果的性能检测目前均完全受制于人。

自主研发是摆脱技术壁垒的唯一出路

光刻技术属敏感技术，发达国家对光刻技术的转让严格管控，光刻设备和光刻胶产品的采购极易受到限制，严重影响我国相关产业链，乃至国家安全。光刻技术的国产化必须是包括光刻设备、光刻胶和所使用全部原料的国产化，否则还是不能摆脱受制于人的尴尬现状。结合我国光刻技术的发展现状，主要有以下亟待突破的关键点：

在光刻胶方面要重点研究原材料的超纯化技术、分子结构和光刻性能之间的构效关系等方面的基础研究，并分层次展开技术攻关：①在印制电路板（PCB）光刻胶方面，继续提高湿膜光刻胶及光固化阻焊油墨的国产化比例及全产业链国产化；推进干膜光刻胶的国产化，优化制膜工艺，提升干膜厚度均匀性和降低膜缺陷。②液晶显示器（LCD）方面，实现彩色滤光膜（CF）彩色光刻胶、彩色滤光膜（CF）黑色光刻胶和薄膜晶体管（TFT）光刻胶的国产化规模应用，并逐步扩大生产规模，实现全产业链原材料如树脂、光引发剂、高纯溶剂等的国产化替代。③扩大 g 线和 i 线半导体光刻胶的国产化比例，实现全产业链的国产化。④实现国产 248nm 半导体光刻胶的规模化应用，推进相关原料及纯化技术的全产业链国产化，实现新型感光树脂和光引发剂的结构设计及规模化超纯（ppm 至 ppb 级）制备，其产品质量达到 248nm 光刻胶生产厂家使用标准，重点是突破知识产权的包围圈。⑤实现半导体 193nm 光刻胶的国产化应用，进行相关原材料设计、研究并实现国产化，突破知识产权的包围圈。⑥针对最新的 EUV

技术的光子数量下降、光子能量增强带来的光化学反应更加复杂、高真空加工环境和加工精度的提升等新的技术难题，开展13.5nm光刻的光引发剂、树脂、添加剂的开发工作，解决RLS平衡，重点降低线边缘粗糙度（LER），并通过该领域的研发显著缩小国内外光刻胶的差距。

在光刻机方面，一方面扩大低端光刻机的市场，优化性能，同时尽快推出国产193nm浸没式光刻机，开展应用验证，尽快市场化，实现中端光刻机的国产化，在EUV光刻方面，需要进一步开展相关基础研究。同时需要突破硅晶圆的国产化难点以及其他溅射靶材、研磨液等材料的全产业链国产化。

加强产学研用政策引导和评价平台建设。做好顶层设计，成立相关国家级重点（工程）实验室、工程中心和开放评价平台，开展光刻技术及材料的评价服务，依托中心和各行业部门推动需求与应用对接，产学研用结合。建议制定特殊的税收减免、补贴以及金融支持，支持相关光刻胶企业构建较先进的评价系统，并持续开展研发。

加强基础研究支持和重视人才培养。在国家自然科学基金各类科研项目中给予光刻技术专项支持，开展制约光刻技术国产化的基础研究，例如光刻胶原材料超纯技术、光敏和刻蚀等性能与分子结构的构效关系等，并提前布局探讨和研究全新的成像策略以及配套设备和材料体系。吸引一批优秀青年科技人才投身光刻技术，并通过项目研究培养一批专家学者，同时加强专业人才培养，在高等院校、科研院所设置相关的学科和专业，培养人才。

中国感光学会

撰稿人：梁红波　杨建文　任　俊